宝石学与宝石鉴定

第三版

孟祥振　赵梅芳　编著

上海大学出版社

内容简介

本书是作者在长期工作实践和宝石专业教学的基础上，并参考了国内外一些最新研究资料编著而成的。全书共二十三章及附录，系统阐述了宝石学基础理论和宝石学专业知识。作者在书中多处提出自己的见解及经过综合分析得出的客观结论。书中所涉及的一些概念、定义，力求科学严密、清晰明确；计量单位（包括量的名称、符号）采用的是国家法定计量单位；宝石基本名称，符合国家标准规范要求。在常用鉴定仪器与鉴定方法章节中，介绍了十余种仪器的构造、工作原理、使用方法和注意事项。在宝石各论中，介绍了160余种宝石的性质、特征、鉴别、品质优劣评价等，其内容繁简有别，珍贵宝石如钻石、红（蓝）宝石、翡翠等，内容较为详细。书中涉及的宝石基本名称、别称、俗称、旧称等，多达270余个。

本书可作为宝石专业必修课和其他专业选修课的教材使用，也适合于广大宝石爱好者阅读自学，还可供宝石研究工作者参考。

图书在版编目（CIP）数据

宝石学与宝石鉴定/孟祥振，赵梅芳编著. —3版.
—上海：上海大学出版社，2017.6（2021.6重印）
ISBN 978-7-5671-2318-2

Ⅰ.①宝… Ⅱ.①孟… ②赵… Ⅲ.①宝石-基本知识 Ⅳ.①TS933.21

中国版本图书馆CIP数据核字（2017）第031301号

责任编辑　傅玉芳　封面设计　柯国富
技术编辑　金　鑫

宝石学与宝石鉴定
（第三版）
孟祥振　赵梅芳　编著
上海大学出版社出版发行
（上海市上大路99号　邮政编码200444）
（http://www.shupress.cn　发行热线021-66135112）
出版人　戴骏豪
*
南京展望文化发展有限公司排版
江阴市机关印刷服务有限公司印刷　各地新华书店经销
开本787mm×960mm　1/16　印张21.25　字数405千
2017年6月第3版　2021年6月第11次印刷
ISBN 978-7-5671-2318-2/TS·013　定价：39.80元

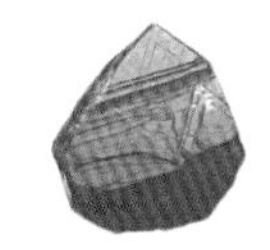

奥本海默钻石，质量为253.70ct，1964年发现于南非金伯利（据De Beers）

切工完美的钻石（据De Beers）

常林钻石，质量为158.786ct，1977年发现于山东省临沭县常林村

合成立方氧化锆

翡翠挂件

产于哥伦比亚的祖母绿（据李兆聪）

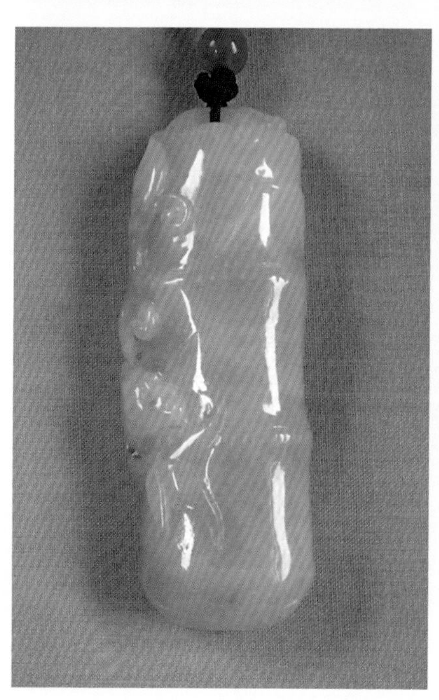

鸡血石（大红袍）印章（据钱高潮）

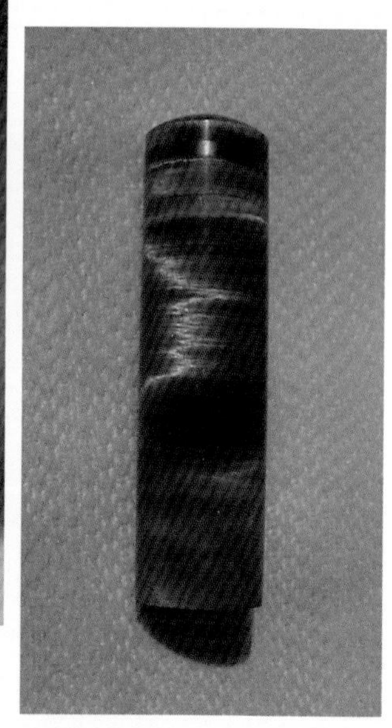
虎睛石印章

翡翠挂件

欧泊（据亓利剑）

双色碧玺（据亓利剑）

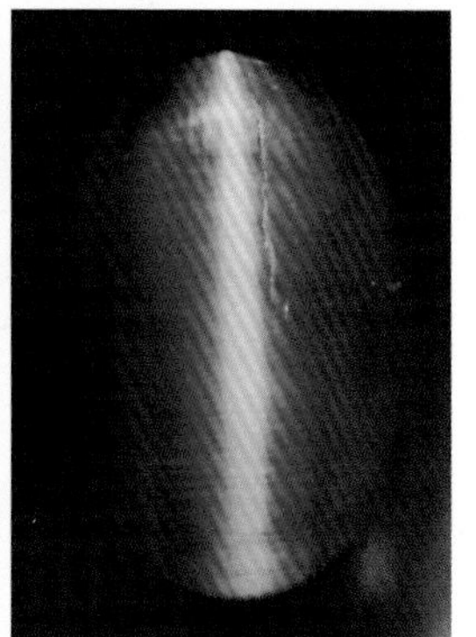

方柱石猫眼

翡翠挂件

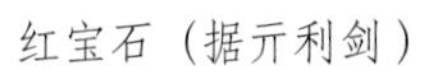

红宝石（据亓利剑）

独山玉

海蓝宝石（据亓利剑）

独山玉雕《墨菊》（傅长春摄）

翡翠手镯（据亓利剑）

岫玉

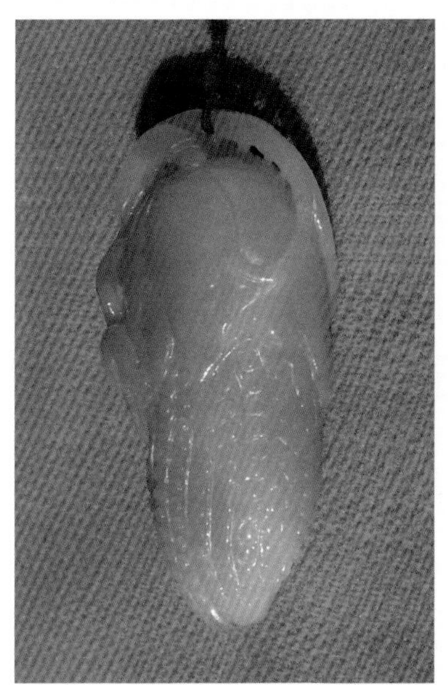

翡翠挂件

翡翠 《岱岳奇观》 高 80cm，宽 85cm，厚 52cm

发晶

钻石的平行连晶（据亓利剑）

玛瑙雨花石

海蓝宝石

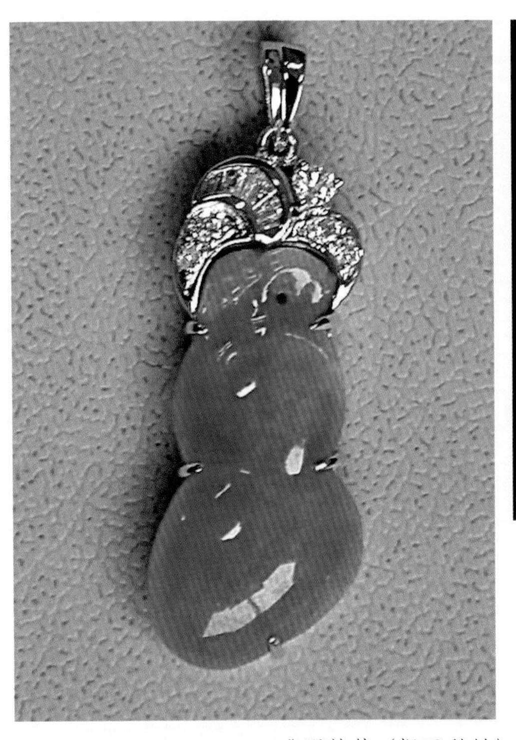

鱼眼石—沸石晶簇

翡翠挂件（据亓利剑）

黄水晶晶簇（据袁奎荣）

玛瑙手镯

月光石猫眼（上）和矽线石猫眼

橄榄石

尖晶石

蓝色、无色托帕石

石榴石

钙铝榴石

合成蓝宝石

黄水晶和紫水晶

合成红宝石

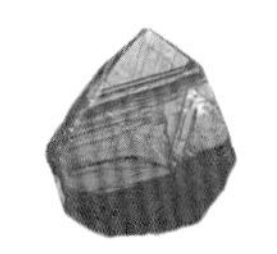

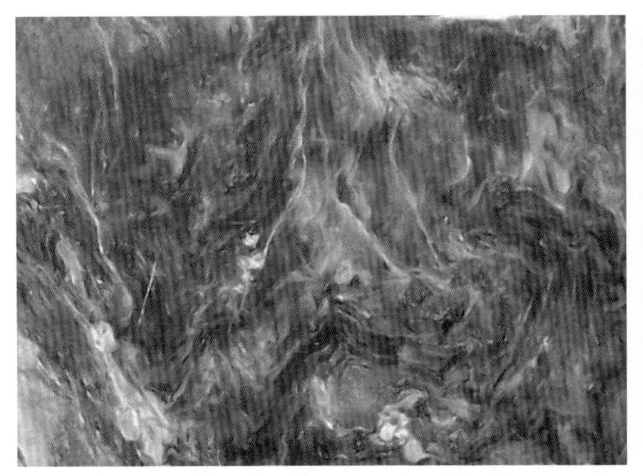

查罗石（紫龙晶）

蔷薇辉石

祖母绿（据亓利剑）

绿玻璃（仿祖母绿）和蓝玻璃（仿海蓝宝石）

翡翠三秋瓶（据张仁山）

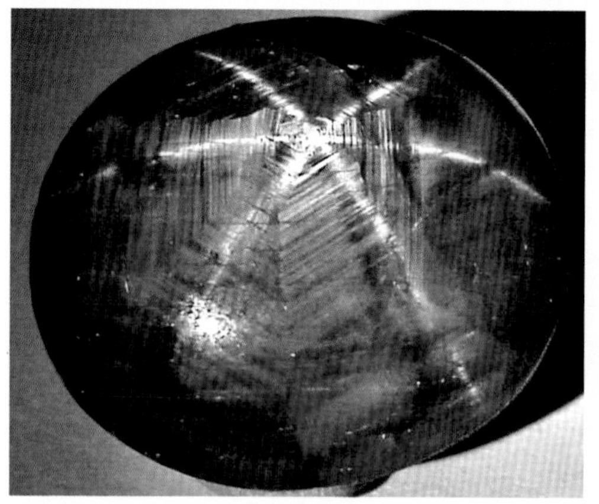

具有六边形色带的星光蓝宝石（据亓利剑）

蓝宝石的六边形色带（据亓利剑）

绿松石

菱锰矿（菱面体单晶）

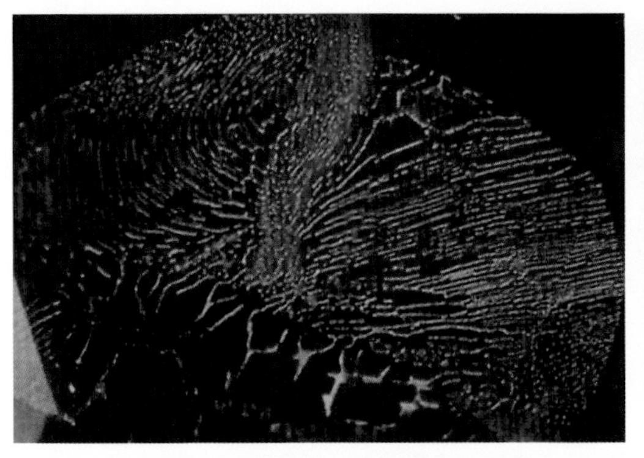

蓝宝石中的指纹状气、液包裹体

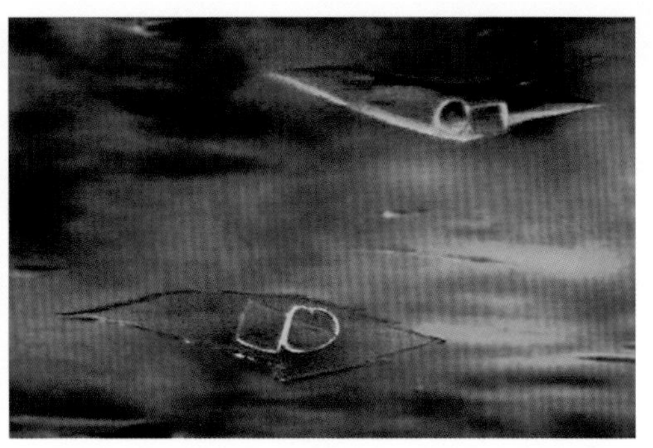

祖母绿中的气、液、固三相包裹体（据亓利剑）

蓝宝石中的细长丝状金红石包裹体

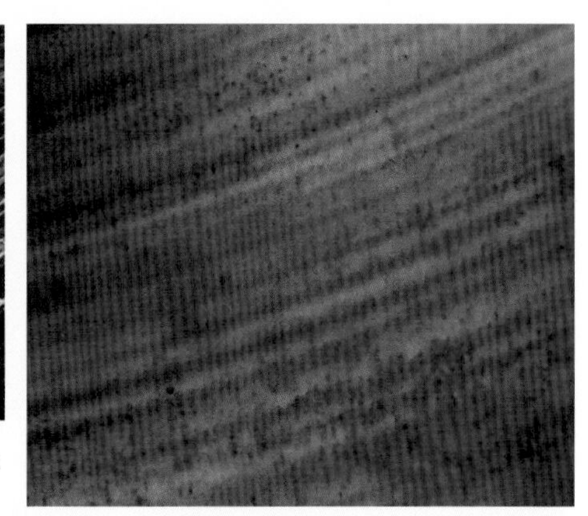

焰熔法合成蓝宝石的弧形生长纹

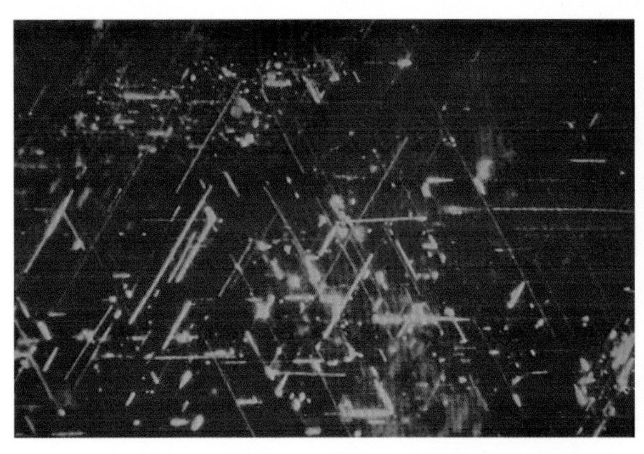

红宝石中的针状金红石包裹体（据王曙）

风景玛瑙挂件

八面体钻石（据亓利剑）

红珊瑚

清代三色（红翡、绿翠、紫罗兰）翡翠瓶（据王曙）

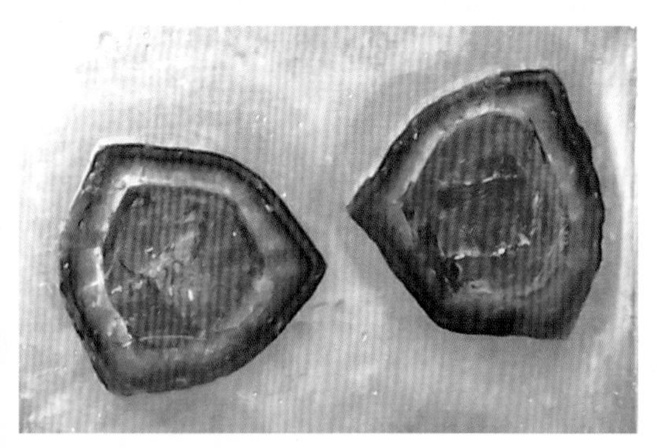

西瓜碧玺

翠榴石

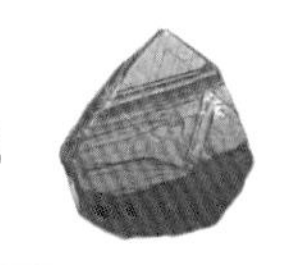

鸡血石

黄龙玉（据葛宝荣）

紫水晶

双色碧玺

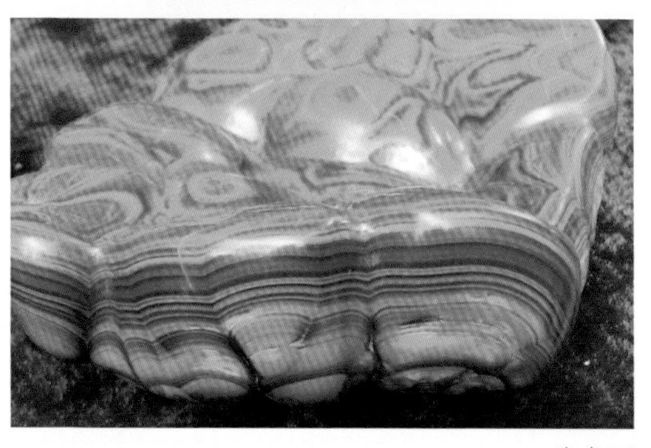

孔雀石

拉长石

菱锰矿（红纹石）

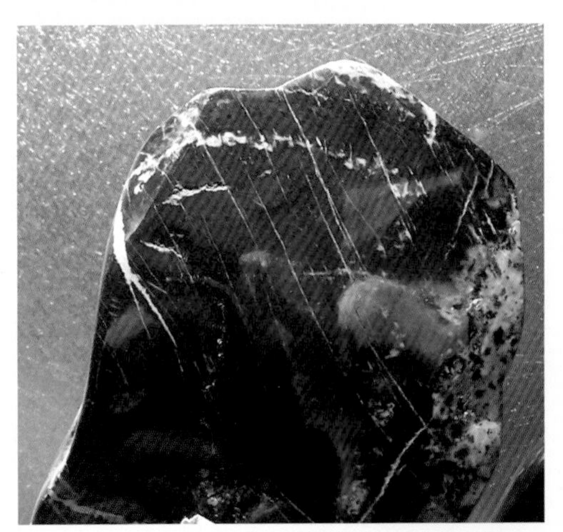
青金石

田黄

第三版　出版说明

《宝石学与宝石鉴定》一书，已出版发行了 25 900 册，衷心感谢读者对本书的厚爱，同时也促使我们不断更新书的内容，与时俱进。本次修订，依据现行的国家标准，更新了钻石和贵金属首饰的内容；增补了 15 种宝石和 20 多个宝石名称或别称；对书中原有的晶体光学部分，作了进一步阐述，以利于读者深刻理解、牢固掌握。

在修订过程中，孟卫华、严静帮助收集整理了部分文字资料；孟俊锋、李国军、马明瑞提供了部分实物样品，丰富了这些宝石外观特征方面的资料。在此一并致谢。

作　者

2017 年 5 月

第二版　出版说明

《宝石学与宝石鉴定》一书，自 2004 年 1 月由上海大学出版社出版发行以来，得到广大读者的厚爱，七年时间，印刷七次。

随着时间的推移，人们对宝石的认识和研究水平有了很大提高，宝石新品种不断发现；以前在国内市场上见不到的一些宝石品种，也逐渐出现在市场上，有的还成了常见宝石；国家标准也进行了修订。为此，第二版《宝石学与宝石鉴定》，增补了 20 余种宝石、50 多个宝石名称或别称；补充了一些最新研究资料；根据国家标准(修订版)作了一些必要的修订；对书中原有的一些内容进一步作了详细阐述，以利于读者理解。

真诚欢迎广大读者对书中的错误和不当之处批评指正。

作　者

2011 年 12 月于上海大学

序

我国是世界上最早饰用宝石的国家之一，据出土文物考证，早在七八千年前就出现了宝石饰品，如玉玦、玉珠、玉坠等。我国历代的玉石制品，在世界上被誉为“东方艺术”、“东方瑰宝”，我国也因此而享有“玉石之国”的美称。

宝石的文化内涵十分丰富，古人即把玉石人格化、道德化，赋予其五德（仁、义、智、勇、洁）、九德（仁、智、义、行、洁、勇、精、容、辞）和十一德（仁、知、义、礼、乐、忠、信、天、地、德、道），并以“君子比德于玉”作为修身养性的准则，来规范人们的行为。此外，还常以宝石作为美好事物的象征，将美好的愿望寄托于宝石之中。“化干戈为玉帛”，道出了人们对战争的厌恶，对和平幸福生活的向往。生辰石、婚庆纪念石，将出生月份、结婚周年同宝石联系在一起，以表达对人生的祝福和对幸福时刻的珍贵纪念。宝石饰品可以美化生活，陶冶情操，给人带来美的享受，有益于人的身心健康，以至爱玉、赏玉、佩玉成为一种长盛不衰的传统风尚。

与宝石有关的成语典故也很多，如价值连城、完璧归赵、珠光宝气、珠联璧合、珠圆玉润、掌上明珠、金玉良言、金科玉律、玉洁冰清、抛砖引玉、宁为玉碎不为瓦全，等等。在我国传说中，珍珠是鲛人的泪珠，唐代诗人李商隐的“沧海月明珠有泪，蓝田日暖玉生烟”诗句中，前一句引用的就是这个典故，而后一句提到的蓝田玉则是古代名玉。在人的名字中，直接使用宝、玉或使用与宝、玉相关的字（如玮、琦、琰、瑜、玲、璐等），更是屡见不鲜。

随着人们物质文化生活水平的提高，宝石饰品进入了寻常百姓家庭。在现代生活中，宝石不仅是一种典雅华贵的装饰品，而且是财富和文明的标志。宝石业的迅速崛起，市场的日益繁荣，以及人们对宝石知识的渴求，促进了宝石教育事业的发展，一些高等院校相继创办了宝石专业，或开办宝石培训班。上海大学是国内最早创办宝石专业的高校之一，近几年又在校内开设了宝石选修课，深受广大学子的欢迎。为了适应教学需要，我们编著了这部教材。

本教材的正式出版，得到了校教材建设委员会的大力支持和基金资助。书稿承蒙南京大学地球科学系陈武教授、中国地质大学珠宝学院亓利剑教授、上海大学材料学院汪振国副教授审阅，在此一并致谢。由于作者水平有限，错误和不当之处在所难免，欢迎读者批评指正。

作　者

2003 年 10 月于上海大学

目录
Contents

宝石基础知识

宝石鉴定仪器与鉴定方法

宝 石 各 论

附 录

宝石基础知识

1 结晶学基本知识

1.1 晶体与非晶质体

1.1.1 晶体的概念

说到晶体，可能大多数人会认为它是一种相当罕见的东西，其实晶体是十分常见的。自然界的冰、雪及土壤、沙子和岩石中的各种矿物，以至我们吃的食盐、冰糖，用的金属材料和一些固体化学药品等，都是晶体。

最初人们把具有天然几何多面体外形的矿物(如水晶)称为晶体(见图1-1)，这是狭义概念的晶体。

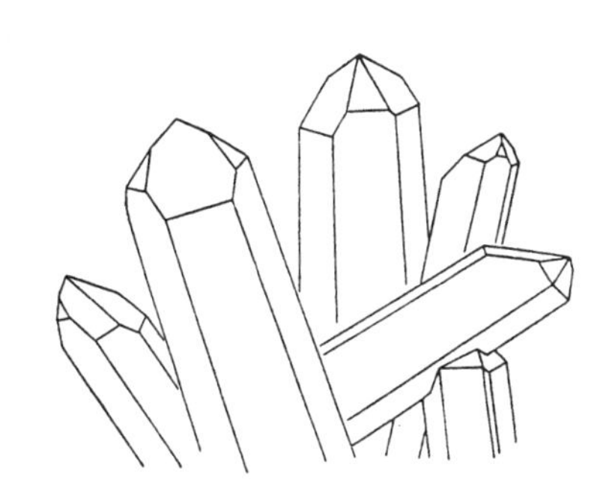

图1-1 呈几何多面体外形的水晶晶体

晶体的现代定义是：内部原子或离子在三维空间呈周期性平移重复排列的固体；或者说晶体是具有格子构造的固体。

是否具有规则的几何多面体外形，并不是晶体的本质，只是一种外部现象。只要生长环境条件允许，任何一个晶体都可以长成具有规则几何多面体外形的完美形态。

图1-2为氯化钠的晶体结构。可以看出，无论

图 1－2　NaCl 的晶体结构：大球 Cl^-；小球 Na^+

氯离子或钠离子，在晶体结构的任一方向上，都是每隔一定的距离重复出现一次。为了进一步揭示这种重复规律，我们在其结构中任意选择一个几何点，如选在氯离子与钠离子相接触的某一点上，然后在整个结构中把所有这样的等同点都找出来。所谓等同点，就是在晶体结构中占据相同位置且具有相同环境的点。显然，这一系列等同点的重复规律，必定也是在三维空间呈周期性平移重复排列的。

这样一系列在三维空间呈周期性平移重复排列的几何点（即等同点），称为结点。

分布在同一直线上的结点，构成一个行列。任意两个结点可决定一个行列。行列上两个相邻结点间的距离，称为结点间距。相互平行的行列，其结点间距必定相等；不相平行的行列，其结点间距一般不相等。

联接分布在同一平面内的结点，构成一个面网。任意两个相交的行列可决定一个面网。面网上单位面积内的结点数，称为面网密度。两相邻面网间的垂直距离，称为面网间距。相互平行的面网，其面网密度和面网间距必相等；不相平行的面网，一般来说，它们的面网密度和面网间距都不相等。并且，面网密度大的面网，其面网间距也大；反之，密度小，间距也小。

用三组不共面的直线把结点联接起来，就构成了空间格子（见图 1－3）。三个不共面的行列可决定一个空间格子。此时，空间格子本身将被这三组相交行列划分成一系列平行叠置的平行六面体，结点就分布在平行六面体的角顶。

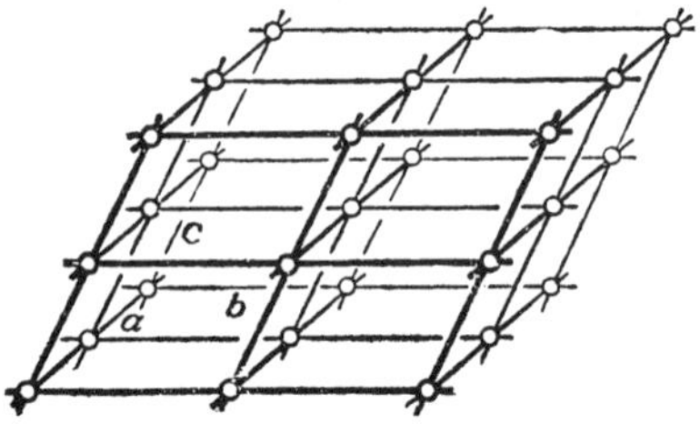

图 1－3　空间格子

应当强调指出，结点只是几何点，并不等于实在的质点；空间格子也只是一个几何图形，并不等于晶体内部包含了具体原子或离子的格子构造。但是，格子构造中具体原子或离子在空间分布的规律性，可由空间格子中结点在空间分布的规律性来表征。

1.1.2　非晶质体的概念

非晶质体是指内部原子或离子在三维空间不呈规律性重复排列的固体。或者说非晶质体是内部质点不具有格子构造的固体。如火山玻璃。

当加热非晶质体时，它不像晶体那样表现出有确定的熔点，而是随着温度的升高逐渐软化，最后成为流体。

晶体与非晶质体在一定的条件下是可以相互转化的，由晶体转变成非晶质体称为非晶化或玻璃化，由非晶质体转变成晶体称为晶化或脱玻化。

1.2 晶体的基本性质与面角守恒定律

1.2.1 晶体的基本性质

晶体是具有格子构造的固体，因此，凡是晶体，都具备一些共有的、由格子构造所决定的基本性质。

1. 结晶均一性

结晶均一性是指在同一晶体的各个不同部位，其内部质点（原子或离子）的分布是一样的，即具有完全相同的内部结构，所以同一晶体的任何部位都具有相同的性质，从而表现出晶体的结晶均一性。

2. 各向异性

晶体的格子构造中，内部质点（原子或离子）在不同方向上的排列一般是不一样的，因此晶体的性质因方向不同而表现出差异，这种特性称为各向异性。

解理就是晶体各向异性最明显的例子。再如蓝晶石的硬度，随方向不同表现出显著的差异，故蓝晶石又名二硬石。

3. 对称性

晶体外形上的相同晶面、晶棱或性质，能够在不同的方向或位置上有规律地重复出现，这种特性称为对称性。

晶体外形和性质上的对称，是晶体内部结构（格子构造）对称性的外在反映。

4. 自范性（或称自限性）

自范性是指晶体能自发地形成封闭的几何多面体外形的特性。晶体表面自发生成的平面称为晶面，它是晶体格子构造中最外层的面网。晶面的交棱称为晶棱，它对应于最外层面网相交的公共行列。所以，晶体必然能自发地形成几何多面体外形，将自身封闭起来。

一些晶体经常呈不规则粒状，不具几何多面体外形，这是由于晶体生长时受到空间限制造成的。

5. 最小内能性

在相同的热力学条件下，较之于同种化学成分的气体、液体及非晶质固体而言，晶体的内能最小。

这是因为晶体具有格子构造，其内部原子或离子之间的引力和斥力达到了平衡状态。

6. 稳定性

晶体的最小内能性，决定了晶体具有稳定性。对于化学组成相同但处于不同物态下的物体而言，晶体最稳定。

非晶质体能自发地向晶体转变，并释放出多余的内部能量，但晶体不可能自发地转变为非晶质体，这表明晶体具有稳定性。

1.2.2 面角守恒定律

理想的生长环境，可使晶体自发地长成完美的晶体形态。由于受到生长环境的制约，所形成的晶体形态往往发生畸变，如立方体晶形常畸变为三向不等长的长方体；有些晶体甚至缺失部分晶面。

这种偏离本身理想晶形的晶体称为歪晶，相应的晶形称为歪形。绝大多数晶体都是歪形，只是畸变程度不同罢了。

不管晶形如何畸变，同种晶体之间，对应晶面间的夹角恒等，这就是面角守恒定律。

所谓面角，是指晶面法线间的夹角，其数值等于相应晶面实际夹角的补角（即180°减去晶面实际夹角）。

1.3 晶体的对称要素

对称性是晶体的基本性质之一。所谓对称，是指物体（或图形）的相同部分作有规律的重复。对称现象在自然界广泛存在，如花朵上的花瓣、人的左右手、风扇的叶片等。

欲使物体中的相同部分重复，必须通过一定的操作，而且还必须凭借面、线、点等几何要素才能完成。这种操作称为对称操作，所凭借的几何要素称为对称要素。

对称要素包括对称面、对称轴和对称中心。

1.3.1 对称面

对称面(符号 P)是一个假想的平面,相应的对称操作是对于该平面的反映。对称面像一面镜子,它将晶体平分为互呈镜像反映的两个相同部分。

晶体中可以没有对称面,也可以有一个或几个对称面,如果有对称面,则对称面必通过晶体的几何中心。当对称面多于一个时,则将数目写在 P 的前面加以表述,如 3P、6P 等。

1.3.2 对称轴

对称轴(符号 L^n)是一根假想的直线,相应的对称操作是围绕该直线的旋转,每转过一定角度,晶体的各个相同部分就重复一次,即晶体复原一次。旋转一周,相同部分重复的次数,称为该对称轴的轴次,若轴次为 4,就写作 L^4。使相同部分重复所需要旋转的最小角度,称为基转角。

由于任一晶体旋转一周后,相同部分必然重复,所以,轴次 n 必为正整数,而基转角 α 必须要能整除 360°,且有 $n=360°/\alpha$。

晶体内部结构的空间格子规律,决定了在晶体中只可能出现 L^1、L^2、L^3、L^4 和 L^6,不可能有五次和高于六次的对称轴出现,这就是晶体对称定律。

一次对称轴无实际意义,因为任何物体围绕任一轴线旋转一周后,必然恢复原状。这样一来,晶体中对称轴的轴次也就只有 2 次、3 次、4 次和 6 次四种。轴次高于 2 次的对称轴(即 L^3、L^4 和 L^6)统称为高次轴。

一个晶体中,可以没有对称轴,可以只有一个对称轴,也可以有几个同轴次或不同轴次的对称轴。例如尖晶石有 3 个 L^4、4 个 L^3、6 个 L^2、9 个 P 和 1 个 C,可表述为 $3L^4 4L^3 6L^2 9PC$。

还有一种倒转轴(符号 L_i^n),可参阅相关书籍,这里不再作介绍。

1.3.3 对称中心

对称中心(符号 C)是一个假想的几何点,相应的对称操作是对于这个点的倒反(反伸)。由对称中心联系起来的两个相同部分,互为上下、左右、前后均颠倒相反的关系。晶体具有对称中心时,晶体上的任一晶面,都必定有与之成反向平行的另一相同晶面存在,并且对称中心必定位于晶体的几何中心。

1.4 晶体的对称型与对称分类

1.4.1 晶体的对称型

前面讲了对称要素，绝大多数晶体的对称要素都多于一个，它们按一定的规律组合在一起而共同存在。

对称型是指单个晶体中全部对称要素的集合，如前面所举尖晶石的例子，其对称型即为 $3L^4 4L^3 6L^2 9PC$。

根据晶体中可能出现的对称要素种类以及对称要素间的组合规律，最后得出：在所有晶体中，总共只能有 32 种不同的对称要素组合方式，即 32 种对称型。

1.4.2 晶体的对称分类

对称型是反映宏观晶体对称性的基本形式，在此基础上，可对晶体进行科学的分类。

在晶体的对称分类中，首先根据有无高次轴及高次轴的多少，将晶体划分为三个晶族，即高级晶族、中级晶族和低级晶族。晶族是晶体分类中的第一级对称类别。晶族之下的对称类别是晶系，共划分为如下七个晶系：等轴晶系（又称立方晶系）、六方晶系、四方晶系（又称正方晶系）、三方晶系、斜方晶系（又称正交晶系）、单斜晶系和三斜晶系。每个晶系又包含有若干个对称型（见表 1－1）。

1.5 晶体定向及晶面符号

1.5.1 晶体定向

结晶学坐标系是指在晶体中按一定法则所选定的一个三维坐标系。

表 1-1　晶体的 32 种对称型及对称分类

序号	对称型	对称特点		晶系	晶族
1 2	L^1 ** C	无 L^2 和 P	无高次轴	三斜晶系	低级晶族
3 4 5	L^2 P ** L^2PC	L^2 和 P 均不多于一个		单斜晶系	
6 7 8	$3L^2$ L^22P ** $3L^23PC$	L^2 和 P 的总数不少于三个		斜方晶系（正交晶系）	
9 10 11 12 13	L^3 * L^3C * L^33L^2 L^33P ** L^33L^23PC	唯一的高次轴为三次轴	必定有且只有一个高次轴	三方晶系	中级晶族
14 15 16 17 18 19 20	L^4 L_i^4 * L^4PC L^44L^2 L^44P $L_i^42L^22P$ ** L^44L^25PC	唯一的高次轴为四次轴		四方晶系（正方晶系）	
21 22 23 24 25 26 27	L^6 L_i^6 * L^6PC L^66L^2 L^66P $L_i^63L^23P$ ** L^66L^27PC	唯一的高次轴为六次轴		六方晶系	
28 29 30 31 32	$3L^24L^3$ * $3L^24L^33PC$ $3L^44L^36L^2$ * $3L_i^44L^36P$ ** $3L^44L^36L^29PC$	必定有四个 L^3	高次轴多于一个	等轴晶系（立方晶系）	高级晶族

注：带 ** 为矿物中常见；* 为矿物中较常见。

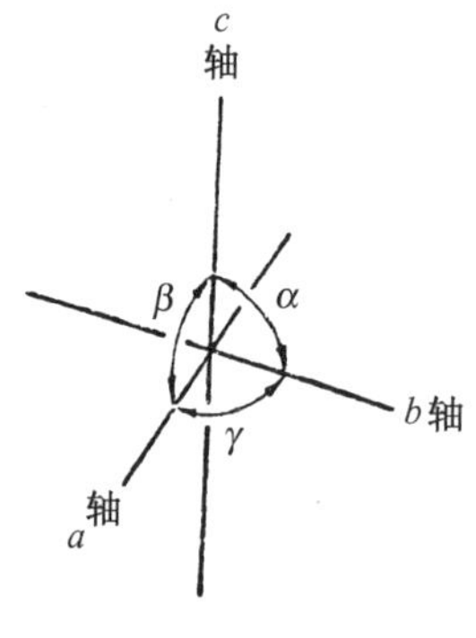

图1-4 结晶轴与轴角

晶体定向就是选定具体晶体中的结晶学坐标轴——结晶轴，并确定各轴的方向和它们的轴单位的比值。

晶体定向有三轴定向和四轴定向两种。

三轴定向选择三根结晶轴，通常将它们标记为 a 轴、b 轴、c 轴(或 X 轴、Y 轴、Z 轴)。三个结晶轴的交点安置在晶体中心。c 轴上下直立，正端朝上；b 轴为左右方向，正端朝右；a 轴为前后方向，正端朝前。每两个结晶轴正端之间的夹角称为轴角。如图1-4所示：$\alpha=b$ 轴 $\wedge c$ 轴，$\beta=c$ 轴 $\wedge a$ 轴，$\gamma=a$ 轴 $\wedge b$ 轴。

在结晶轴上度量距离时，用作计量单位的那段长度，称为轴单位，它等于格子构造中平行于结晶轴的行列的结点间距。a 轴、b 轴、c 轴各自的轴单位分别以 a、b、c 表示。晶面在三个结晶轴上的截距，分别与相应的轴单位之比值，即是该晶面在三个结晶轴上的截距系数。

四轴定向适用于三方晶系和六方晶系的晶体，与三轴定向不同的是，除一个直立结晶轴外，还有三个水平结晶轴，即增加了一个 d 轴(或称U轴)。四个轴的具体安置是：c 轴上下直立，正端朝上；三个水平轴中 b 轴左右水平，正端朝右；a 轴左前—右后水平，正端朝前偏左30°；d 轴左后—右前水平，正端朝后偏左30°；三个水平轴正端之间的夹角均为120°(见图1-5)。

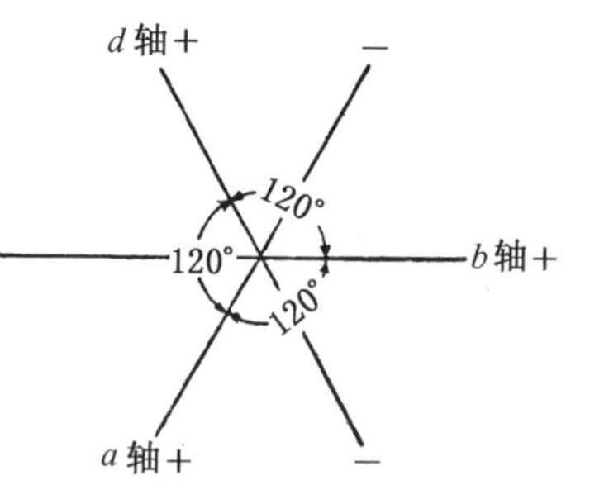

图1-5 四轴定向中三个水平结晶轴的安置

各个晶系中结晶轴的安置及晶体几何常数特征见表1-2。

表1-2 各个晶系结晶轴的安置及晶体几何常数特征

晶 系	结晶轴的方向	轴 角	轴单位
等轴	a 轴前后水平，b 轴左右水平，c 轴直立	$\alpha=\beta=\gamma=90°$	$a=b=c$
四方	a 轴前后水平，b 轴左右水平，c 轴直立	$\alpha=\beta=\gamma=90°$	$a=b\neq c$
三方、六方	c 轴直立，b 轴左右水平，a 轴水平朝前偏左30°，d 轴水平朝后偏左30°	$\alpha=\beta=90°$ $\gamma=120°$	$a=b\neq c$
斜方	c 轴直立，a 轴前后水平，b 轴左右水平	$\alpha=\beta=\gamma=90°$	$a\neq b\neq c$

续　表

晶　系	结晶轴的方向	轴　角	轴单位
单斜	c 轴直立，b 轴左右水平，a 轴前后朝前下方倾	$\alpha=\gamma=90^\circ$，$\beta>90^\circ$	$a\neq b\neq c$
三斜	c 轴直立，b 轴左右朝右下方倾，a 轴大致前后朝前下方倾	$\alpha\neq\beta\neq\gamma,\alpha>90^\circ$，$\beta>90^\circ,\gamma\neq 90^\circ$	$a\neq b\neq c$

1.5.2　晶面符号

晶面符号是一种用来表示晶面在晶体空间中取向关系的数字符号。通常所说的晶面符号是指国际上通用的米氏符号。

三轴定向的晶面符号写成(hkl)的形式。h、k、l 称为晶面指数(是截距系数的倒数比)，指数的排列顺序必须依次与 a 轴、b 轴、c 轴相对应，不得颠倒。当某个指数为负值时，就把负号写于该指数的上方，如 h 指数为负值时，则写成$(\bar{h}kl)$。

四轴定向的晶体，每个晶面有四个晶面指数 h、k、i、l，晶面符号写成$(hkil)$，指数的排列顺序依次与 a 轴、b 轴、d 轴、c 轴相对应，不得颠倒。

在实际应用上，一般来说，主要的问题不在于如何具体测算晶面符号，而是看到一个晶面符号后，能够明白它的含义，想象出它在晶体上的方位。以下几点结论是很有实用价值的：

(1) 晶面符号中某个指数为 0 时，表示该晶面与相应的结晶轴平行。第一个指数为 0，表示晶面平行于 a 轴；第二个指数为 0，表示晶面平行于 b 轴；最后一个指数为 0，表示晶面平行于 c 轴。

(2) 同一晶面符号中，指数的绝对值越大，表示晶面在相应结晶轴上的截距系数绝对值越小；在轴单位相等的情况下，还表示相应截距的绝对长度也越短，而晶面本身与该结晶轴之间的夹角则越大。如四方晶系晶体中，晶面(231)，截 a 轴较长，截 b 轴较短，长短比为 3∶2，但与 c 轴上的截距不能直接比较，因为彼此的轴单位不相等。

(3) 同一晶面符号中，如果有两个指数的绝对值相等，而且与它们相对应的那两个结晶轴的轴单位也相等，则晶面与两个结晶轴以等角度相交。如等轴晶系和四方晶系晶体中，晶面(221)与 a 轴和 b 轴以相同的角度相交。

(4) 在同一晶体中，如果有两个晶面，它们对应的三组晶面指数的绝对值全都相等，正负号恰好全都相反，这两个晶面必定相互平行。如$(1\bar{3}0)$和$(\bar{1}30)$就代表一对相互平行的晶面。

1.6 晶 胞

1.6.1 单位晶胞

单位晶胞是指能够充分反映整个晶体结构特征的最小的结构单元，其形状和大小与对应的空间格子中的单位平行六面体完全一致，并可由一组晶胞参数(a、b、c 和 α、β、γ)来表征，晶胞参数等同于对应的单位平行六面体参数。

1.6.2 大晶胞

有时也需要用到与单位平行六面体不相对应的晶胞，这时特别称它为大晶胞。如对应于菱方柱形平行六面体的六方格子形式的单元，就是一种较常遇到的大晶胞。大晶胞是相对于单位晶胞而言的，通常都予以指明。未加指明的晶胞，一般都是指单位晶胞。

晶胞是晶体结构的基本组成单位，由一个晶胞出发，就能借助于平移而重复出整个晶体结构来。因此，在描述某个晶体结构时，通常只需阐明它的晶胞特征就可以了。

1.7 单形和聚形

晶体的形态千姿百态，如萤石的立方体、钻石和尖晶石的八面体、石榴石的菱形十二面体以及水晶的由六方柱和两个菱面体聚合成的形态，等等。

根据晶体中晶面之间的相互关系，可把晶体分为单形(如立方体、菱形十二面体)和聚形(如六方柱与两个菱面体聚合成的形态)两种。

1.7.1 单形

单形是指一个晶体中，彼此间能对称重复的一组晶面的组合。同一单形的各个晶面必能相互对称重复，具有相同的性质；不属于同一单形的晶面绝不可能相互对称重复。

单形符号是指以简单的数字符号的形式，来表征一个单形的所有晶面及其在晶体上取向的一种结晶学符号。

单形符号的构成，是在同一单形的各个晶面中，按一定的原则选择一个代表晶面，将该晶面指数顺序连写置于大括号内，写成{*hkl*}的形式，以代表整个单形。如立方体有六个晶面：(100)、(010)、(001)、($\bar{1}$00)、(0$\bar{1}$0)和(00$\bar{1}$)，它们属于同一个单形，我们选择(100)晶面作为代表，将晶面指数置于大括号内，写成{100}，就代表立方体这个单形。

注意：晶面符号(100)只是指与 *a* 轴正端相截，与 *b* 轴、*c* 轴相平行的一个晶面。单形符号{100}在不同的晶系中所代表的晶面数和晶面形状不相同，如四方晶系中的{100}代表四方柱，共四个晶面。

在 1.5 中已经讲了，对称型共有 32 种。对 32 种对称型逐一进行推导，最终可得出 146 种结晶学上不同的单形。如果只从它们的几何性质着眼，而不考虑单形的真实对称性，那么，146 种结晶学上不同的单形，可归并为几何性质不同的 47 种几何学单形。低级晶族中有 7 种(见图 1－6)，中级晶族中有 25 种(见图 1－7)，高级晶族中有 15 种(见图 1－8)。

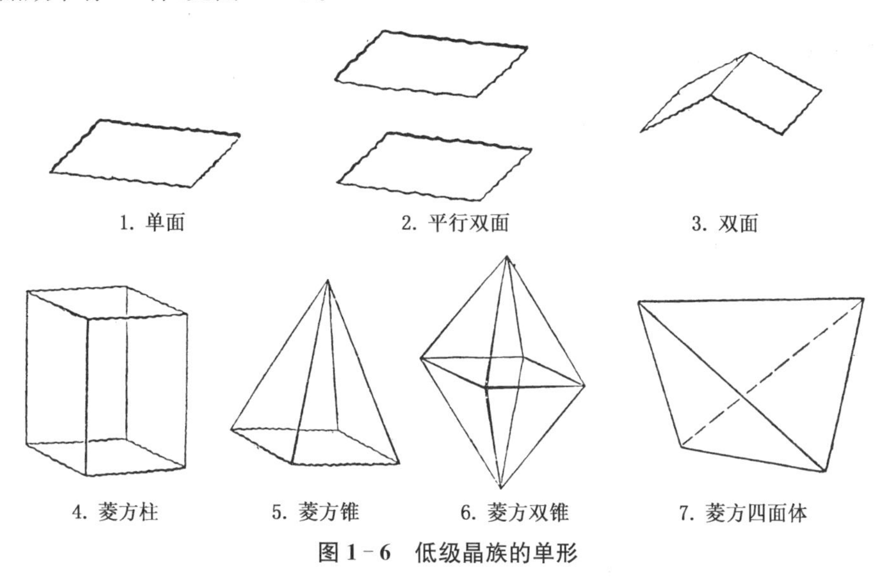

图 1－6　低级晶族的单形

1.7.2　聚形

聚形是指两个或两个以上单形的聚合。

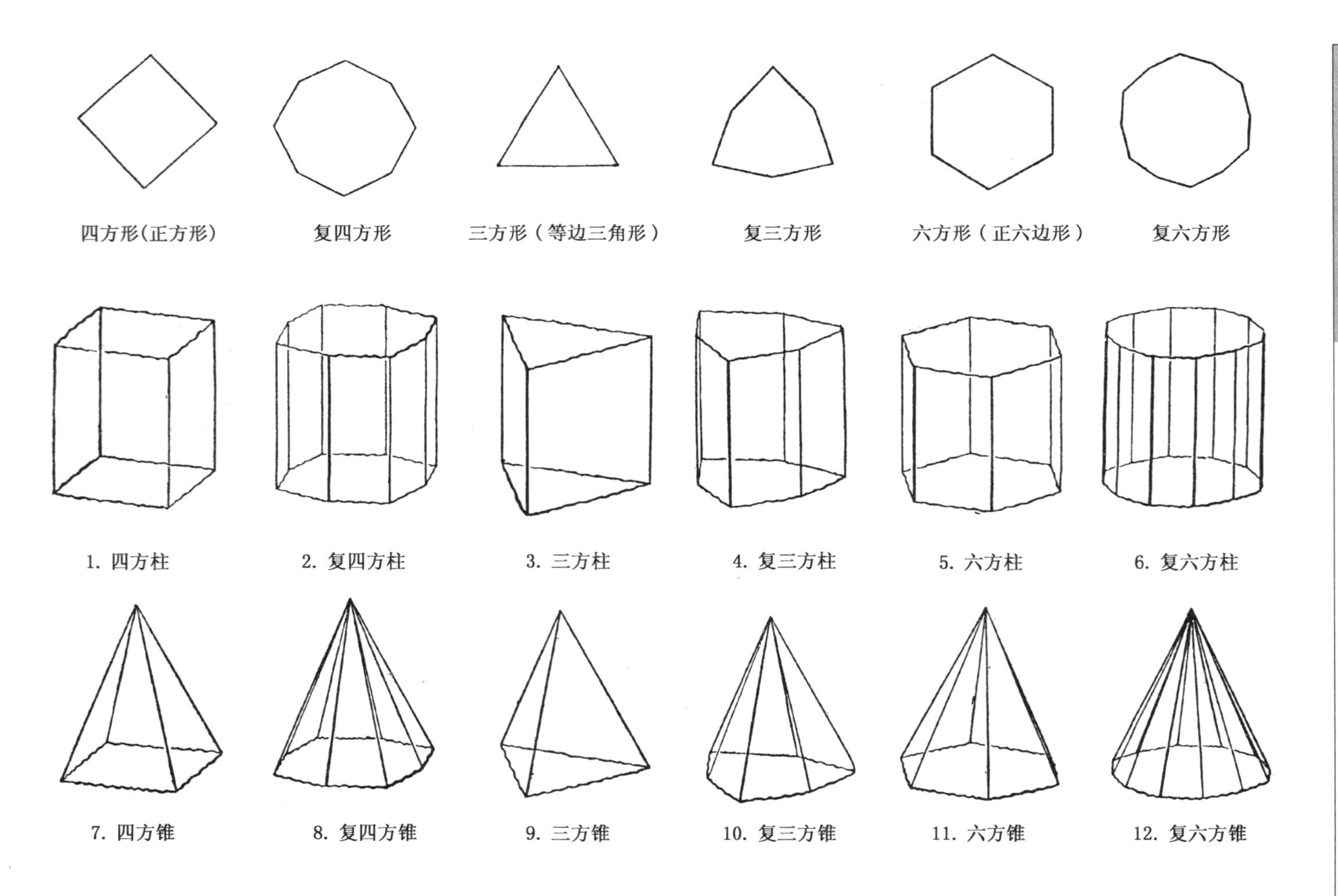
四方形(正方形)
复四方形
三方形（等边三角形）
复三方形
六方形（正六边形）
复六方形
1. 四方柱
2. 复四方柱
3. 三方柱
4. 复三方柱
5. 六方柱
6. 复六方柱
7. 四方锥
8. 复四方锥
9. 三方锥
10. 复三方锥
11. 六方锥
12. 复六方锥

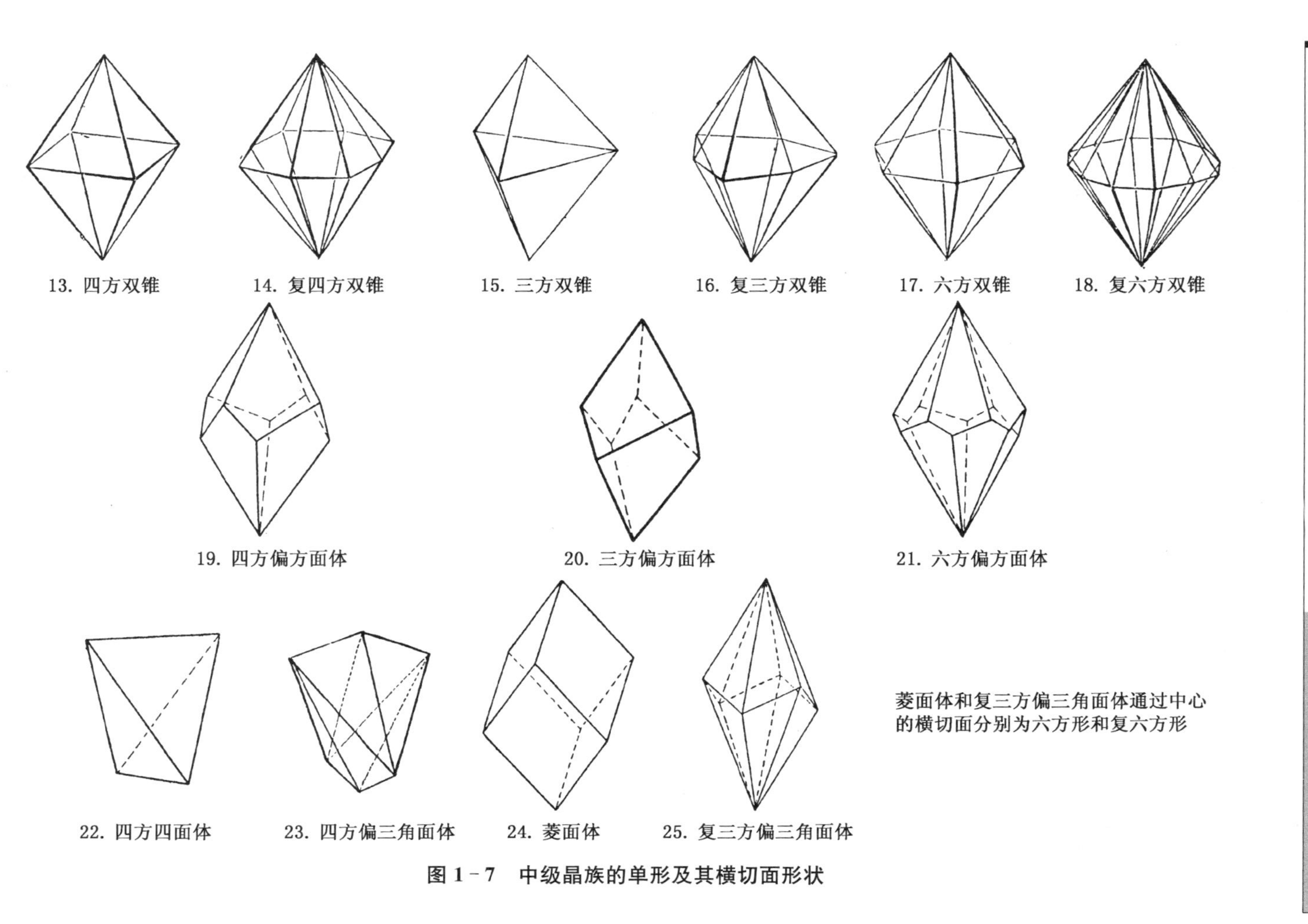

图 1－7　中级晶族的单形及其横切面形状

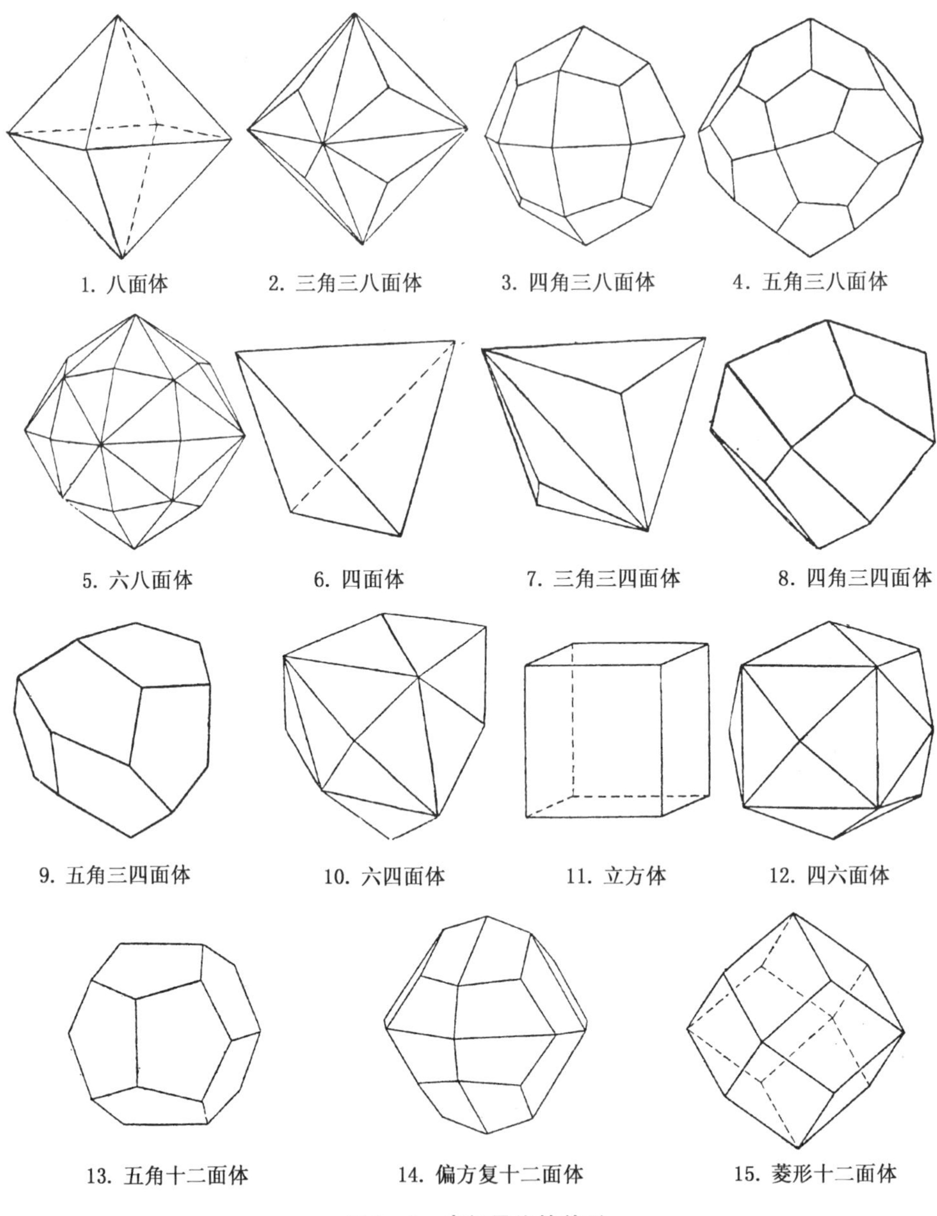

图 1-8　高级晶族的单形

在 47 种几何学单形中，单面、双面、平行双面以及各种柱和锥等 17 种单形，仅由一个单形自身的全部晶面，不能围成封闭空间的单形，称它们为开形；其余 30 种单形，由一个单形自身的晶面就能够围成闭合的凸多面体的单形，称它们为闭形。

晶体是一个封闭的凸几何多面体，而单独一个开形不能封闭空间，因此它们必然要组合成聚形。至于闭形，既可在晶体上单独存在，如立方体晶体、八面体晶体等，也可以参与组成聚形，如由立方体和八面体组合成的钻石的聚形晶体。

在任何情况下，单形的相聚必定遵循对称性一致的原则。也就是说，只有属于同一对称型的单形才可能相聚。

值得注意的是，单形相聚后，由于不同单形的晶面相互交截，使单形的外貌变得与其单独存在时的形状完全不同。因此，单纯依据晶面形状来判断单形是极不可靠的。尤其是在歪形晶体中，更不能根据晶面形状的异同来判别它们是否属于同一单形。

聚形条纹（或称生长条纹）是指由不同单形的一系列细窄晶面反复相聚、交替出现而形成的直线状平行条纹。聚形条纹是晶体表面上的一种生长现象，它只见于晶面上，因此，也常称其为晶面条纹（见图 1－9）。

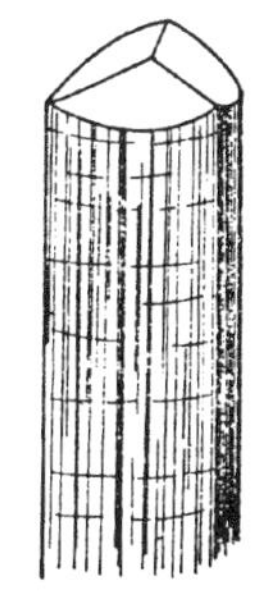
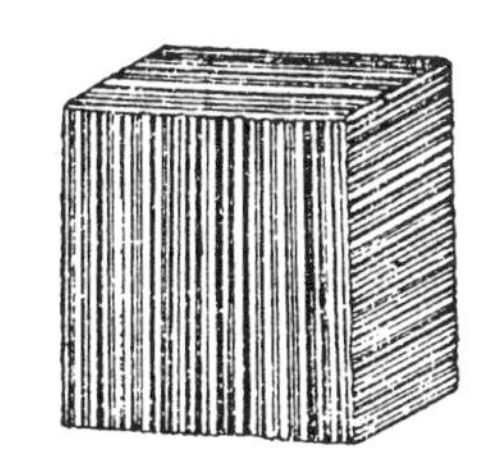

图 1－9　晶面条纹

左：水晶；中：碧玺；右：黄铁矿

1.8 平行连晶与双晶

通常晶体多以单体间相互连生的方式产出。晶体的连生分类如下。本教材仅介绍平行连晶和双晶。

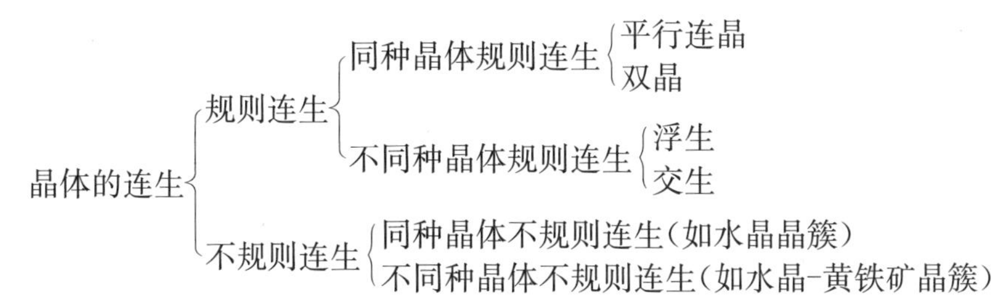

1.8.1 平行连晶

平行连晶是指若干个同种晶体，按所有对应的结晶方向（包括各个对应的结晶轴、晶面及晶棱的方向）全都相互平行的关系而形成的连生体。平行连晶表现在外形上，各个单体间的所有对应晶面必定全都彼此平行（见图 1－10）；从内部结构上看，各个单体的格子构造都是彼此平行而连续的（见图 1－11）。可以说平行连晶是单晶体的一种特殊形式。

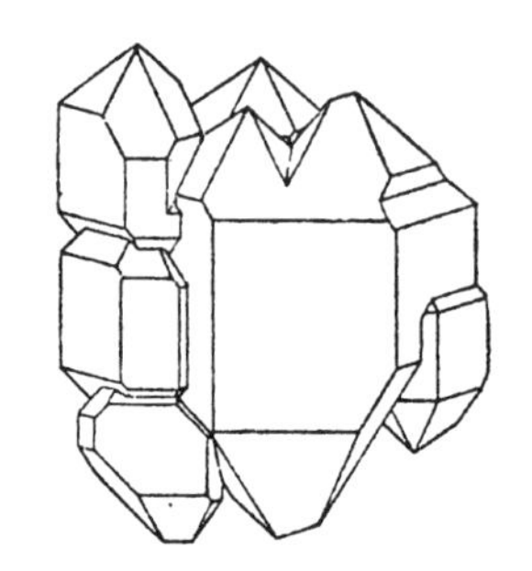

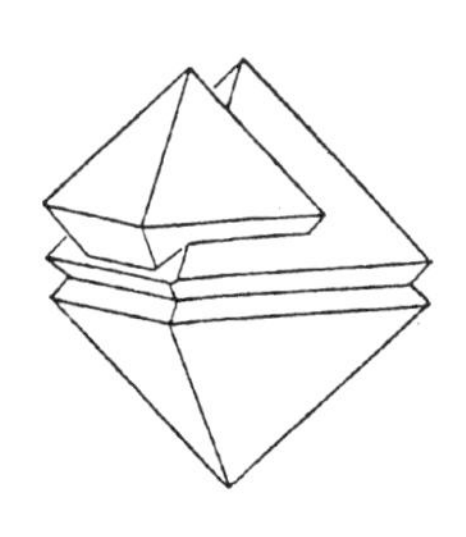

图 1－10　平行连晶

左：水晶；右：钻石

图 1－11　平行连晶的内部格子构造平行而连续示意图

1.8.2 双晶和双晶要素

1. 双晶

双晶（又称孪晶）是指两个或两个以上的同种晶体，彼此间按一定的对称关系而形成的规则连生体。各单体间必有一部分相对应的结晶方向彼此平行，而其余相对应的结晶方向肯定互不平行。构成双晶的两个单体，它们的内部格子构造是不平行、不连续的，这是双晶与平行连晶的根本不同之处。

2. 双晶要素

双晶要素是双晶中单体间对称关系的几何要素，它包括双晶面、双晶轴和双晶中心。

(1) 双晶面：是一个假想的平面，通过它的反映后，构成双晶的两个单体能够重合或处于平行一致的方位。

双晶面的作用相当于对称面的作用，但两者有着根本差别。由双晶面联系起来的是两个单体；而对称面联系起来的是一个单体的两个相同部分。因此，双晶面绝不可能平行于单体中的对称面。

(2) 双晶轴：是一条假想的直线，双晶中的一个单体围绕它旋转180°后，可与另一个单体重合或处于平行一致的方位。

双晶轴的作用相当于二次对称轴的作用，但由于双晶轴是对两个单体而言的，所以双晶轴绝不可能平行于单体中的偶次对称轴。

(3) 双晶中心：是一个假想的点，两个单体通过该点倒反后，能够相互重复。它的作用相当于对称中心的作用，但是，双晶中心绝不可能与单体的对称中心并存。

在讲述了双晶要素之后，特别强调的一点是，双晶接合面不是一种双晶要素。它是构成双晶的两个相邻单体之间，实际存在的一个接合面，是相邻单体间的公共界面。双晶接合面经常与双晶面重合，此时，接合面是一个简单的平面。也有不少双晶，因单体间相互贯穿，接合面便曲折复杂，如水晶的双晶接合面就经常如此。

1.8.3 双晶类型

在矿物学中，通常按照双晶单体间接合方式的不同，分为以下不同的类型：

1. 简单双晶

简单双晶是指由两个单体构成的双晶。其中又可分为以下两种：

(1) 接触双晶：两个单体间以一个明显而规则的接合面相接触。如锡石的膝状双晶(见图1-12a)。

(2) 贯穿双晶(又称透入双晶)：两个单体相互穿插，接合面常曲折复杂。如正长石的卡斯巴律贯穿双晶(见图1-12b)。

双晶律是指按一定规律结合的双晶的名称，如卡斯巴律、钠长石律等。

2. 反复双晶

反复双晶是指两个以上的单体彼此间按同一种双晶律多次反复出现而构成的双晶群。其中又可分为以下两种：

(1) 聚片双晶：由若干个单体按同一种双晶律所组成的双晶，表现为一系列接触双晶的聚合，所有接合面均相互平行。如斜长石中的钠长石律聚片双晶(见图1-12c)。

(2) 轮式双晶：由两个以上的单体按同一种双晶律所组成的双晶，表现为若干组双晶的依次组合，各接合面互不平行，依次成等角度相交，双晶总体往往成轮辐状或环状(环不一定封闭，可以成开口状)。轮式双晶按其单体的个数，可分别称为三连晶、四连晶、五连晶、六连晶、八连晶等。如金绿宝石的三连晶(见图1-12d)。

3. 复合双晶

复合双晶是指由两个以上的单体，彼此间按不同的双晶律所组成的双晶。如斜长石的卡钠复合双晶(见图1-12e)。单体1和2以及3和4之间均按钠长石律结合；单体2和3之间按卡斯巴律结合，于是，单体1和4之间也成卡斯巴律的关

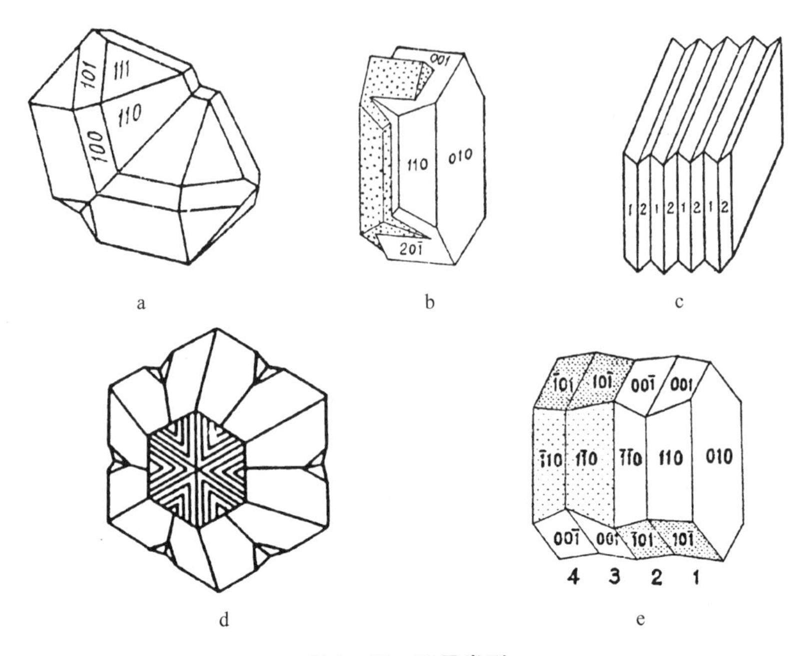

图 1-12　双晶类型

a. 锡石的膝状双晶；b. 正长石的卡斯巴律贯穿双晶；c. 斜长石的钠长石律聚片双晶；
d. 金绿宝石的三连晶；e. 斜长石的卡钠复合双晶

系；单体 1 和 3 以及 2 和 4 虽然都未直接相连，但它们之间的相对方位都构成了卡钠复合双晶的关系。

1.8.4　双晶的识别

晶体中的双晶颇为常见，但是，自然界所出现的矿物双晶，它们的形状往往不完整，不理想。组成双晶的单体或多或少都长成歪形，各单体的大小也不尽相同。有时只出现少数晶面，甚至无晶面出现，这给用肉眼识别双晶造成很大困难，不过还是可以依据外表的一些现象来识别双晶。

1. 凹入角

凹入角是双晶上经常出现的现象（单晶体是一个凸几何多面体）。但应注意，并非所有的双晶都必定出现凹入角，也并非凡是有凹入角的都是双晶，平行连晶以及无规则的连生晶体间都可存在凹入角。

2. 假对称

有的双晶外形上好像是一个单晶体，但此时整个双晶外形上所表现出来的对称性，肯定与单晶体所固有的对称性不同，因而是一种假对称。

3. 双晶缝

双晶缝是双晶接合面在双晶表面或断面上的迹线。多数是直线或简单的折线，也有呈不规则的复杂曲线。有的双晶，两个单体的部分晶面可以平行一致或基本平行，犹如一个晶面，但仔细观察可见双晶缝，并且在双晶缝的两侧，晶面条纹不连续，被双晶缝隔断，双晶缝两侧的光泽也不一样。如水晶的双晶（见图 1－13）。

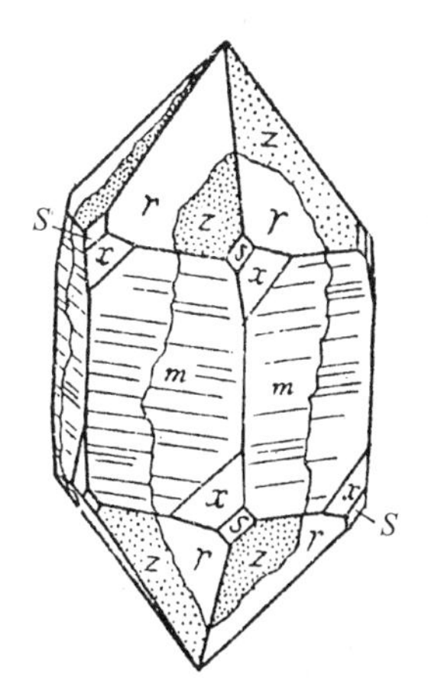

图 1－13　水晶的道芬双晶：双晶缝弯曲，晶面条纹不连续

4. 双晶条纹

双晶条纹是由一系列相互平行的接合面在晶面或解理面上的迹线（即双晶缝）所构成的直线状条纹。不过肉眼所看到的条纹，实际上是被一系列双晶缝所隔开的晶面或解理面的两组细窄条带，它们交替地向两个不同方向反光而造成的明暗相间的条纹。如在斜长石的聚片双晶中，就可见到这样的双晶条纹。

5. 解理方向

双晶中的两个单体，只有当双晶面或接合面正好平行于某个解理面时，两者的解理方向才会平行一致。一般情况下，两单体的解理面不相平行，对于双晶要素构成对称关系，所以可用来帮助确定双晶。

除了上述用肉眼观察的现象外，还可借助晶体测量、偏光显微镜观察、X 射线照相和人工蚀像，个别的（如水晶）还可根据压电性等物理性质的测定来确定是否存在双晶。

1.9 类质同像与同质多像

1.9.1 类质同像

类质同像是指在确定的某种晶体的晶格中，本应全部由某种离子或原子占有的结构位置，部分被性质相似的他种离子或原子替代占有，并不引起键性和晶体结构型式发生质的变化，共同结晶成均匀的、呈单一相的混合晶体（即类质同像混晶)。如镁橄榄石 $Mg_2[SiO_4]$晶体，其晶格中的部分 Mg^{2+} 被 Fe^{2+} 替代，由此形成的橄榄石$(Mg, Fe)_2[SiO_4]$晶体，就是一种类质同像混晶。

具有类质同像替代关系的两种组分，能在整个或确定的某个局部范围内，以不同的含量比形成一系列成分上连续变化的混晶，即构成类质同像系列。

人们经常把类质同像混晶笼统地称为固溶体。严格说来，两者是有差别的。固溶体有填隙式、替位式和缺位式三种类型，类质同像混晶只与替位固溶体相当。

1. 完全类质同像与不完全类质同像

根据不同组分间在晶格中所能替代的范围，可将类质同像分为完全类质同像和不完全类质同像。

(1) 完全类质同像：两种组分间能以任意比例替代形成类质同像混晶。在完全类质同像系列两端的纯组分称为端员组分，主要由端员组分组成的矿物称为端员矿物。

(2) 不完全类质同像：两种组分间只能在确定的某个有限范围内，以各种不同的比例替代形成类质同像混晶。

2. 等价类质同像和异价类质同像

根据晶格中相互替代的离子的电价是否相等，类质同像又可分为等价类质同像和异价类质同像。

(1) 等价类质同像：成替代关系的离子(或原子)为等价离子(或原子)所形成的类质同像混晶。如橄榄石$(Mg, Fe)_2[SiO_4]$和银金矿(Au, Ag)就属于等价类质同像。

(2) 异价类质同像：成替代关系的离子为不等价离子所形成的类质同像混晶。为了保持晶格的电中性，被替代离子的总电荷与替代离子的总电荷必须保持相等，当一个Fe^{2+}替代一个Fe^{3+}时，就有一个Ca^{2+}替代一个Na^+，即$Fe^{2+}+Ca^{2+}$替代$Fe^{3+}+Na^+$。

1.9.2 同质多像

同质多像(也称同质异像)是指同种化学成分，能够结晶成若干种内部结构不同的晶体。这样的一些晶体称为同质多像变体。如同样是碳，可结晶成六方(或三方)晶系的石墨，也可结晶成等轴晶系的钻石。

一种物质的各同质多像变体，都有它自身稳定的温度压力范围，当环境的温度压力条件改变到超出某种变体的稳定范围时，该种变体就会在固态条件下转变成另一种变体。如 SiO_2 的四种变体间的转变关系：

$$\alpha\text{-石英} \xrightleftharpoons{573℃} \beta\text{-石英} \xrightarrow{870℃} \beta_2\text{-鳞石英} \xrightarrow{1\,470℃} \beta\text{-方石英} \xrightleftharpoons{1\,720℃} \text{(熔体)}。$$

双向箭头表示二者之间的转变是可逆的，单向箭头表示只在升温过程中发生转变，而在降温过程中，并不发生相应的可逆转变。

矿物学基本知识

2.1 矿物与准矿物

2.1.1 矿物的概念

在古代,人们把从矿山采掘出来的未经加工的天然物体称为矿物。

现代对矿物的定义是:矿物是天然产出的单质或化合物,它们各自都有相对固定的化学组成及确定的内部结晶构造。通常由无机作用形成,在一定的物理化学条件范围内稳定,是组成岩石和矿石的基本单元。

所有的矿物都是晶体,人们认识晶体,也正是首先从认识矿物晶体开始的。

2.1.2 准矿物的概念

准矿物也称似矿物,是指在产出状态、成因和化学组成等方面均具有与矿物相同的特征,但不具有结晶构造的均匀固体。

准矿物数量很少,较常见的如 A 型蛋白石 ($SiO_2 \cdot nH_2O$)。但天然非晶质的火山玻璃不属于准矿物之列,因它没有一定的化学成分,应属于岩石。

矿物被限定为晶体,并建立了准矿物的概念,但准矿物仍是矿物学研究的对象,因此,在一般情况下,并不把准矿物与矿物严格区分。

2.2 矿物中水的存在形式

许多矿物都含有水，但水在矿物中的存在形式不同，可分为以下几种。

2.2.1 吸附水

吸附水是指呈中性水分子 H_2O 的形式被机械地吸附于矿物颗粒表面或缝隙中的水。它不参与组成矿物的晶格，因而不属于矿物固有的化学成分。吸附水在矿物中的含量不定，随外界的湿度和温度等条件变化而变化。

2.2.2 结晶水

结晶水也是以中性水分子 H_2O 的形式存在，但它参与组成矿物的晶格，占据晶体结构中固定的配位位置。水分子的数量也是确定的，与矿物中其他组分的含量成简单的比例关系。

2.2.3 化合水

化合水(也称结构水)它不是中性水分子，而是以$(OH)^-$或H^+、$(H_3O)^+$离子的形式存在的“水”，它参与组成晶格，在晶体结构中占据固定的配位位置。化合水也有确定的含量比。它在晶格中的结合强度远比结晶水大。

2.2.4 沸石水

沸石水是介于吸附水与结晶水之间的一种特殊类型的水，它以中性水分子 H_2O 的形式，主要存在于沸石族矿物晶格的空腔和通道中。在晶格中它占据确定的配位位置，含量有一上限值，此值与其他组分的含量成简单的比例关系。但是随外界温度升高或湿度减小，沸石水能够逐渐逸失，并不导致晶格的变化。失去部分水的沸石，在潮湿的环境中又能从外界吸收水分恢复到原来的状态。

2.2.5 层间水

层间水也是介于吸附水与结晶水之间的一种水，它以中性水分子 H_2O 的形式存在于某些层状结构的硅酸盐矿物晶格中的结构层之间。层间水的含量不定，常压下 110℃便大部逸出，在失水过程中，可使相邻结构层之间的距离变小，但不导致晶格的破坏。当处于潮湿环境中时，水分子又可重新进入矿物晶格的层间，并使结构层之间距离加大。

2.3 矿物的化学式

矿物化学式的表示方法有两种，即实验式和结构式。

2.3.1 实验式

实验式仅表示出组成矿物的元素种类及其原子数之比。如白云母的实验式即写成 $H_2KAl_3Si_3O_{12}$，或者按元素的简单氧化物组合形式写成 $K_2O \cdot 3Al_2O_3 \cdot 6SiO_2 \cdot 2H_2O$。

2.3.2 结构式

结构式又称晶体化学式，除了能表示出组成元素的种类及其原子数之比以外，还能在一定程度上表示出原子在结构中的关系。如白云母的结构式即写成 $KAl_2[AlSi_3O_{10}](OH)_2$。

结构式的书写规则及所代表的意义如下：

基本原则是阳离子在前，阴离子在后，如：

水晶 SiO_2　　红宝石 Al_2O_3

如果有络阴离子存在，则用方括号将络阴离子括起来，如：

方解石 $Ca[CO_3]$

透辉石 $CaMg[Si_2O_6]$

透辉石的络阴离子写成[Si_2O_6],而不写成[SiO_3]$_2$,这是因为透辉石晶体结构中,链状络阴离子的重复单位是[Si_2O_6],而不是[SiO_3]。如果除络阴离子外,还有附加的其他阴离子,则将附加阴离子写在络阴离子之后,如:

氟磷灰石　$Ca_5[PO_4]_3F$

孔雀石　$Cu_2[CO_3](OH)_2$

成类质同像替代关系的元素,均写在同一个圆括号内,彼此之间用逗号分开,含量高者在前,低者在后,如:

橄榄石　$(Mg, Fe)_2[SiO_4]$

托帕石(矿物名称黄玉)　$Al_2[SiO_4](F, OH)_2$

但是像镁铝榴石 $Mg_3Al_2[SiO_4]_3$,就不可以写成 $(Mg, Al)_5[SiO_4]_3$,因为这两种阳离子不属于类质同像替代,它们有确定的比例。

吸附水不属于矿物固有的化学成分,在化学式中一般不予表示。但在水胶凝体(也称凝胶)矿物中,则必须予以反映,通常在化学式末尾用 nH_2O 写出,表示含量不定,并用圆点与其他组分隔开。如:

蛋白石　$SiO_2 \cdot nH_2O$

结晶水是矿物本身化学组成的固有组分之一,与其他组分间有确定的比例关系。在化学式中写在其他组分之后,并用圆点隔开,如:

绿松石　$CuAl_6[PO_4]_4(OH)_8 \cdot 5H_2O$

沸石水的含量以其上限值为准,写法同结晶水。层间水若其含量有确定的上限值,写法也同结晶水,否则,写法同吸附水。

矿物的化学式是根据化学定量全分析数据经过计算得出的,但这只是实验式。如果要写出矿物的结构式,还需根据已有的晶体结构知识和晶体化学原理,对各种元素的存在形式作出合理的判断,并进行适当的分配,方可完成。

2.4 矿物种的概念及其命名

2.4.1 矿物种的概念

矿物种是指具有相同的化学组成和晶体结构的一种矿物。如绿柱石、尖晶石、锆石等都是矿物种的名称。

在划分矿物种时，对于同一化学成分的各同质多像变体而言，虽说化学成分相同，但它们的晶体结构有明显差别，因而都是不同的矿物种。如金刚石（钻石）和石墨，就是两个不同的矿物种。

对于类质同像系列，尤其是完全类质同像系列，它们的化学组成，可以从一个端员组分连续过渡到另一个端员组分，过去都将这样的类质同像系列按区间划分为几个不同的矿物种。后来，国际新矿物及矿物命名委员会规定，对于一个类质同像系列，以组分含量的50%为界，按二分法只分为两个矿物种。但有些类质同像系列的划分方案，是历史上早已广泛沿用的，如斜长石系列的划分，一般仍予保留。

在矿物种之下，有时还再分出亚种（也称变种或异种）。亚种是指属于同一个种的矿物，但在次要的化学成分或物理性质、形态某一方面有较明显变异的矿物，如红宝石是含铬的刚玉亚种。按国际新矿物及矿物命名委员会的规定，亚种不应给予单独名称，应采用在种名前加上适当的形容词来称呼。但历史上早已广泛沿用的亚种的独立名称，一般也仍予保留。

2.4.2 矿物种的命名

每个矿物种都有一个独立的名称，其具体命名方法主要有以下几种：

(1) 以化学成分命名：如自然金（Au）、锡石（SnO_2）。

(2) 以物理性质命名：如橄榄石（颜色呈橄榄绿色）、电气石（具有显著的热电性）。

(3) 以形态命名：如方柱石（晶形常呈四方柱状）、十字石（双晶常呈十字形或X形）。

(4) 以产地命名：如香花石（首次发现于湖南临武香花岭）、高岭石（源于江西景德镇高岭）、蓟县矿（首次发现于天津蓟县）。

(5) 以人名命名：如张衡矿（纪念东汉杰出的科学家）。

此外，也有按其他命名的，如许多矿物采用混合命名，其中以晶系名或成分作为前缀者较为常见。

我国所使用的大量矿物名称，来源不一，但几乎所有矿物名称都以“石”、“矿”、“玉”、“晶”、“砂”、“华”、“矾”等字结尾，它们都是取自我国传统矿物名称的词尾。至于矿物的全名，有的是沿用我国固有的名称，如辰砂、方解石、雄黄等；有的是由我国学者首次发现而命名的，如香花石、蓟县矿等；有的是借用日文中的汉字名称，如绿帘石、黝铜矿等；更多的是从外文名称转译来的，其中大部分译名实际上是改用了化学成分、或形态、或物性加化学成分而重新命名的。

还有许多矿物名称，如长石、云母、辉石等，它们并不是矿物种的名称，而是包括了若干个类似的矿物种的统称，在矿物分类上，它们可以作为族名。

2.5 矿物的分类

2.5.1 矿物分类级序

目前已知的矿物种有4 000多种。在矿物的分类体系中，矿物种是分类的基本单元。整个分类体系的级序依次为：

大类—类—（亚类）—族—（亚族）—种—（亚种）

以上分类体系、级序是公认的。但具体分类方案的根据或出发点，则因研究目的不同而异。有的根据化学成分，有的根据晶体化学，有的根据地球化学，有的根据成因，等等。这些分类方案，主要反映在族的划分上各具特色。

2.5.2 以晶体化学为基础的分类

下面介绍一般通用的以晶体化学为基础的矿物分类方案。本分类方案首先根据化学组成的基本类型，将矿物分为五个大类。大类以下，根据阴离子（包括络阴离子）的种类分为类以及亚类。类和亚类以下，即为族及亚族。

矿物族的概念一般是指化学组成类似并且晶体结构类型相同的一组矿物。但是为了便于说明某些矿物种之间的联系，有时也把某些同质多像变体，或者化学成分上近似但结构类型有一定差异的一组矿物，划归同一个族。有时为便于讲述，还将族再分为亚族。

以晶体化学为基础的分类（族和种从略）如下：

第一大类　自然元素矿物

第二大类　硫化物及其类似化合物矿物

　第一类　单硫化物及其类似化合物矿物

　第二类　对硫化物及其类似化合物矿物

　第三类　硫盐矿物

第三大类　卤化物矿物

　第一类　氟化物矿物

第二类　氯化物矿物

第四大类　氧化物和氢氧化物矿物

第一类　氧化物矿物

第二类　氢氧化物矿物

第五大类　含氧盐矿物

第一类　碳酸盐、硝酸盐、硼酸盐、砷酸盐、钒酸盐矿物

第二类　磷酸盐、钨酸盐、硫酸盐、铬酸盐、钼酸盐矿物

第三类　硅酸盐矿物

第一亚类　岛状结构硅酸盐矿物

第二亚类　环状结构硅酸盐矿物

第三亚类　链状结构硅酸盐矿物

第四亚类　层状结构硅酸盐矿物

第五亚类　架状结构硅酸盐矿物

3 岩石学基本知识

3.1 岩石的概念、结构和构造

3.1.1 岩石的概念

地质学上的岩石，也就是人们俗称的石头，但二者又不完全相同，如煤，在一般人看来，它不属于石头，而在地质学上，煤属于岩石，是沉积岩的一种，被称为煤岩或可燃有机岩。

岩石是指由地质作用形成的，具有一定结构、构造的矿物集合体（部分为火山玻璃物质、胶体物质、生物遗体），是组成地壳的固态物质。

自然界中的岩石种类繁多，按成因可分为岩浆岩、沉积岩和变质岩三大类。

3.1.2 岩石的结构

结构是指岩石中物质成分的结晶程度、矿物颗粒大小、形状以及彼此间的相互关系。岩石的结构种类非常多，如全晶质半自形细粒结构、纤维变晶结构、交代假像结构，等等。

3.1.3 岩石的构造

构造是指岩石中矿物的排列方式及空间分布。岩石的构造种类也是非常之多，如块状构造、杏仁状构造、片状构造、同心层状构造、条带状构造，等等。

3.2 岩浆岩

3.2.1 岩浆岩的概念

岩浆岩(也称火成岩)是指由岩浆冷凝固结后形成的岩石。

根据岩浆冷凝固结时所处的地质环境(即产状),可将岩浆岩分为深成岩、浅成岩和喷出岩。

岩浆向上侵入地壳,在地下深处冷凝固结形成的岩石,称为深成岩;岩浆侵入到地壳上部,在近地表处冷凝固结形成的岩石,称为浅成岩;岩浆喷出地表后冷凝固结形成的岩石,称为喷出岩(也称火山熔岩)。深成岩和浅成岩习惯上统称为侵入岩。

3.2.2 岩浆岩的化学成分分类

首先根据岩浆岩中 SiO_2 的含量,将岩浆岩分为四大类:超基性岩($SiO_2<45\%$)、基性岩(SiO_2 45%~52%)、中性岩(SiO_2 52%~65%)、酸性岩($SiO_2>65\%$)。

其次考虑岩浆岩中 K_2O+Na_2O 的含量,即碱度,再划分为钙碱性、弱碱性和碱性等系列。

3.2.3 岩浆岩的代表性岩类

岩浆岩的代表性岩类如下(各岩类按深成岩、浅成岩、喷出岩的顺序列出;钙碱性、弱碱性和碱性系列未列出):

(1) 超基性岩:橄榄岩—苦橄玢岩—苦橄岩类

(2) 基性岩:辉长岩—辉绿岩—玄武岩类

(3) 中性岩:闪长岩—闪长玢岩—安山岩类

(4) 酸性岩:花岗岩—花岗斑岩—流纹岩类

此外,还有一类岩浆岩常呈脉状或岩墙状产出,称它们为脉岩类,包括煌斑岩、细晶岩和伟晶岩等。

与岩浆岩有关的宝石种类很多，如原生钻石矿床，只产在金伯利岩（一种超基性岩浆岩）和钾镁煌斑岩（一种超钾富镁的碱性岩类，又称超钾金云火山岩）中，迄今为止，尚未发现其他类型的原生钻石（金刚石）矿床。再如产于玄武岩中的红宝石、蓝宝石，是世界上原生红宝石、蓝宝石的主要成因类型，世界上大部分宝石级橄榄石也都产于玄武岩中。梅花玉是一种杏仁状安山岩，黑曜岩是一种酸性喷出岩，至于伟晶岩中的宝石品种就更多了，这里不再一一介绍。

3.3 沉积岩

3.3.1 沉积岩的概念

沉积岩是指在地壳表层常温常压条件下，由原岩的风化产物、火山碎屑物质、有机物质及少量宇宙物质，经搬运、沉积和成岩等一系列地质作用而形成的层状岩石。

应当指出的是，未成岩的土壤及砂或砾石，不属于沉积岩之列，它们被称为第四纪沉积物（第四纪是地质历史上最晚的一个时期，大约始于二百万年前）。在这些沉积物中有许多种宝石，并且可形成机械沉积矿床——砂矿床。如钻石砂矿、红宝石砂矿、蓝宝石砂矿等。翡翠籽料（又称老坑料）及和田玉的籽料都是河谷、河床中的砾石。

沉积岩中的矿物大体上可分为两类。一类是原来岩石中的矿物，作为碎屑物而成为沉积岩的矿物成分，如砂岩中的石英砂粒；另一类是在沉积（或成岩）作用过程中新生成的矿物，如化学沉积的碳酸盐矿物、某些氧化物或氢氧化物矿物等。

3.3.2 沉积岩的分类

根据沉积岩的物质来源，可将沉积岩分为三类：

（1）火山碎屑岩，如凝灰岩、火山角砾岩。

（2）陆源沉积岩，包括碎屑岩（如砂岩、粉砂岩）和泥质岩（如泥岩、页岩）。

（3）内源沉积岩，包括蒸发岩（如石盐岩、钾镁盐岩）、非蒸发岩（如碳酸盐岩、硅质岩)和可燃有机岩(如煤、油页岩)。

上述每一类中,按照物质成分、含量及结构、构造等特征,都可以划分出许多具体岩石种属(此处略)。

与沉积岩有关的宝石种类相对较少,较著名的有湖南浏阳的菊花石,花朵由天青石和方解石组成,产于石灰岩中;煤玉(又称煤精)是煤的一个特殊品种;天赐国宝、华夏一绝的雨花石,产于雨花台组砂砾岩中。先前,雨花台组被误认为是第四纪沉积物,据岳文浙 2009 年资料,雨花台组砂砾岩形成于距今约 2 000 万年至 1 600 万年前,属于新近纪中新世时期。

3.4 变质岩

3.4.1 变质岩的概念

在地壳发展过程中,由于地球内动力作用,引起物理、化学条件的改变,使原来已存在的各种岩石,发生变化而形成的具有新的矿物组合及结构、构造的岩石称为变质岩。这种使原来岩石发生变质形成新的岩石的地质作用,称为变质作用。

引起岩石发生变质作用的因素,主要是温度、压力及具有化学活动性的流体。

一般根据变质作用的成因及起主导作用的因素,将变质作用分为以下几个类型:

(1) 接触变质作用:由岩浆散发的热量和析出的气态或液态溶液引起的变质作用。又可分为:① 热接触变质作用:以热力(温度)影响为主。② 接触交代变质作用:除热力外,还伴有气态或液态溶液引起的交代作用,使原岩的化学成分、矿物组合发生显著的改变。

(2) 动力变质作用(又称碎裂变质作用):由构造运动产生的定向压力引起的变质作用。

(3) 气化—热液变质作用:主要是具有化学活动性的流体对岩石进行交代而发生变质。

(4) 区域变质作用:在大的范围内,由温度、压力和具有化学活动性的流体综合作用而发生的变质。

(5) 混合岩化作用:在区域变质作用的基础上,地壳内部热流继续升高,使深部热液和局部重熔熔浆,渗透、交代、贯入于变质岩中形成混合岩的一种作用。

3.4.2 变质岩的分类

根据变质作用类型的不同,相应地将变质岩分为如下五类:

(1) 接触变质岩类。又分为热接触变质岩类和接触交代变质岩类。

(2) 动力变质岩类。

(3) 交代蚀变岩类。

(4) 区域变质岩类。

(5) 混合岩类。

以上五类变质岩,每一类中都包含有许多小类,至于具体岩石种属则更多。

区域变质岩是变质岩中分布最广的一类岩石,可进一步划分为板岩类、千枚岩类、片岩类、片麻岩类、长英质粒岩类、角闪质岩类、麻粒岩类、榴辉岩类、大理岩类(热接触变质岩中也有大理岩)等。

与变质岩有关的宝石种类也很多,如产于大理岩中的红宝石,是优质红宝石的主要来源。斯里兰卡的优质蓝宝石矿床与接触交代变质岩(矽卡岩)有关。此外,翡翠、软玉、独山玉、岫玉、大理岩(汉白玉)、石英岩类的玉石等,它们本身就是变质岩。

4 晶体光学基本知识

4.1 光的特征

4.1.1 光的本质

人们眼睛所能见到的光(即可见光),与无线电波和X射线一样,都是电磁波,它们之间的区别在于波长(或频率)不同。可见光的波长范围大致是390～770 nm(纳米,1 nm=10^{-9} m);一般广播用的中波波段的无线电波,其波长约为180～560 m;晶体结构分析用的X射线,其波长介于0.5～2.3 Å(埃)之间(1 Å=10^{-10} m,埃不是法定计量单位,但在晶体结构图示中书写方便,也见有使用)。可见光在电磁波谱中只是范围很窄的一部分。

光是由无数个具有极小能量的微粒(称为光子或光量子)组成的,波动是它的运动形式,因此说光具有“波—粒”二象性。

光的干涉等现象,说明了光的波动性质;光的偏振现象,则进一步说明光是横波,即振动方向与传播方向相垂直。

4.1.2 单色光与白光

随着光的波长由长(770 nm)到短(390 nm),颜色依次为红、橙、黄、绿、蓝、靛、紫,其中每一个色调的光都是一种单色光。各单色光的波长范围如下:

红色	770～620 nm	蓝色	500～464 nm
橙色	620～592 nm	靛色	464～446 nm
黄色	592～578 nm	紫色	446～390 nm
绿色	578～500 nm		

如果把这些单色光按一定的比例混合在一起，就是白光。

4.1.3 自然光和偏振光

前面提到光是一种横波，根据光波振动的特点，把光分为自然光和偏振光。直接从光源发出的光一般都是自然光，如太阳光、灯光等。

自然光的特点是：在垂直光波传播方向的平面内作任何方向的振动（如图4－1a所示）。

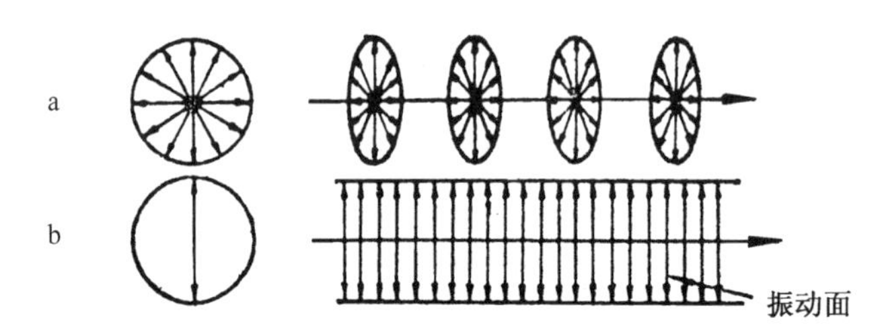

图4－1 自然光(a)和偏振光(b)的振动特点示意

偏振光的特点是：只在垂直其传播方向的平面内某一特定方向上振动。偏振光传播方向与振动方向所组成的平面，称为振动面（如图4－1b所示）。

用偏振光鉴定宝石（矿物），是非常有效的手段之一。立体电影也是应用偏振光的原理放映的。

4.1.4 光的反射、折射及全反射

众所周知，光在同一均匀介质中是沿直线方向传播的。当光从一介质入射到另一介质时，会发生程度不等的反射作用和折射作用。例如，当光从空气入射到透明的石榴石晶体上时，一部分光线在晶体表面被反射回空气中，这就是我们看到的石榴石的光泽；另一部分光线则透射穿过晶体，并在透射过程中发生了折射；还有一部分光线被晶体所吸收，因透明晶体的吸收性极小，可略去不计。再如把一根笔直的筷子斜着放入清水中，我们会发现这根筷子在水面位置折了一个弯；如果将筷子垂直水面插入水中，会发现水面下的一段筷子变短了，这些现象就是光的折射造成的。

1. 反射定律

光从介质一入射到介质二的界面上时，就会发生反射（见图4－2）。反射光总是在入射光与法线（垂直界面的直线）所组成的平面内，且与入射光分居于法线两侧，其反射角 l（反射光与法线的夹角）等于入射角 i（入射光与法线的夹角）。

2. 折射定律

当光从介质一进入介质二时，便发生折射（见图 4-2）。折射光恒处于入射光与法线所组成的平面内，并且入射角 i 的正弦与折射角 γ（折射光与法线的夹角）的正弦之比，对于给定的两种介质来说是一个常数。该常数与入射角的大小无关。这就是折射定律。用一个式子表示，即 $N=\frac{\sin i}{\sin\gamma}$，$N$ 叫作介质二对于介质一的相对折射率。如果入射介质（即介质一）为真空或空气（空气对于真空的相对折射率为 1.000 29，我们常将空气当作真空看待），N 就是介质二的绝对折射率，简称折射率。通常所说的折射率，指的就是物质的绝对折射率。折射率值是鉴定宝石（矿物）的重要光学常数。

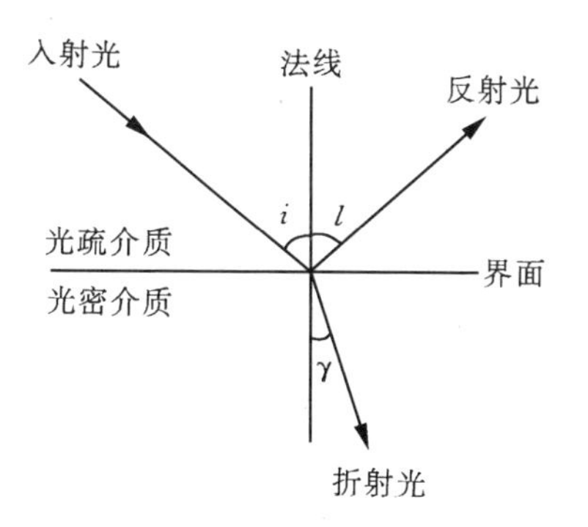

图 4-2　光的反射与折射示意

折射率还等于光在两种介质中的速度之比，即 $N=\frac{V_1}{V_2}$。光在其他介质中的传播速度，总是小于在真空中的传播速度，因此，它们的折射率总是大于 1。由此可见，某物质的折射率越大，光在该物质中的传播速度就越小；反之，折射率越小，速度就越大。在鉴定非均质体宝石（矿物）时所讲的快光与慢光，就是这个意思。

3. 光的全反射

光从介质一入射到介质二时，一部分光线被反射，一部分光线被折射。对于折射光来说，当光从光疏介质进入光密介质时，折射光折向法线，入射角 i 大于折射角 γ；当光从光密介质进入光疏介质时，折射光折离法线，入射角 i 小于折射角 γ。

现在我们来看光从光密介质进入光疏介质时的情况。由折射定律知道，$\frac{\sin i}{\sin\gamma}$ 对于给定的两种介质来说是一个常数，所以随入射角 i 的逐渐增大，折射角 γ 也在逐渐增大。当折射角 γ 等于 90°时，光便不能进入光疏介质，而是沿两种介质的界面射出。使折射角 γ 等于 90°时的入射角 i 称为临界角（临界角以 φ 表示）。应当指出的是，折射角 γ 等于 90°时，似乎还存在与界面平行的折射光，但实际上此时折射光的强度等于零。临界角 φ 随两种介质的相对折射率不同而不同。如果我们让入射角 i 继续增大（大于临界角），入射光便全部被反射回光密介质中去，这种现象称为全反射（见图 4-3）。

我们测定宝石（矿物）折射率所使用的折射仪，就是根据全反射原理设计制造的。

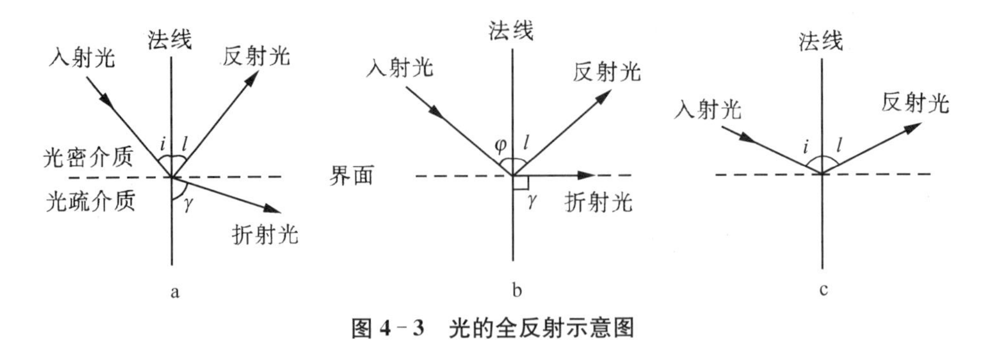

图 4-3　光的全反射示意图

a. 入射角小于临界角；b. 入射角等于临界角；c. 入射角大于临界角

4.1.5　光的干涉

光的干涉现象是波动过程中的基本特征之一。但干涉是有条件的，只有频率相同、振动方向相同、相位相同或相位差保持恒定的相干光波，在相遇的区域中才能产生干涉现象。

干涉的例子如宝石中五彩缤纷的晕彩色，是其内部解理或裂隙形成劈尖，由劈尖的两个面反射回来的相干光，发生干涉而形成的干涉色。此外再如磨制的薄片（厚 0.03 mm）在正交偏光镜间非均质宝石矿物的干涉色等。

4.2 均质体与非均质体的光率体

4.2.1　均质体与非均质体

根据自然界物质的光学性质，可将它们分为两大类，光性均质体（简称均质体）和光性非均质体（简称非均质体）。

（1）均质体：各向同性。光进入均质体中，基本不改变入射光的振动特点和振动方向。自然光入射，基本上仍为自然光；偏振光入射，仍为偏振光，且振动方向基本不改变。在均质体中，折射光的传播速度及相应的折射率值，不因光的振动方向不同而改变。因此，均质体只有一个折射率值（也称其为单折射）。

（2）非均质体：各向异性。光进入非均质体中，除特殊方向外，都要发生双折射，分解成两种振动方向相互垂直、传播速度不同、相应折射率值不等的偏振光。两种偏振光的折射率值之差，称为双折射率。

自然光进入非均质体（例如冰洲石）后，由于双折射作用可形成两种偏振光。同样，偏振光进入非均质体后，双折射作用也可使该偏振光分解成两种偏振光。

光在非均质体中传播时，其传播速度及相应折射率值，随光的振动方向不同而改变。所以，非均质体可测得许许多多个不同的折射率值。应当特别指出的是，决定光速及相应折射率值大小的是光的振动方向，不是传播方向。

根据宝石（矿物）的光学性质，将它们分为均质体宝石和非均质体宝石两类。

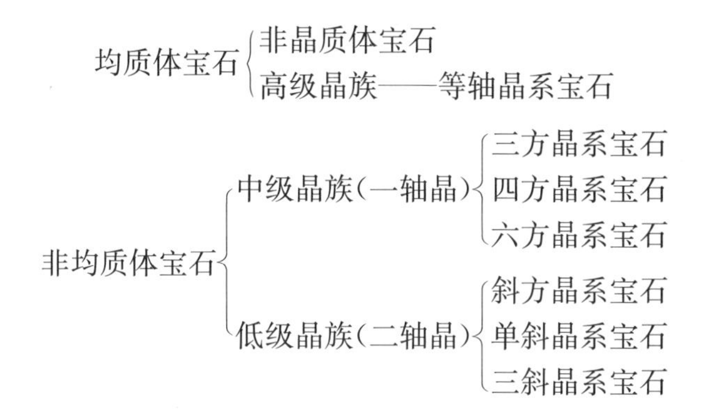

在非均质体中有一个或两个特殊的方向，光沿此方向入射，不发生双折射，这个特殊方向称为光轴。中级晶族宝石有一个光轴，故为一轴晶。低级晶族宝石有两个光轴，故为二轴晶。

在一轴晶中，由双折射作用形成的两种偏振光，不管怎样改变入射光的方向，其中一种偏振光的振动方向，总是垂直于光轴与入射光所组成的平面。由于光轴包含在平面内，因此该偏振光的振动方向必然也垂直于光轴。垂直光轴振动的光称为常光（以 o 表示），其折射率（以 N_o 表示）在各方向上均相等，是一个常数。另一种偏振光，其振动方向随入射光方向的改变而改变，我们称它为非常光（以 e 表示）。显然非常光的折射率也随入射光方向的改变而不同（其最大值以 N_e 表示，如果是负光性，N_e 表示最小值）。

二轴晶的双折射情况较复杂，双折射形成的两种偏振光，都是非常光（有 N_g、N_m、N_p 三个主折射率）。

4.2.2 光率体

光率体是表示晶体中光波振动方向与折射率之间关系的一种光性指示体。

其具体做法是，设想自晶体的中心起，沿光的振动方向，按比例截取相应的折射率值，每一个振动方向都可以作出一个线段，把各个线段的端点连接起来，便构成了该晶体的光率体。光率体是从晶体显示的具体光学性质抽象得出的立体图。它反映了各类晶体光学性质中最本质的特点。它的形状简单，应用方便，成为解释一切晶体光学现象的基础。

各类晶体的光学性质不同，所构成的光率体形状也不同，兹分述如下：

(1) 均质体的光率体：光在均质体中传播时，向任何方向振动，其折射率值均相等，所以均质体的光率体是一个圆球体（见图 4-4）。

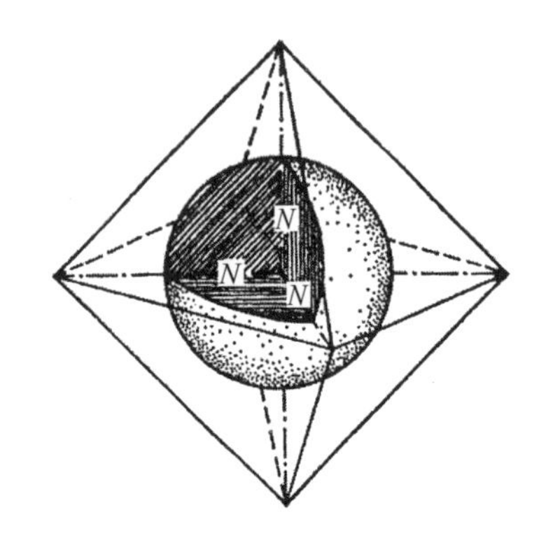

图 4-4 均质体的光率体

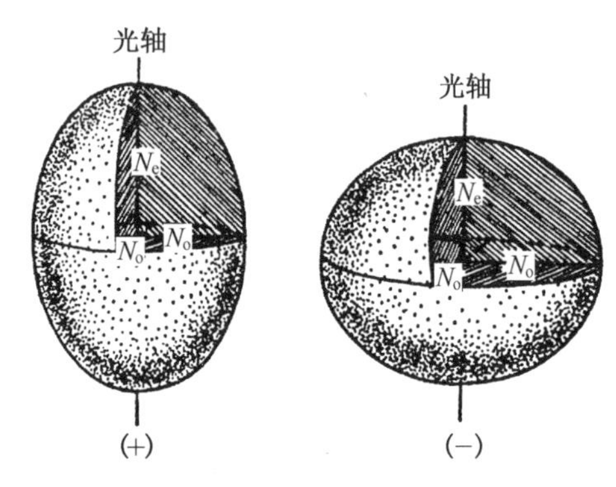

图 4-5 一轴晶光率体

(2) 一轴晶光率体：一轴晶光率体是一个旋转椭球体，而且有正、负光性之分（见图 4-5）。

在一轴晶宝石中，有 N_e 和 N_o 两个主折射率。N_e 是光率体的旋转轴，位于直立方向，与晶体的 c 轴（即中级晶族中的高次对称轴 L^3、L^4 和 L^6）一致，也就是与晶体的光轴一致。N_o 位于水平方向。如果 N_e 大于 N_o（相当于圆球体在直立方向拉长），称为正光性；如果 N_e 小于 N_o（相当于圆球体在直立方向压扁），称为负光性。N_e 与 N_o 的差值为最大双折射率。有的一轴晶宝石，例如鱼眼石，多数为一轴晶正光性，少数为一轴晶负光性。同一种宝石，光性有正有负，说明这种宝石的两个主折射率 N_e 和 N_o 近于相等，其最大双折射率值非常小，鱼眼石就只有 0.001～0.002，只要两个主折射率值稍微变化，就会导致由 $N_e>N_o$，变为 $N_e<N_o$。

一轴晶光率体有三种不同方位的切面：一是垂直光轴（即垂直 N_e）的圆切面，其半径方向恒为 N_o，光垂直这种切面入射，不发生双折射。另一种切面是平行光轴（即平行 N_e）的，以 N_e 和 N_o 为长、短半径的椭圆切面（如果是负光性，则长半径为 N_o，短半径为 N_e）。这种切面上包含了两个主折射率 N_e 和 N_o，因此也叫主切面，一轴晶主切面上的双折射率是最大双折射率。还有一种是以任意角度斜交光轴的椭圆切面，也是最常碰到的一种切面，其长半径为 N_e'，短半径为 N_o（如果是负光性，长半径为 N_o，短半径为 N_e'）。N_e'的大小在 N_e 与 N_o 之间变化，可见这种切面上的双折射率，不是最大双折射率。

（3）二轴晶光率体：是一个三轴椭球体，三根轴相互垂直，但不等长（相当于圆球体在直立方向和前后方向拉长，直立方向长度>前后方向长度>左右方向长度，见图 4－6）。二轴晶光率体的三根轴（即三个主折射率），分别以 N_g、N_m、N_p 来表示最大、中间和最小的折射率值，无论正负光性，恒为 $N_g>N_m>N_p$。

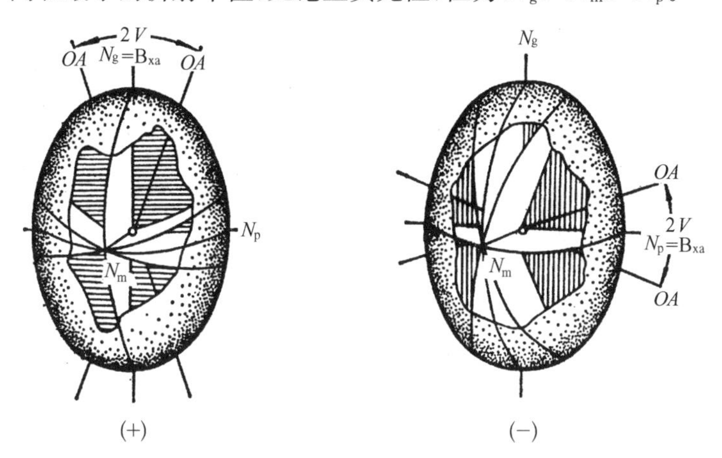

图 4－6　二轴晶光率体

有些文献中使用不同的符号代表三个主折射率，现将各种符号的对应关系列于表 4－1 中，以便于对照。

表 4－1　二轴晶三个主折射率符号对照

N_g	N_Z	n_Z	Z	N_γ	n_γ	γ
N_m	N_Y	n_Y	Y	N_β	n_β	β
N_p	N_X	n_X	X	N_α	n_α	α

每包含两个主折射率的切面，称为主切面。二轴晶光率体中有三个主切面，即 N_gN_m 面、N_gN_p 面和 N_mN_p 面，这三个面都是椭圆切面，而且相互垂直。

由于 N_m 的大小介于 N_g 和 N_p 之间，因此，在 N_gN_p 面上 N_g 或 N_p 的两侧，从几何作图上，总可以找到两个与 N_m 大小相等的线段（也是实际存在的折射率），它们分别与 N_m 构成两个圆切面。当光垂直圆切面入射时，都不发生双折射。所以，两个圆切面的垂线方向为光轴（以 OA 表示）。

包含两个光轴的面称为光轴面（以 Ap 表示）。实际上，光轴面就是 N_gN_p 主切面，垂直光轴面的方向是 N_m 主折射率。

两个光轴之间的夹角称为光轴角，其锐角以 $2V$ 表示（$2V=0$ 时，即为一轴晶），锐角等分线以 B_{xa} 表示，钝角等分线以 B_{xo} 表示。二轴晶光性的正负，就是根据 B_{xa} 是 N_g 还是 N_p 来确定的：

$B_{xa}=N_g$　　$B_{xo}=N_p$　　正光性

$B_{xa}=N_p$　　$B_{xo}=N_g$　　负光性

B_{xa}究竟是 N_g 还是 N_p，决定于 N_g、N_m、N_p 三个主折射率的相对大小。如果 N_g 与 N_m 的差值大于 N_m 与 N_p 的差值，说明 N_m 值接近 N_p 值，则光率体圆切面靠近 N_p，相应的光轴就靠近 N_g，因此，N_g 必为锐角等分线 B_{xa}，晶体属正光性。反之，N_g 与 N_m 的差值小于 N_m 与 N_p 的差值，说明 N_m 值接近 N_g 值，则光率体圆切面靠近 N_g，相应地光轴就靠近 N_p，所以，N_p 必为锐角等分线 B_{xa}，晶体属负光性。

当 N_g 与 N_m 的差值等于 N_m 与 N_p 的差值时，两个光轴垂直，光轴角为 90°，没有锐角、钝角之分，也就无法确定其光性正负。

有的二轴晶宝石，例如橄榄石，既有正光性，也有负光性。这是因为我们通常说的橄榄石，是一个类质同像系列，包括一端的镁橄榄石（正光性），到另一端的铁橄榄石（负光性）。

在二轴晶光率体中，有六种不同方位的切面：

① 垂直光轴的切面：为圆切面，半径为 N_m。

② 垂直 N_m 的切面：为 N_gN_p 椭圆切面，该切面上具有最大双折射率。

③ 垂直 N_g 的切面：为 N_mN_p 椭圆切面。

④ 垂直 N_p 的切面：为 N_gN_m 椭圆切面。

⑤ 半任意切面：包含一个主折射率与另两个主折射率以任意角度斜交的椭圆切面，具体地讲有 $N_g'N_m$ 切面、N_mN_p'切面、N_gN_p'切面和 $N_g'N_p$ 切面。N_g'和 N_p'与三个主折射率的相对大小依次为：$N_g>N_g'>N_m>N_p'>N_p$。

⑥ 任意切面：以任意角度与三个主折射率斜交的 $N_g'N_p'$椭圆切面。宝石折射仪上所测到的折射率，绝大多数都是任意切面上的折射率。

对自然界的宝石（矿物）晶体而言，均质体与非均质体之间，及一轴晶与二轴晶之间，是连续过渡的。当二轴晶的 $N_m=N_g$ 或 $N_m=N_p$，光轴角为零时，就是一轴晶；当一轴晶的 N_e 等于 N_o 时，就是均质体。因此，我们可以把均质体看作是一轴晶中 $N_e=N_o$ 的特例；也可以把一轴晶看作是二轴晶中光轴角等于零的特例。

5 宝石基本知识

5.1 宝石的概念

宝石(Gems)一词,在我国有广义和狭义两个概念,如果没有特别说明,就是指广义概念的宝石。

5.1.1 广义宝石

广义宝石泛指所有宝石。具体地讲,它包括狭义宝石(单晶体宝石)、玉石、有机宝石和人工宝石。

关于广义宝石,在我国有以下几种名称:

(1) 宝石:如《宝石》,栾秉璈编著;《宝石通论》,王福泉著。本教材也以"宝石"作为广义宝石的名称使用。

(2) 宝玉石:如《宝玉石学教程》,郭守国主编;《宝玉石鉴赏指南》,赵松龄等编著。

(3) 珠宝玉石:如《珠宝玉石国家标准释义》,国家珠宝玉石质量监督检验中心。

(4) 翠钻珠宝:如《翠钻珠宝》,张仁山著。

(5) 珠宝:如《珠宝首饰检验》,施健主编;《真假珠宝的识别》,徐国相编著。

5.1.2 狭义宝石——单晶体宝石

狭义宝石是指天然产出的可加工成饰品的矿物单晶体(可以是双晶)。如钻石、红宝石、橄榄石、水晶等。

5.1.3 玉石

玉石在我国的宝石发展史上占有重要地位。古人给玉石下的定义是：玉，石之美者。也就是说美丽的石头叫作玉石。所谓美，表现为质地细腻、温润、坚韧，色泽美观等。随着历史的发展和科学技术的进步，玉石品种不断增加，玉石的概念亦随之扩大。一些不以石取贵，而以技艺惊人的工艺品，使一些古代不为玉石的品种，也进入了玉石之列。

玉石现在的定义是：自然界产出的具有工艺价值的矿物集合体(少数为非晶质体)。或者说玉石是具有工艺价值的岩石。如翡翠、玛瑙、欧泊、岫玉、独山玉、大理石等。

5.1.4 有机宝石

其生成与自然界生物有关，物质成分全部或部分为有机质，可加工成饰品的材料，称为有机宝石。如珍珠、琥珀、珊瑚、象牙、贝壳、硅化木等。

宝石学上，将象牙、龟甲(玳瑁)和贝壳作为有机宝石。同理，有机宝石也应包括用于角雕和骨雕的动物的角和骨骼。目前工艺品市场上精美的角雕产品很多，也深受消费者喜爱。

称这类宝石为有机宝石，实际上有些宝石如珍珠、珊瑚、硅化木等，它们含的有机质很少(仅4%或更少)。还因为它们都与生物有关，所以也称这类宝石为生物质宝石。

5.1.5 人工宝石

完全或部分由人工方法生产或制造，可作为宝石的材料，统称为人工宝石。可分为以下几种类别：

(1) 合成宝石：完全或部分由人工方法生产或制造的晶体(少数为晶质集合体或非晶质体)，并且在自然界已发现有与之相对应的天然宝石，其物理性质、化学成分和晶体结构，与所对应的天然宝石基本相同，这类宝石称为合成宝石。如合成红宝石、合成翡翠、合成欧泊等。

(2) 人造宝石：完全由人工方法生产或制造的晶体或非晶质体，并且在自然界尚未发现有对应物，这类宝石称为人造宝石。如人造钇铝榴石、人造钛酸锶、玻璃、塑料等。

(3) 拼合宝石：由两块或两块以上同种或不同种材料经人工拼合而成，且给人以整体外观的宝石，称为拼合宝石，简称拼合石。如蓝宝石拼合石、欧泊拼合石等。

(4) 再造宝石：通过人工手段将天然宝石的碎块或碎屑，熔结或压结成具有整体外观的宝石，称为再造宝石。如再造琥珀、再造绿松石、再造翡翠等。

人工宝石中的合成宝石与人造宝石，都是人们运用现代科学技术，生产或制造出来的晶体或非晶质体，它们之间的区别仅仅是前者在自然界已发现有对应物，后者在自然界至今尚未发现有对应物。随着新矿物在自然界不断被发现，人造宝石可成为合成宝石。从这个角度考虑，可以把二者合并，统称为人造宝石。在矿物学上就有“人造金刚石”、“人造水晶”等名称。在名称使用过程中还发现，不少消费者认为“人造水晶”是人工培植的水晶，而把“合成水晶”误认为是由水晶碎块熔化在一起“合成”的。

另外，拼合宝石与再造宝石都不是原生的一个整体。一般说来，拼合宝石常由两至三块材料组合而成，并且可以是不同种材料；而再造宝石是由许多同种宝石的碎块或碎屑组合而成。

5.1.6 仿宝石

有些宝石的外观特征(如颜色、光泽、特殊光学效应等)相似或相近，市场上常有人用人工宝石去仿天然宝石，或用一种天然宝石去仿另一种高档天然宝石，这些宝石就称为仿宝石。

仿宝石不代表宝石的具体类别，因为单晶体宝石中有仿宝石，玉石和有机宝石中也都有仿宝石。例如用合成立方氧化锆去仿钻石，用绿色石英岩玉石去仿翡翠，用涂有鱼鳞粉或珍珠质涂层的塑料珠去仿珍珠等。仿宝石也不能作为具体宝石名称使用，仿什么宝石，就在什么宝石名称前加“仿”字。如仿钻石、仿翡翠、仿珍珠等。同时也意味着它不是所仿的宝石，仿钻石，说明它不是钻石。至于用作“仿”的材料，有多种可能性，例如用作仿钻石的材料，可能是合成立方氧化锆，也可能是自然界产出的天然锆石。

对于仿宝石，应尽可能给出具体宝石名称，当用玻璃仿水晶时，应定名为“玻璃”或“仿水晶(玻璃)”。

5.2 宝石应具备的条件

自然界的矿物有 4 000 多种，但是已发现可以作为宝石的只有约 200 多种，市面上最常见的宝石(矿物)不过数十种。作为宝石应具备如下条件：

5.2.1 美观

美观是第一位的，不美的东西人们不会喜欢它。宝石的美可分为外在美和内在美。外在美表现为颜色艳丽、光泽强、透明、无瑕或少瑕等几个方面。内在美是通过加工才能表现出来的，例如有一种棕褐色的刚玉，看上去一点也不美观，但经过加工后可展现出美丽的六射星光，深受人们喜爱。

5.2.2 耐久

宝石饰品多是世代相传，因此它必须耐久。所谓耐久，一是化学性质稳定，耐酸碱腐蚀，长久保存不致被风化；二是硬度大，长期佩带不会被磨毛，永远保持色泽美丽，光彩夺目。

5.2.3 稀少

是指在自然界产出的数量少。物以稀为贵，任何美丽的东西如果遍地皆是，随处可得，也就不显其珍贵了。

5.2.4 无害

一般说来，宝石不含对人体有害的放射性元素。有的宝石有时会含极微量的放射性元素，或包裹着含微量放射性元素的矿物包裹体，但由于放射性元素的量极低，不会对人体造成伤害，消费者完全不必担心。只有极少数品种和某些经放射性处理过的宝石，有时放射性会超标，这就要求生产者、经营者和监测部门加强管理，杜绝不合格产品进入市场。

5.2.5 粒度适于加工

作为宝石，粒度要适于加工，如果粒度过细无法加工，或虽可加工，但经济上不合算，也就失去了宝石的价值。关于宝石粒度的下限，有人认为矿物单晶体宝石的粒度应大于 3 mm。这个问题，不能搞“一刀切”，不同品种的宝石，其粒度下限也不同。如 2 mm 的钻石仍不失其宝石价值，而 4 mm 的水晶可能已失去了宝石价值。所以，宝石粒度的下限应视具体宝石品种而定。

5.3 宝石的分类

5.3.1 国家标准分类方案

关于宝石的分类，因侧重面不同，分类方案也各不相同。有的按价值将宝石分为高档宝石、中档宝石和低档宝石；或分为珍贵宝石和普通宝石。有的按产量将宝石分为常见宝石、少见宝石和罕见宝石。这些分类中，类别之间的界限非常模糊，难以界定和统一。此外还有按颜色或按硬度的分类，等等。

一个合理的分类方案，应具有科学性、系统性和实用性。

1997 年 5 月 1 日正式实施的国家标准中，制定了我国目前使用的宝石分类方案，具体分类如下：

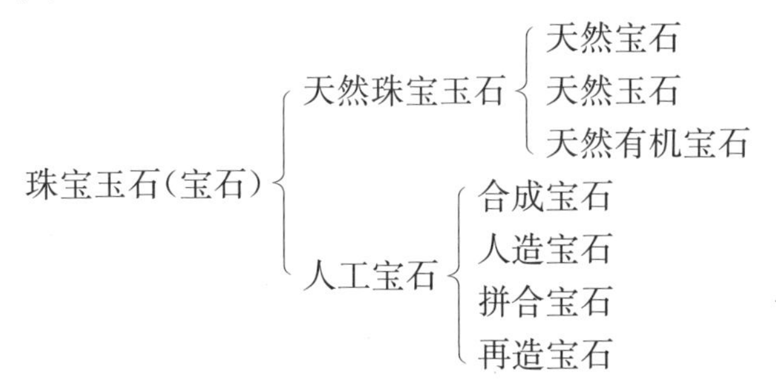

5.3.2 本教材分类方案

为使本教材中宝石类别名称的统一，根据有关宝石的定义，可将上述分类方案写成：

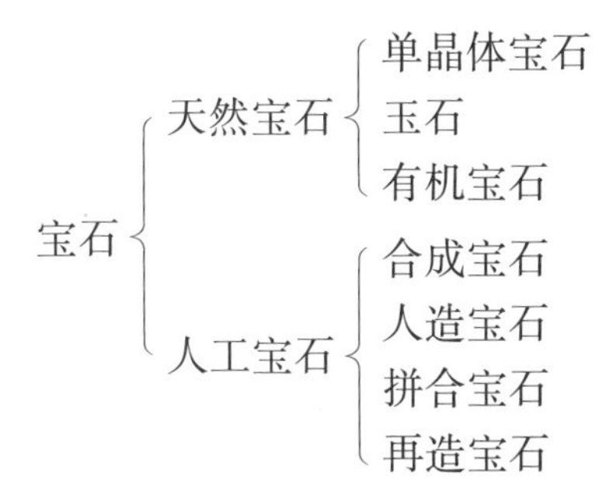

5.4 宝石的命名

5.4.1 宝石名称的由来

宝石的名称较为复杂，这是由于命名方法及考虑因素的多样性造成的。归纳起来，有下列几种情况：

(1) 传统名称：历史上早就有的宝石名称，一直沿用至今。如珍珠、玛瑙、琥珀、珊瑚、翡翠等。

(2) 以产地命名：以宝石的著名产地命名。如岫玉(著名产地辽宁省岫岩县)、独山玉(著名产地河南省南阳市独山)等。

(3) 以颜色命名：根据宝石的颜色特征命名。如芙蓉石、红宝石、紫晶、孔雀石等。

(4) 以特殊光学效应命名：根据宝石与某物相似这一特征命名。如猫眼、虎睛石、月光石等。

(5) 音译名称：以外来语音作为宝石名称。如欧泊(英语音译)、托帕石(英语音译)、祖母绿(波斯语音译)等。

(6) 使用矿物或岩石名称：一些宝石品种，因无宝石名称，便以矿物名称或岩石名称来称呼。如锆石、锂辉石、黑曜岩等。

此外，有极少数宝石是根据人名命名的。如亚历山大石(国标中给出的名称为变石)。

还有一种命名方法，是根据人工宝石的生产厂、制造商及生产方法命名的。如查塔姆祖母绿、林德祖母绿、焰熔法合成红宝石等。对这种命名方法，国标中明确规定，“禁止使用生产厂、制造商名称参与定名”，“不允许用生产方法参与定名”。

5.4.2 命名规则

宝石命名必须遵守一定的规则，不然就会造成名称上的混乱或歧义。

1. 天然宝石

宝石基本名称前无须加“天然”二字。但天然玻璃和天然珍珠须在玻璃和珍珠前加“天然”二字。

(1) 单晶体宝石：直接使用宝石的基本名称或其矿物名称，如钻石、红宝石等。

宝石的产地不参与命名,如产自南非的钻石,不可以定名为"南非钻石"。除具有猫眼效应的宝石外,严禁使用由两种宝石名称叠加而成的名称,如不能称红色尖晶石为"红宝石尖晶石"。

(2) 玉石:直接使用玉石的基本名称或其矿物、岩石名称。以产地命名的传统名称如岫玉、独山玉、大理石等,予以保留,除此之外,产地不参与命名。不允许单独以"玉"或"玉石"作为具体名称使用。可在矿物或岩石名称后加"玉"字,如钠长石玉。

(3) 有机宝石:直接使用有机宝石的基本名称。对于人工养殖珍珠,可以在珍珠前冠以"养殖"二字,称为养殖珍珠,也可以不加"养殖"二字,直接称为珍珠。不以形状或产地修饰有机宝石名称。

2. 合成宝石与人造宝石

合成宝石必须在其所对应的天然宝石的基本名称前加"合成"二字,如合成红宝石、合成水晶等。人造宝石必须在材料名称前加"人造"二字,如人造钇铝榴石、人造钛酸锶等。但玻璃和塑料两个名称前不必加"人造"二字。

3. 具猫眼效应的宝石

金绿宝石具猫眼效应时,称为猫眼。其他所有具猫眼效应的宝石,都不能简单地称为猫眼,只能在宝石基本名称后加"猫眼"二字,如矽线石猫眼、磷灰石猫眼、玻璃猫眼等。

4. 具星光效应的宝石

在宝石基本名称前加"星光"二字,如星光红宝石、星光透辉石等;合成宝石具星光效应时,在所对应的天然宝石基本名称前加"合成星光"四字,如合成星光红宝石、合成星光蓝宝石等。

5. 具变色效应的宝石

金绿宝石具变色效应时,称为变石。其他具变色效应的宝石,可在宝石基本名称前加"变色"二字,如变色石榴石。当合成宝石具变色效应时,则在宝石基本名称前加"合成变色"四字,如合成变色蓝宝石。

6. 具月光效应的宝石

国标释义中将月光效应定义为:长石类宝石因光的物理作用,在宝石表面产生的白至蓝色的光学效应,看似朦胧的月光。

当长石类宝石具月光效应时,称为月光石。

7. 其他特殊光学效应

如砂金效应、变彩效应、晕彩效应等,其特殊光学效应既不直接用来命名宝石,也不参与宝石命名。可在证书备注中说明。

8. 拼合宝石与再造宝石

拼合宝石的命名应突出"拼合石"三字或"拼合"二字,可采用以顶层材料名称加拼合石的方式命名，如蓝宝石拼合石、石榴石拼合石等。也可在材料名称前冠以“拼合”二字，如拼合欧泊、拼合红宝石等。

再造宝石的命名，是在宝石基本名称前加“再造”二字，如再造琥珀、再造绿松石、再造翡翠等。

9. 优化宝石和处理宝石

优化的宝石直接使用宝石基本名称，也不必附注说明。处理的宝石须在基本名称后加括号并注明处理，如蓝宝石(处理)，还须附注说明所采用的处理方法。或在宝石基本名称后的括号内，注明所采用的处理方法，如蓝宝石(扩散)。也可将所采用的处理方法，冠于宝石基本名称之前，称为扩散蓝宝石。

这条规则值得探讨。优化宝石直接使用宝石基本名称，也不必加附注说明，所以不会影响销售。而处理宝石就不同了，因为宝石名称后有处理字样或具体处理方法，容易产生误解，也不利于销售，不但商家难以接受，消费者花钱买一个标明了的处理品，心里也会不舒服。

无论优化，还是处理，都是通过人工方法对不太理想的天然宝石实施的一种补救措施，目的在于使原本不太美观的宝石变得更加美观。至于说优化方法是传统的、被人们广泛接受的方法，处理方法是非传统的、尚不被人们接受的方法，实际上，传统与非传统，被人们广泛接受和尚不被人们接受，是一个模糊的界限。而且同一种方法，用在不同的宝石上，有的属于优化，有的则算作处理。随着时间的推移，非传统的、尚不被人们接受的方法，可能会成为传统的、被人们接受的方法。

鉴于目前尚有未被人们接受的处理方法，可以将优化宝石完全当作天然宝石看待，将处理宝石称为优化宝石。如原来定名为“蓝宝石(处理)”，改作“蓝宝石(优化)”，并以附注说明所采用的优化方法。

这样一来，既避开了宝石名称中的处理字样，又可将那些经“未被接受的方法”处理过的宝石同天然宝石区别开来。

5.5 宝石的形态、包裹体及瑕疵

5.5.1 宝石的形态

宝石的形态是指天然宝石原石的形态，包括单晶体形态、双晶形态和集合体(即玉石)形态。

狭义宝石都是矿物的单晶体或双晶，如果生长环境允许，可长成完美的晶体或美丽的双晶及晶簇，它们不经加工就是珍贵的天然艺术品。

玉石是矿物的集合体。针状或柱状矿物可形成像花朵一样的放射状集合体（见图5－1）。洞穴或裂隙中常见有钟乳状集合体、葡萄状集合体等。此外还有一些造型奇特的集合体，如孔雀石“擎天石柱”和孔雀石“孔雀”等，都极具观赏价值。

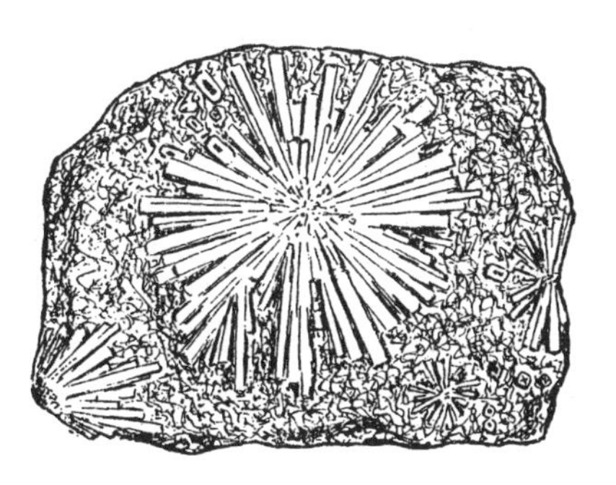

图 5－1　放射状集合体

5.5.2　宝石的包裹体

在天然宝石和人工宝石的晶体中，大都存在包裹体。

（1）天然宝石的包裹体：按照矿物学上的定义，包裹体是指矿物在生长过程中或形成后，所捕获而包裹在矿物晶体内部的外来物体。包裹体既可以是矿物晶体，也可以是气体、液体或非晶质固体。含有包裹体的晶体称为主晶。

狭义宝石是矿物单晶体，玉石是矿物集合体，因此，矿物学上包裹体的定义，在宝石学上同样适用。但是不少专业书籍上，把玉石中的微量细粒不透明矿物，如翡翠中的铬铁矿，称作黑色包裹体。实际上铬铁矿细粒与单斜辉石混杂在一起，并不是被某一个单斜辉石晶体所包裹，严格说来，铬铁矿不是包裹体。称其为包裹体虽无大碍，还是不如称它们为瑕疵更贴切。古代就有“白玉无瑕”之说。

根据包裹体被包裹时间的相对早晚，将包裹体分为三种：

① 原生包裹体：在主晶生长过程中被包裹而形成的包裹体。它们常平行于主晶的某些结晶方向，尤其是平行于主晶的某些晶面方向，成群分布。

② 次生包裹体：在主晶形成之后，由后期热液沿主晶的细微裂隙进入而引起主晶的局部溶解，并在局部再结晶过程中被包裹形成的包裹体。

③ 假次生包裹体：在主晶生长过程中，由于应力作用，使主晶产生微裂隙，导致成矿溶液进入，并在这些部位发生结晶，而主晶继续生长，将进入微裂隙中的物质包裹在主晶内所形成的包裹体。

假次生包裹体晚于有裂隙的主晶核部，早于主晶的边部。其进入主晶的方式和分布，与次生包裹体相同。

地质学上通过对包裹体，特别是对原生气、液包裹体的研究，可以了解矿床形成时的物理化学条件，如温度、压力、pH 值、盐度等。

在宝石学上，包裹体对鉴别天然宝石与人工宝石有着重要意义。研究包裹体有助于评价宝石品级，了解宝石特征，判别宝石产地，推断宝石成因。如果仅仅是为了鉴别是天然宝石还是人工宝石，没必要将包裹体如此细分，无论原生、次生还是假次生，它们都是天然包裹体，只要宝石中含有天然包裹体，就足以证明该宝石是天然宝石。

(2) 人工宝石的包裹体：人们运用现代科学技术的基本原理和方法，模拟天然宝石的生成条件，如物质成分、温度、压力等，可培植出宝石晶体，但是无法模拟天然宝石生成时的复杂地质环境和漫长生长过程。因此，人工宝石中的包裹体，从数量、种类、形态及分布特征上，都与天然宝石有很大不同。而且由于所采用的培植方法不同，即使同一种人工宝石，其包裹体也会有差异。

简单地说，人工宝石中的包裹体有两个特点：一是包裹体数量较少，看上去宝石内部很干净；二是如果有包裹体，常为原料粉末、添加的助熔剂和金属碎片。

5.5.3 宝石的瑕疵

瑕疵是指宝石上的缺陷(毛病)。瑕疵的存在及多少，直接影响宝石的品质等级和价值。无瑕为净，纯净无瑕的程度称为净度。目前，除钻石的净度分级已制定出国家标准外，其他品种的宝石，尚无净度分级标准。

对宝石成品来说，瑕疵可分为外部瑕疵和内部瑕疵两类。外部瑕疵包括：缺口、划痕、抛光纹、原始晶面、额外刻面、毛碴等。内部瑕疵包括：包裹体、裂隙、内部生长痕迹等。应当指出的是，并非所有的包裹体都会损害宝石的完美，成为瑕疵；相反，有的包裹体，如定向排列的大量针状、管状包裹体，会产生猫眼效应和星光效应(详见以后章节)，使宝石更珍贵。

关于瑕疵，在我国宝石界还有以下两个重要俗语：

(1) 绵绺：也称绵纹。是指宝石中那些呈絮状的细小纹络。有的像蚕丝，称为“丝状物”；有的像蝉翅，称为“蝉翼”；有的呈絮状花团，称为“花”或“小花”。一般认为，它们是宝石中的丝状包裹体或微裂隙及解理面。

(2) 脏点：也称为“脏”。是指宝石中的点状、小块状深色包裹体。有的是碳质，有的是其他暗色矿物或不透明矿物。对那些含有大量包裹体或杂质的宝石，我们也常说这颗宝石太脏了。

6 宝石的物理性质

宝石的物理性质取决于宝石的化学成分和晶体结构。不同品种的宝石，其化学成分和晶体结构有所不同，反映到宝石的物理性质上也会有差异。因此，宝石的物理性质是鉴定宝石的重要依据。

6.1 宝石的力学性质

6.1.1 解理、裂理和断口

1. 解理

晶体在受到外力打击时，能沿着内部格子构造中一定方向的面网发生破裂，这种固有的性质称为解理。沿解理所裂成的平面称为解理面。

宝石有无解理及解理面的完好程度，是宝石加工的重要参考因素。如钻石加工时的劈钻，就要考虑沿钻石的{111}解理方向劈开。

矿物学上将解理按发育程度分为五级：极完全解理、完全解理、中等解理、不完全解理和极不完全解理。极不完全解理，肉眼一般看不到解理面，通常就认为是无解理。

解理的发育程度，或者说解理面的完好程度，只是一个定性的描述，划分越细，越难掌握和统一。宝石学上可把极完全解理并入完全解理，把极不完全解理作为无解理看待，按三级划分如下：

(1) 完全解理：晶体受力后，易沿解理方向裂开，解理面较平整光滑。如萤石、方解石等宝石的解理。

(2) 中等解理：晶体受力后，常沿解理方向裂开，解理面清楚、明显，但不太平滑。如钻石、榍石等宝石的解理。

(3) 不完全解理：晶体受力后，沿解理方向裂开较困难，解理面不明显，断续可见，平滑程度差。

如橄榄石、磷灰石等宝石的解理。

2. 裂理(也称裂开)

晶体在受到外力打击时,有时可沿内部格子构造中,除解理以外的特定方向的面网,发生破裂的非固有特性,称为裂理。沿裂理裂开的面,称为裂理面。

裂理与解理在现象上极为相似,且都是沿面网方向产生,但它们产生的原因则不相同。解理是沿晶格中面网之间结合力最弱或较弱的平面,产生的定向破裂,是晶体结构所固有的特性。裂理则是由晶体结构非固有的其他原因引起的定向破裂,主要是由于晶格中一定方向的面网上,分布有他种物质的夹层,以及双晶的接合面等原因产生的。解理与裂理的异同点见表6-1。

表6-1 解理与裂理的异同点

	产生方向	产生概率	与晶格关系	产 生 原 因
解理	沿面网方向	总是	本身固有	面网间结合力最弱或较弱
裂理	沿面网方向	有时	非本身固有	他种物质夹层,双晶接合面等

3. 断口

在外力打击下,宝石不依一定结晶方向发生断裂而形成的断开面称为断口。

断口既可出现在单晶体上,也可出现在集合体上。不过,在具有几个方向解理的单晶体上,一般都沿解理方向破裂,仅偶尔出现断口。断口的形态往往有一定的特点,宝石中常见的断口主要有以下三种:

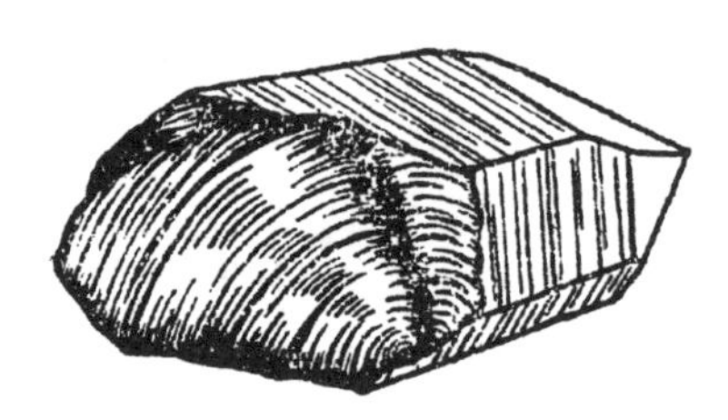

图6-1 水晶的贝壳状断口

(1) 贝壳状断口:呈椭圆形曲面,且具有以受力点为圆心的同心圆波纹,与贝壳表面极为相似。如水晶的断口(见图6-1)。

(2) 参差状断口:断面粗糙起伏,参差不平。一些具有纤维交织结构的块状玉石上,常见这种断口。如软玉和翡翠的断口。

(3) 平坦状断口:断面较平坦。一些呈隐晶质块体的玉石,多见这种断口。如绿松石的断口。

6.1.2 硬度

硬度(符号 H)是指物体抵抗外来机械作用力的强度。根据机械作用力性质的不同,将硬度分为刻划硬度、压入硬度、研磨硬度三种。

硬度是宝石的一项重要物理性质。宝石的硬度常以摩氏硬度和维氏硬度来表示。

1. 摩氏硬度(*HM*)

是一种刻划硬度，它是以十种具有不同硬度的矿物作为标准，构成摩氏硬度计(见表6-2)。从软到硬，依次定为1到10十个等级。

表6-2 摩氏硬度计

标准矿物	滑石	石膏	方解石	萤石	磷灰石	正长石	石英(水晶)	黄玉(托帕石)	刚玉(红宝石)	金刚石(钻石)
硬度	1	2	3	4	5	6	7	8	9	10

摩氏硬度计中，十种标准矿物的硬度排序，仅表示硬度的相对大小，各等级间的级差并非均等，也就是说硬度从1到10不是等间距分布的。故摩氏硬度是相对硬度。

测定宝石的摩氏硬度方法简便，通过与摩氏硬度计中的标准矿物相比较即可确定。如绿柱石(祖母绿、海蓝宝石)，它可以刻伤石英，但不能刻伤黄玉，却能被黄玉所刻伤，因而绿柱石的摩氏硬度为7～8之间。

通常还可以利用一些其他物质作为辅助标准进行测定。可利用的辅助标准，如指甲硬度2～2.5，铜钥匙硬度3，小钢刀硬度5～5.5，玻璃硬度约6，钢锉硬度6.5～7。

测定宝石的硬度，对宝石成品来说是有损伤的，切不可轻易使用。必须测定时，应选择在宝石成品上不显眼的地方进行，并且遵循由低硬度到高硬度的顺序使用摩氏硬度计。最好是用宝石成品的腰围或亭部(底部)的棱，在磨平抛光的标准硬度的矿物片上小心刻划。

一些消费者，常采取用宝石饰品划玻璃的方法，来检验宝石的真假。这种方法不可取。尽管许多宝石的硬度比玻璃的硬度大，可以划伤玻璃，但是往往由于着力点或用力不当，会使宝石掉渣、崩块，受到损伤。

2. 维氏硬度(*HV*)

利用显微压入法，可测得宝石或其他物质的显微抗压硬度(也称压入硬度)。显微抗压硬度是绝对硬度。用硬质合金制成的球体测出的硬度称布氏硬度；用金刚石制成的正方形锥体(Vicker压锥)测出的硬度称维氏硬度(也称维克硬度)，菱形锥体(Knoop压锥)测出的硬度称诺普硬度。在矿物学研究中，一般测定矿物的维氏硬度或诺普硬度，尤以测定维氏硬度更普遍。

测定时，加一定负荷(砝码)将压锥压入样品光面，使样品产生压痕，根据负荷与压痕侧面积之比，即可求得样品的抗压硬度数值。

以前，维氏硬度的单位都以 kg/mm^2 来表示。kg/mm^2 不是法定计量单位，根据《中华人民共和国计量法》，应改用Pa(帕[斯卡]，$1\ Pa = 1\ N/m^2 = 1\ kg \cdot m/s^2 \cdot m^2$)或$N/mm^2$($1\ N/mm^2 = 1 \times 10^6\ Pa$)为单位。将$kg/mm^2$换算成Pa，仅从它们的表示形式来看，是无法进行换算的，在kg/mm^2中缺少重力加速度g的单位(m/s^2)。这是因为以前计算维氏硬度数值时，都是以砝码的质量参与计算的，g(约为$9.8\ m/s^2$)并未参与计算，不仅在单位中缺少m/s^2，而且在数值上也没有乘以9.8。维氏硬度的计算公式如下：

$$HV = 1.8544 \frac{m}{l^2}(kg/mm^2) \tag{1}$$

式中，HV——维氏硬度；m——砝码质量，单位kg；l——压痕对角线长度，单位mm；kg/mm^2——维氏硬度的计量单位。

实际上，在测定过程中，g是客观存在的，所加的负荷并不是砝码的质量，而是砝码的重量(重量是物体所受重力的大小)，即重力W。据牛顿第二定律，重力等于质量与重力加速度的乘积，$W = mg$。故可将(1)式改写为：

$$HV = 1.8544 \frac{W}{l^2} = 1.8544 \frac{mg}{l^2}(kg \cdot m/s^2 \cdot mm^2) \tag{2}$$

$kg \cdot m/s^2$是N的其他表示形式，(2)式中的维氏硬度单位也可用N/mm^2来表示，再进一步将(2)式写成：

$$HV = 1.8544 \frac{mg}{l^2}(N/mm^2) = 9.8 \times 10^6 \times 1.8544 \frac{m}{l^2}(Pa) \tag{3}$$

以Pa作为维氏硬度的计量单位，数值很大，书写不方便，故将MPa(兆帕，兆所表示的因数为10^6)作为其固定单位使用，(3)式可简化为：

$$HV = 9.8 \times 1.8544 \frac{m}{l^2}(MPa) \approx 10 \times 1.8544 \frac{m}{l^2}(MPa) \tag{4}$$

相对于摩氏硬度，维氏硬度被称为绝对硬度。根据理论公式，矿物(宝石)的维氏硬度数值应与测定时负荷的大小无关。但实际上，在同一矿物、同一方位的切面上，因负荷不同，往往会出现不同的硬度数值。此外，以相同的负荷，在非均质矿物不同方位的切面上测定，其硬度数值也会有变化。鉴于这些情况，将(4)式中的9.8近似地看作10，在允许误差范围内，不会对维氏硬度数值造成明显影响，且使得kg/mm^2与MPa或N/mm^2之间的换算更为简便。

测定维氏硬度，既可按(4)式计算，也可仍按以前惯用的(1)式计算。当按(1)式计算时，应将计算结果乘以10，将单位写作MPa或N/mm^2即可。这仅是计量单位的改变，其测定原理和操作过程均未改变。

对于以kg/mm^2为单位的诺普硬度(HK)，也可参照本方法进行单位换算。

以 MPa 或 N/mm^2 为单位的维氏硬度与摩氏硬度之间存在如下经验公式，但该式不适用于金刚石：

$$HM=0.675\sqrt[3]{HV\times10^{-1}}$$

测定维氏硬度，要有专用仪器设备和受过训练的操作人员，测定过程也较繁杂，故多用于科学研究。

(3) 研磨硬度：也称抗磨硬度，是指物体抵抗外界物质（如磨料）磨损的能力。在一定条件下，测其磨损程度即得出研磨硬度。研磨硬度与磨损体积成反比。

宝石加工过程中，琢磨抛光的难易程度与研磨硬度密切相关。

摩氏硬度、压入硬度和研磨硬度，这三种硬度测定方法的机理和手段各不相同。压入硬度可以定量为具体数值，虽然受测试负荷大小，以及非均质宝石物理性质各向异性等因素的影响，压入硬度数值在一定的范围内变化，但仍比其他两种硬度精确得多。其他两种硬度只能是定性测定。

另外，单晶体宝石和玉石，它们的硬度是有所区别的。前者的硬度与自身的化学组成、化学键及晶体结构等因素有关；玉石的硬度，除了与组成玉石的矿物的硬度有关外，还与矿物颗粒之间的结合方式有关。

6.1.3 韧性和脆性

韧性和脆性是一个问题的两个方面，它们都是指宝石在外力作用下抵抗机械形变和碎裂的能力。不易碎裂的性质称为韧性；易于碎裂，即在无显著形变的情况下，突然发生碎裂的性质称为脆性。韧性大，则脆性小，反之，韧性小，则脆性大。

韧性与硬度不成正比关系，也无内在联系。硬度大，不一定韧性就大；硬度小，也不一定韧性就小（见表 6-3）。

表 6-3 宝石的摩氏硬度与韧性对照

名称	钻石	红、蓝宝石	托帕石	海蓝宝石	水晶	翡翠	橄榄石	玉髓	软玉	月光石
硬度	10	9	8	7～8	7	6.5～7	6～7	6～7	6～6.5	6
韧性	7.5	8	5	7.5	7.5	8	6	3.5	8	5

6.1.4 密度与相对密度

密度（符号 ρ）是指单位体积物质的质量，即物质的质量与它的体积之比，计量

单位以 g/cm^3 表示。

宝石的密度是一项重要的物理性质，在宝石鉴定中属重要鉴定项目。密度可根据宝石的晶胞体积及其所含的分子数和分子质量，通过计算得出。这种方法是以X射线晶体结构分析和化学分析为基础的，十分繁杂。

相对密度(符号 d)的定义是：在给定条件下，某一物质的密度(ρ_1)与另一参考物质的密度(ρ_2)之比($d=\rho_1/\rho_2$)。相对密度是一个无量纲量，即相对密度没有计量单位。

关于比重，过去有如下三种定义：

(1) 比重是物质的重量与其体积之比，计量单位是 g/cm^3。

(2) 比重是物质的重量与4℃时同体积水的重量之比。这里的比重是无量纲量，即没有计量单位。

(3) 比重是物质的质量与4℃时同体积水的质量之比。此处的比重也是无量纲量，没有计量单位。

重量原是质量在生活和贸易中的别名，也曾作为重力的别名。“比重”一词因含义不太确切，与物理学中“重”的含义不同。因此，比重和重量都已经被废除。废除比重，改用密度；废除重量，改用质量(指力时改用重力)。由于物质的比重数值与其密度数值相同，且4℃时水的密度为 $1\ g/cm^3$，将(1)中的比重改作密度，重量改作质量，就成了密度的定义。(2)和(3)是相对密度的一个特例。在相对密度数值后面加上计量单位 g/cm^3，即为物质的密度。

宝石密度的大小，取决于其化学组成和晶体结构中质点堆积的紧密程度。组成宝石的化学元素的相对原子质量越大，单位体积内堆积的原子个数越多，宝石的密度就越大。反之，宝石的密度就越小。

6.2 宝石的光学性质

6.2.1 宝石的颜色

颜色是一定波长的可见光进入人的眼睛产生的视觉效果。人们看到的宝石的颜色，是宝石对不同波长的色光选择性吸收的结果。当白光照射到宝石上时，某一波段或某些波段的色光被宝石吸收，剩余没有被吸收的透射和反射光的混合色，就是宝石所具有的颜色。如果宝石对白光的吸收没有选择性且几乎不吸收或吸收很少，宝石为无色、白色或灰白色。如果近于全部吸收，则宝石呈灰黑色或黑色。

此外，物理光学效应（如光的衍射、干涉等）也可使宝石产生颜色。这种由物理光学作用产生的颜色，与宝石对光的选择性吸收无关。

1. 颜色的三要素

颜色不仅是鉴别宝石的依据之一，也是评价宝石品质优劣，影响宝石价值高低的主要因素。人们总希望有色宝石的颜色纯正、鲜艳、明亮，这就是颜色的三要素。

(1) 色调：是指颜色的种类，如红、橙、黄、绿、蓝、靛、紫等。色调与光的波长有关，不同波长的光具有不同的颜色，所以色调可以用光的主波长来表示。如主波长为 589 nm 的光，其色调为橙黄色；另一主波长为 580 nm 的光，虽然也呈黄色，但它属偏绿的黄色。

(2) 饱和度：是指颜色的鲜艳程度，也就是色光的纯净程度。可见光光谱中的各种单色光饱和度最高，也最鲜艳。通常将光谱色作为 100%，以宝石颜色中主波长色光所占的比例来表示该颜色的饱和度。如主波长为 650 nm 的色光占 60%，即表示该色光的饱和度为 60%，还有 40%为其他波长的色光。

(3) 亮度(也称明度)：指颜色的明亮程度，也就是色光的强度。进入人眼睛的色光越多，颜色的明亮程度越高。亮度与宝石自身因素(如折射率大小、颜色深浅)和加工工艺等有关。

颜色三要素中任一要素发生变化，都可以使人产生不同的色感。

2. 颜色成因类型

绝大多数宝石都是矿物单晶体或集合体，因此，经典矿物学颜色成因类型，也就是宝石颜色成因类型。以量子化学理论和固体物理学理论为基础的颜色成因近代理论（晶体场理论、分子轨道理论、能带理论和物理光学理论，可参阅有关书籍），进一步从本质上揭示了颜色的形成机制，使矿物颜色的研究更加深入。

矿物学上，将矿物颜色的成因类型分为自色、他色和假色三种。在自色和他色矿物中，致色元素主要为钛、钒、铬、锰、铁、钴、镍、铜八个过渡金属元素，它们的离子可导致矿物呈色，所以称它们为色素离子。

(1) 自色：在成因上与矿物自身的固有化学成分直接有关的颜色，称为自色。这种宝石称为自色宝石。如孔雀石的化学组成为 $Cu_2[CO_3](OH)_2$，其颜色是由固有化学成分铜离子(Cu^{2+})所引起的，故孔雀石为自色宝石。自色宝石的种类不多。自色宝石还有绿松石、橄榄石、石榴石等。对于一种宝石来说，自色是相当固定的，且具有自己的颜色特征，因而成为鉴定自色宝石的重要依据。

(2) 他色：由矿物自身非固有的其他因素所引起的颜色，称为他色。他色可以由类质同像替代而进入晶格的微量杂质元素所产生，如红宝石的红色，就是由于铬离子(Cr^{3+})替代刚玉(Al_2O_3)中的铝离子(Al^{3+})而引起的。他色也可以因矿物中含有带颜色的包裹体或有色杂质的细微机械混入物而产生,如马达加斯加的正长石,因含有赤铁矿的显微包裹体而呈红色。此外,当矿物晶格中存在特定类型的晶格缺陷(色心)时,也会引起他色,如紫水晶的紫色。

对于一种矿物来说,他色是不固定的,随所含杂质的不同而变化。也正是如此,他色使得宝石的颜色丰富多彩。宝石的颜色大部分属于他色。

(3) 假色:由于光的衍射、干涉等物理光学作用所产生的颜色,称为假色。宝石学上,有意义的假色是变彩、晕彩等(以后章节中叙述)。

上述划分颜色类型的方法,对于宝石颜色的改善及合成理想颜色的宝石,是科学的,也是非常实用的。只有了解了宝石颜色的成因,才能知道宝石是否适于进行颜色改善,以及选择有针对性的改善方案。

但是,将他色和假色在商业中使用,就极易产生误解。如果将红宝石的红色说成是他色,将欧泊的变彩及斜长石的晕彩说成是假色,那些不谙宝石的消费者,会误认为是人工做假而产生的颜色。所以,在商业上,不论是自色、他色还是假色,只要是宝石本身自带的颜色,而非人工改色,一律称为天然色,这样可避免产生误解。

另外,宝石学上的巧色(又称俏色),顾名思义,是指可以巧妙利用的颜色。巧色多是针对玉石颜色而言的,是指在同一块玉石上具有不同颜色的天然色斑。越是巧色玉石,越能够充分发挥工艺美术大师们的才智,创作出精美佳作。

6.2.2 宝石的多色性

宝石的颜色,是宝石对白光中不同波长的色光选择性吸收的结果。均质体有色宝石,其选择性吸收及吸收强度,不因光波振动方向不同而改变。不管怎样改变光波振动方向,颜色始终不变。

非均质体有色宝石,对色光的选择性吸收及吸收强度,随光波振动方向不同而变化。这种由于光波振动方向不同而使宝石颜色发生变化的现象,称为多色性。多色性是非均质体有色宝石具有的光学性质。

一轴晶有两种主要颜色,分别与 N_e 和 N_o 两个主折射率相对应。二轴晶有三种主要颜色,分别与 N_g、N_m 和 N_p 三个主折射率相对应。

观察多色性,一般需借助于二色镜,或在单偏光镜下观察。多色性的明显程度,一方面取决于宝石自身的性质,另一方面与观察切面的方位有密切关系。同一粒宝石,在平行于一轴晶光轴或平行于二轴晶光轴面的切面上,双折射率值最大,多色性也最明显;在垂直于光轴的切面上,双折射率值为零,这种切面上无多色性;其余切面上多色性的明显程度介于前两种情况之间。多色性的明显程度(强、中、弱)除与观察方向有关外,还与该宝石的颜色深浅有关。

对于不同品种的非均质体有色宝石而言,多色性的明显程度,与它们的双折射率值大小无关。例如深蓝色蓝宝石和橄榄石,前者的双折射率值为0.008左右,其多色性非常明显;橄榄石的双折射率值高达0.035~0.040,其多色性却很不明显,只是表现为浅黄绿色和更浅的黄绿色多色性。再如深蓝色蓝宝石和红色至浅红色红宝石,虽说同属刚玉矿物,具有相同或极相近的双折射率值,但前者的多色性要比后者明显得多。

6.2.3 宝石的透明度

宝石的透明度是指宝石允许可见光透过的程度。

关于透明度的分级,一般都粗略地分为透明、半透明、不透明三级。至于分级的厚度标准,有的采用矿物肉眼鉴定中以1 cm厚度作为划分标准,有的采用显微镜薄片鉴定中以0.03 mm厚度作为划分标准。而在宝石的常规鉴定工作中,使用的又是另外一个厚度标准。

1. 1 cm厚度标准

(1) 透明:能允许绝大部分光线透过。隔着1 cm厚的矿物观察其后的物体,可清楚地看到物体轮廓的细节。如冰洲石、无色水晶等。

(2) 半透明:能允许部分光线透过。隔着1 cm厚或更薄一些的矿物观察其后的物体,仅能见到物体轮廓的阴影。如浅色闪锌矿、辰砂等。

(3) 不透明:基本上没有光线透过。隔着不透明矿物的薄片观察其后的物体,完全看不到物体。如磁铁矿。

不透明矿物的薄片厚度是多少,也未说明,肯定要小于1 cm。上述这种划分方法,若用于宝石,那些颜色较深本属于透明的宝石,就可能被划为半透明或不透明。

2. 0.03 mm厚度标准

具体界定方法,是将矿物或岩石磨制成0.03 mm厚的薄片,在透射光下观察,非常透亮的为透明,完全不透亮的为不透明,介于两者之间的为半透明。

显然,这种划分方法也不适用于宝石,因为那些肉眼看上去为半透明甚至不透明的宝石,以这种划分方法都可成为透明宝石。

3. 实用的厚度标准

宝石学上透明度的划分,主要是对宝石成品进行的。在宝石的常规鉴定及商贸活动中,所谓透明、半透明或不透明,都是指单件宝石成品的透明程度,这里并不强调其厚度一定为多少。由于每件宝石成品的大小各不相同,实际上是以单件成品自身的厚度,作为各自的标准。这种划分方法,虽然没有统一的厚度标准,但非常实用。

(1) 透明:绝大部分光线可以透过。在光照条件下,垂直宝石的台面观察,其亭部(即底部)刻面和棱线清晰可见。如钻石、橄榄石等。

(2) 半透明：有部分光线透过。在光照条件下，厚的地方几乎不透明，薄的地方透光较好；或者仅能看到表面以下较浅处的包裹体和内部裂隙等，但看不到下表面。半透明的范围很宽，一些近于不透明的宝石，如星光蓝宝石、虎睛石、墨翠、墨玉等，可描述为微透明。

(3) 不透明：基本上无光透过。在光照条件下，仅能看到宝石表面的特征，无法看到表面以下的内部。如赤铁矿、乌钢石等。

以上三种划分方法，都是定性的描述。从透明到不透明之间是连续过渡的，没有明确定量的划分标志。

影响宝石透明度的因素，归纳起来有以下两个方面：

一是宝石对可见光的反射及吸收程度，吸收越强，反射也就越强，而透过的光则越少。吸收程度除了与宝石的化学成分及晶体结构有关外，还与宝石的厚度(颗粒大小)有关，小颗粒宝石透光好，同品质的大颗粒宝石透光相对就差些。

二是宝石中包裹体和裂隙的多少以及宝石表面的光滑程度。包裹体和裂隙较多，表面不光滑，可使光线散射，以致影响透明度。

最后强调一点，对于宝石原料，尤其是颗粒大、颜色深的原石，看上去透明度很差，似乎不透明，这时须使用聚光手电照射仔细观察，以免将透明宝石误认为是半透明或不透明宝石。

6.2.4 宝石的光泽

宝石的光泽，是指宝石表面对可见光反射能力大小所表现出来的明亮程度或特征。

在肉眼鉴定工作中，通常将光泽由强到弱分为以下几种：

(1) 金属光泽：反射强，呈金属表面那样的反光。具有金属光泽的宝石很少，例如青金石中的黄铁矿。

(2) 半金属光泽：反射较强，其反射强度较金属光泽弱。具有半金属光泽的宝石也很少，例如翡翠中的铬铁矿，和田碧玉中的磁铁矿等。

(3) 金刚光泽：反射较强，呈金刚石(钻石)那样灿烂的反光。金刚光泽是非金属矿物类宝石中光泽最强的一种，具有金刚光泽的宝石还有辰砂、锡石等。

(4) 玻璃光泽：反射相对较弱，呈玻璃表面那样的反光。具有玻璃光泽的宝石较多，如红宝石、祖母绿、碧玺、托帕石、水晶等等。

有时还将略弱于金刚光泽的，称为亚金刚光泽；将略强于玻璃光泽的，称为强玻璃光泽。

由于光泽取决于宝石表面对光的反射能力，因此，表面的光滑程度必然会影响到反射光的强弱。上述几种光泽是指在平坦的晶面、解理面或磨光面上的光泽。

当宝石表面不平坦或成集合体时，常会呈现一些特殊的光泽，主要有以下几种：

(1) 油脂光泽：指宝石表面像涂了一层油脂似的光泽。一些颜色很浅的宝石，如羊脂白玉、水晶的断面，即具有油脂光泽。

(2) 树脂(松脂)光泽：指像树脂表面那样的光泽。一些颜色稍深、特别是呈黄棕色的宝石如琥珀、浅色闪锌矿等，具有树脂光泽。

(3) 丝绢光泽：指像蚕丝那样的光泽。无色或浅色透明矿物的纤维状集合体宝石，如虎晴石，具有丝绢光泽。

(4) 珍珠光泽：指像珍珠表面那样柔和而多彩的光泽。这种光泽主要出现在珍珠上，也出现在一些解理发育的浅色透明宝石的表面。

(5) 蜡状光泽：指像蜡烛表面那样的光泽。蜡状光泽要比油脂光泽暗一些，多出现在透明矿物的隐晶质致密块体上，如鸡血石、绿松石等宝石的光泽。

6.2.5 宝石的折射率与色散

在“晶体光学基本知识”一章中，已经讲了白光、单色光、折射率等内容。

宝石的折射率，是鉴定宝石的重要光学常数，测定宝石的折射率，最好是用钠黄光(波长 589.5 nm)作光源。因为通常所说的折射率，是对应于钠黄光的折射率。不同波长的单色光，在同一介质中的折射率不同，一般说来，折射率随入射光波长增大而减小，紫光的折射率最大，红光的折射率最小。

介质的折射率随单色光波长不同而发生改变的现象，称为折射率色散，简称色散。色散值等于 430.8 nm 的紫光和 686.7 nm 的红光在介质中所产生的折射率之差值。波长为 686.7 nm 的红光和波长为 430.8 nm 的紫光，分别与太阳光谱(也叫弗朗霍夫光谱)中的 B 线和 G 线相当。

不同的宝石，有不同的色散值，一般将色散值大于 0.03 的称为强色散。具有强色散的无色或浅色宝石，如钻石(色散值 0.044)，加工好后，可闪烁出彩色的光芒(俗称“出火”)，使宝石增添无穷的魅力。强色散宝石还有人造钛酸锶(0.19)、合成碳硅石(0.104)、锡石(0.071)、合成立方氧化锆(0.06)、榍石(0.051)、人造钆镓榴石(0.045)、蓝锥矿(0.046)等。如果宝石的颜色较深，色散可被掩盖。

6.2.6 宝石的发光性

发光性是指宝石在外来能量的激发下，能够发出可见光的性质。这种发光属于冷发光，不包括在白炽条件下的发光现象。

宝石发光分为荧光和磷光两种。如果在激发状态下能发出可见光，当激发作用一旦停止，发光现象立即消失，这种发光现象称为荧光；如果在激发作用停止后，仍能在一定时间内继续发光，这种发光现象称为磷光。

宝石学上常用的激发源有紫外线、X射线和阴极射线。应当指出的是，并非所有宝石在受到激发时都能发光。除少数宝石的发光性是它们本身固有的特性以外，多数则是与其晶格中的微量杂质元素有关，当它们不含这些杂质元素时，也就没有了发光性。在鉴定上具有意义的主要是那些性质较为稳定的发光现象。如白钨矿在紫外线照射下总是发鲜明的淡蓝色或黄白色荧光；金刚石（钻石）在X射线照射下发天蓝色荧光。它们的这一性质也被用于找矿和选矿工作中。

夜明珠一直是我国宝石界的一个谜案。自20世纪90年代以来，先后有夜明石的报道，一例是能发磷光的磷灰石，另一例是2000年在新疆富蕴县发现的能发磷光的萤石。据有关资料，这块萤石质量达8.6 kg，夜间在15 m以外可看到强烈的发光，并称自1997年以来，在新疆已发现多块能发磷光的萤石。

6.3 宝石的特殊光学效应

6.3.1 猫眼效应

猫眼效应（也称游彩）是指一些半透明的宝石，按一定方向加工成弧面形状，当光线照射时，在弧面形宝石上可出现一条明亮的光带，颇似猫眼瞳孔收缩成的一条细线，所以称这种现象为猫眼效应。转动宝石，光带还会左右游动，故也有人称其为游彩或迁彩。其成因是针状、纤维状包裹体（或集合体）对光的定向反射。

猫眼效应的产生，必须具备两个条件：

（1）宝石晶体中含有一组密集平行分布的针状、纤维状、管状包裹体，如石英猫眼、磷灰石猫眼等；或者宝石自身为平行排列的针状、纤维状集合体，如矽线石猫眼、透闪石猫眼等。

（2）宝石须加工成弧面形状，其底平面应平行于包含针状、纤维状矿物长轴方向的平面。

具猫眼效应的宝石，其光带的宽窄和亮度，除与宝石自身因素有关外，还与加工时所选择的方向及弧面凸起程度有关。光带越明亮、越细窄灵活，就越好。

由于光带方向总是与针状、纤维状矿物的长轴方向垂直，所以常将这种宝石加工成椭圆形弧面，并使宝石的长轴与针状、纤维状矿物的长轴垂直（见图 6－2），这样可使光带更加美观。

在具有猫眼效应的宝石中，最珍贵的是金绿宝石猫眼，即猫眼（见 5.4.2 命名规则）。猫眼又以蜜黄色为最佳。现在市场上有一种玻璃纤维猫眼，常加工成戒面、圆球或印章料出售，其价格很便宜，也很美观，可谓物美价廉。

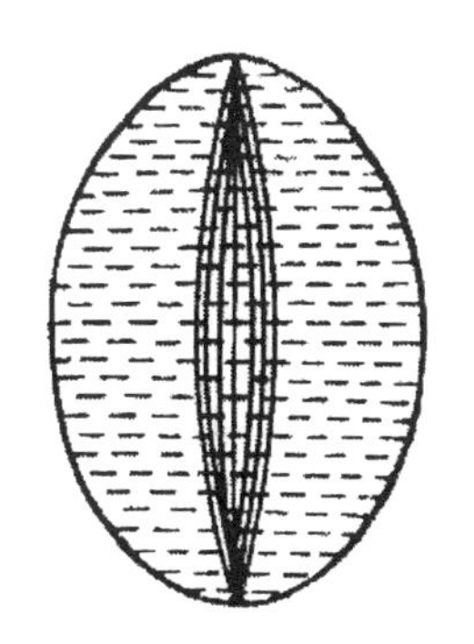

图 6－2 猫眼效应示意图

（横短线表示纤维长轴方向，纵向弧线表示明亮光带）

6.3.2 星光效应

星光效应（也称星彩），是指一些半透明的宝石，按一定方向加工成弧面形状，当光线照射时，在弧面形宝石上可出现两条、三条（偶为六条）相交叉的明亮光带，形成以交叉点为中心的四射星光、六射星光（偶为十二射星光），这种现象称为星光效应。转动宝石或改变光照方向，星光会移动。

星光效应的产生也必须具备两个条件：

（1）宝石晶体中的针状、纤维状及管状包裹体，呈两个方向、三个方向（极少为六个方向）密集分布，包裹体长轴方向的平面夹角分别是：两个方向分布的夹角为 90°（或近于 90°），三个方向分布的夹角为 60°（六个方向分布的夹角为 30°），与它们对应的光带夹角一致（见图 6－3）。

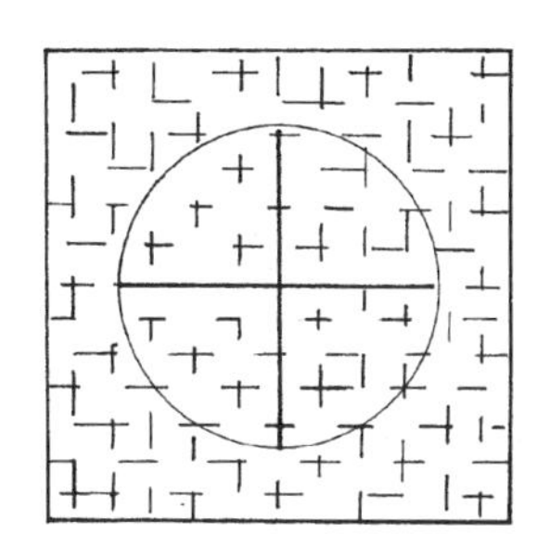

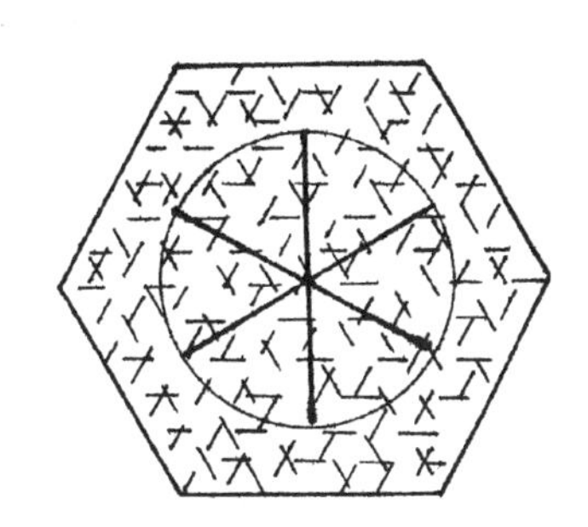

图 6－3 四射星光（左）和六射星光（右）示意图

（短线表示纤维长轴方向，粗黑线表示明亮光带方向）

（2）宝石须加工成弧面形状，弧面宝石的底平面，应平行于包含各组包裹体长轴方向的平面。否则，星光的中心会偏离宝石的凸面中心，甚至不出现星光，如包含各组包裹体长轴方向的平面垂直宝石底平面时，就只产生猫眼效应。

星光效应可看作是猫眼效应的复杂类型。但猫眼效应可由平行分布的包裹体产生，也可由平行排列的针状、纤维状集合体产生；而星光效应都由沿某些结晶方向分布的包裹体产生。

具有星光效应的宝石，其内部包裹体的分布与宝石的结晶对称有着密切的关系。一般说来，四射星光多出现在四方晶系、斜方晶系和单斜晶系的宝石中；六射(十二射)星光多出现在三方晶系和六方晶系的宝石中；而在等轴晶系的宝石中，四射星光和六射星光都可能出现。在宝石命名中，无论四射、六射或十二射，都只能以“星光”二字参与命名，如星光辉石、星光红宝石等。

选择星光宝石时，应注意星光是否完美。有时由于内部包裹体分布上的原因，会给星光造成缺陷。

6.3.3 变色效应

宝石的颜色因照射光源(日光或白炽灯光)的不同而发生变化的现象称为变色效应。含铬(Cr)的金绿宝石，白天在日光照射下呈绿色，夜间在白炽灯光照射下呈红色，故取名变石。

变石之所以能变色，是因为变石的吸收光谱中，在红光和绿光两个波段几乎没有吸收，或者说红光和绿光两个波段，是两个透光区。由于日光中绿光成分偏多，宝石受到日光照射，绿色加浓，就呈绿色；而白炽灯光中红光成分偏多，宝石在白炽灯光照射下，红色加浓，就呈红色。

具变色效应的宝石，主要是一些由铬(Cr)、钒(V)等色素离子致色的宝石，除变石外，还有蓝宝石、尖晶石、石榴石、碧玺(稀少)等。

6.3.4 变彩效应

由于宝石内部的特殊结构，引起光的衍射和干涉作用，使宝石产生多彩的色斑，看上去颇似画家的调色板，且色斑随观察角度的不同而变幻，这种现象称为变彩效应。

欧泊是典型的具有变彩效应的宝石，其内部由近于等大的二氧化硅(SiO_2)球体组成，球体在三维空间规则排列，这种特殊结构，构成三维衍射光栅。当球体直径与入射光波长接近时，可产生衍射，这些衍射光波又发生干涉，形成色斑。

6.3.5 晕彩效应

由于宝石内部存在微裂隙或极薄的层状结构(包括薄膜状透明包裹体)，当可见光射入宝石后，从裂隙或薄层两侧界面上反射的光相互干涉，形成五彩缤纷的颜色，这种现象称为晕彩效应。

由微裂隙产生的晕彩效应，在无色透明的晶体中常见。这种晕彩的出现，恰好证明有裂隙存在。我们可以根据晕彩确定裂隙所处的部位及大小。

通常所说的晕彩效应，多是指由宝石内部的与可见光波长属于同一数量级的薄层结构所产生的晕彩。这类宝石主要是碱性长石和斜长石。

碱性长石在高温(660℃以上)条件下，钾和钠可形成完全类质同像系列；低温条件下，钾和钠的类质同像置换范围趋于狭窄，出现互不混溶现象，形成两种相的交生体。如果以钾长石为主体，钠长石呈嵌晶，称为条纹长石；反之，以钠长石为主体，钾长石呈嵌晶，称为反条纹长石。

斜长石在高温条件下钠和钙近于是完全类质同像，随着温度降低，便形成由两种含钙长石分子数不相同的斜长石组成的超显微两相交生体。如拉长石中的更长石叶片状嵌晶，这是一种非常稀少的条纹长石类型。

在各类两相交生体中，若条纹(叶片)的厚度与可见光波长相近时，入射光在一系列两相界面上反射并发生干涉，便形成了晕彩色。

此外，在珍珠的表面也能形成晕彩色。

6.3.6 月光效应

光线照射到浅色半透明的宝石上，宝石能够产生一种朦胧的月白色的光，这种现象称为月光效应。

月光效应多出现在长石类宝石中，是宝石对入射光在一定范围内散射和漫反射的结果。由于长石中的聚片双晶或条纹(叶片)状嵌晶这些两相交生体的薄层厚度，与可见光波长不属于同一数量级，甚至相差很远，所以不形成晕彩，而是形成一种月白色的光。

当长石具有月光效应时，称为月光石。月光石为专用名称，其他宝石即使具有月光效应，也不得称月光石。

6.3.7 砂金效应

透明或半透明宝石，其内部含有大量片状云母、赤铁矿或其他金属矿物包裹体，光线射入宝石后，再由包裹体反射出来，犹如灿烂的群星，这种现象称为砂金效应。日光石就是具砂金效应的长石。

目前市场上有一种被称为砂金石或金星石的人工宝石，它是一种加入铜粉屑的玻璃,常被加工成挂坠、项链和印章料出售。

6.4 宝石的热学性质

6.4.1 导热性

宝石的导热性是指宝石对热的传导性能。

宝石传导热的能力差别很大,因此导热性可用来鉴别宝石。导热性以热导率表示,其计量单位是瓦[特]每米开[尔文],符号为 W/(m·K);或瓦[特]每米摄氏度,符号为 W/(m·℃)。

6.4.2 热电性

热电性是指,某些宝石晶体,当受热或冷却时,能激起晶体表面电荷的性质。例如当加热碧玺(电气石)时,在其晶体 C 轴两端可产生数量相等而符号相反的电荷,并导致晶体吸尘。这一性质可用来帮助鉴别有热电性的宝石。

宝石鉴定仪器与鉴定方法

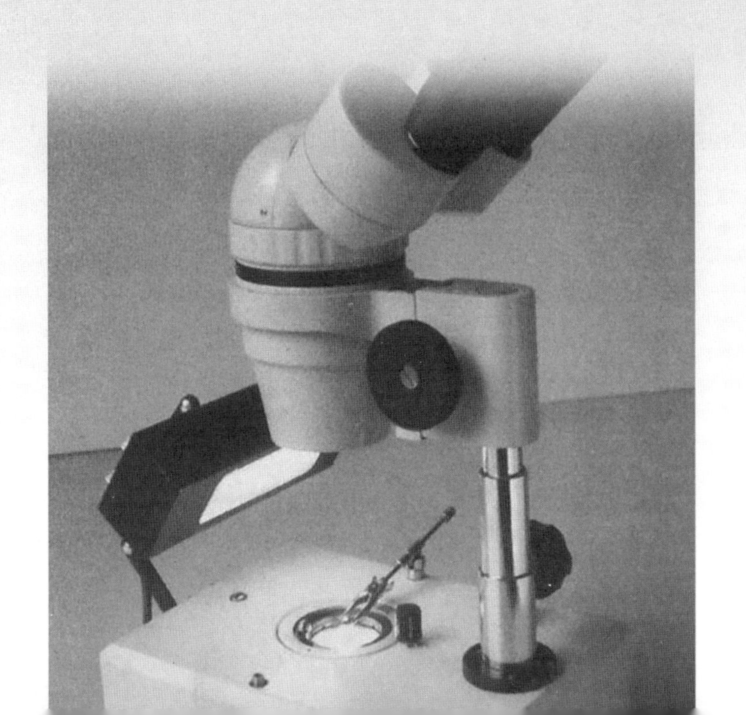

7 常用鉴定仪器与鉴定方法

7.1 概述

有些宝石其外观特征比较典型，仅凭肉眼观察便可鉴别。而大多数宝石，尤其是经过优化、处理的宝石，需借助鉴定仪器观察测试，方能鉴别。

宝石鉴定仪器可分为常用仪器和大型仪器两类。前者用于宝石的日常鉴定工作，可满足常规鉴定项目的测试需求；后者主要用于对宝石的深入研究。本章仅介绍常用鉴定仪器和鉴定方法，大型仪器及其应用可参阅相关书籍。

7.1.1 宝石鉴定的目的、意义及特点

随着人们物质文化生活水平的不断提高，宝石饰品进入了寻常百姓家庭，然而在宝石市场上，以次充好、以假乱真的现象时有发生，这不仅损害了消费者的利益，也损害了经营者的信誉，影响了宝石业的正常发展。宝石鉴定的目的是鉴别宝石的品种，确定宝石的品质优劣，考查加工工艺，对宝石作出客观公正的评价。其意义在于维护消费者的利益和经营者的信誉，规范和繁荣宝石市场，促进宝石业健康有序的发展。

宝石鉴定的对象包括琢磨好的宝石成品、宝石首饰及宝石原料。宝石鉴定的特点是无损鉴定，即在宝石不受任何损伤的情况下，测试宝石的物理化学特性。除宝石原料和特殊情况外，不得随意进行损伤性测试。

7.1.2 宝石鉴定的程序

正规的宝石鉴定，应遵循如下程序：

(1) 接收样品：宝石属贵重物品，无论是受委托鉴定，还是监督抽查，都要严格按照有关规定办理手续。在接收样品时，由送样人填写送样单(也可由收样人代为填写)，详细填写样品编号、名称、颜色、大小(克拉数或 长 × 宽 × 厚 mm)、形状、有无瑕疵及瑕疵所在位置、样品总件数、送样人姓名(经送样人认可后签名)等内容。收样人也要在送样单上签名，并验收样品。如果是抽查，要填写抽样单，内容基本同上。送样单或抽样单一式两份，双方各执一份。这样做，一是管理所要求的，同时也可以消除调换之嫌。

(2) 肉眼鉴定：是宝石鉴定的基础。通过肉眼观察宝石的颜色、光泽、色散、透明度及特殊光学效应等外观特征，对样品有一个初步认识，以缩小范围。

(3) 简便而有效的仪器测试：在肉眼鉴定的基础上，有针对性地选择便于操作的仪器进行测试。经过这一步工作，基本上已鉴定出宝石的品种，但此时还不能下结论，还需要有更可靠的数据，如折射率、密度等加以印证。

(4) 重要鉴定项目的测试：重要鉴定项目是宝石的重要鉴定依据。最常见的重要鉴定项目有光性特征、折射率、密度、吸收光谱、放大检查等。不同品种的宝石，其重要鉴定项目可以不相同。如吸收光谱，对于红、蓝宝石等有色宝石属重要鉴定项目，而对于无色或浅色宝石该项目则不必测试。

在样品条件允许的情况下，重要鉴定项目要全面测试，只有在样品条件不允许时，才可以省略某个重要鉴定项目。完成重要鉴定项目的测试后，再结合其他一些辅助项目的测试，即可得出准确可靠的结论。

(5) 签发鉴定报告(填写鉴定证书)：其前提是所测数据资料必须真实可靠，所有数据资料必须相互吻合，如果个别数据资料出现异常或偏差，必须能够作出科学合理的解释。鉴定人完成的每一份报告，都要经另一人检查，且鉴定人和检查人都要在报告上签名。

7.2 放大镜与宝石显微镜

宝石在形成过程中留下的某些痕迹，如包裹体、生长纹、色带等，以及宝石受力后产生的微小裂纹和加工过程中造成的损伤，用肉眼往往不易看清楚。而这些痕迹和损伤又是鉴别天然宝石与人工宝石以及评价宝石的依据，为此，就需要借助放大镜和宝石显微镜来观察鉴定宝石。

7.2.1 放大镜

放大镜的放大倍数有 5X、10X、20X 等，但是观察评价宝石净度等级时，规定使用 10X 放大镜（见图 7－1）。放大镜便于随身携带，是宝石工作者必备之物。

图 7－1 放大镜

1. 放大镜的组合形式及性能

（1）单透镜：由一个双凸的透镜组成，一般适用于低倍放大。当增高放大倍数时，凸透镜的曲率必然加大，因此产生像差和色差，导致物像发生畸变，并出现彩色边缘。

（2）双合镜：由两个平凸透镜组成，既可提高放大倍数，又可减轻或避免像差和色差的产生。

（3）三合镜：由两个凹凸透镜和一个双凸透镜组成，双凸透镜夹在两个凹凸透镜中间。其性能优于双合镜。

检验放大镜性能的优劣，可用放大镜观察 1 mm×1 mm 的方格纸，注意方格是否发生形变；并在强光下观察放大镜是否出现彩色边缘。无形变、无彩色边缘的放大镜为优质品。

2. 放大镜的使用方法及注意事项

正确的使用方法是一手（通常为右手）持放大镜，使放大镜尽量贴近眼睛，另一手持镊子或宝石抓子夹起宝石，慢慢向放大镜靠近，或将宝石放在小盘中，头部慢慢移向宝石，直到看得最清楚为止。一般 10 倍放大镜的焦距在 2.5 cm 左右，将宝石置于焦距以内，即宝石与放大镜的距离小于 2.5 cm，便可观察到放大、正立的虚像。

为了避免宝石碰伤放大镜，可使持放大镜的手与持宝石的手相接触，以便于掌握宝石与放大镜之间的距离，同时也使两者之间保持稳定。另外在观察时，应保持放大镜和宝石表面清洁，以免误将灰尘视为宝石的瑕疵。

7.2.2 宝石显微镜

宝石内部的包裹体和某些现象有时非常微小，甚至用 20X 的放大镜也看不清

图 7-2　宝石显微镜

楚，这时就必须使用放大倍数更高的显微镜进行观察。

宝石鉴定用的显微镜，是双目实体显微镜（见图 7-2），它的放大倍数一般在10～80倍之间，且放大倍数可连续变化。因为装有宝石夹及暗视域挡板等适合于宝石鉴定的附件，所以称其为宝石显微镜。

1. 宝石显微镜的构造及主要部件

宝石显微镜由镜座、镜臂和镜筒三部分组成，主要部件有：

(1) 目镜。位于镜筒最上端，一般配有10X 和 20X 目镜各一对。观察时两目镜之间的距离，可随人的两眼间距离进行调节。

(2) 变倍物镜。位于镜筒中部，从 1X 连续变到 4X，可随意调节。

(3) 物镜。位于镜筒最下端，为使镜筒下方有足够空间，以便于工作，物镜常被卸下，有的宝石显微镜出厂时就没有配备。

(4) 调焦旋钮。位于镜臂上部，调焦（即升降镜筒）之用。

(5) 顶光源。连接镜座，光线从样品上方照射。

(6) 底光源。位于镜座内，光线从样品下方照射。

(7) 暗视域挡板。位于镜座内，在底光源上方，用来遮挡样品正下方的光线。可随意拉进或推出光路。

(8) 锁光圈。位于样品下方，可自由开合，控制底光源光照范围，调节光线通过量。

(9) 样品夹子。可使样品翻转 360°，以便从多角度观察。

此外，在目镜与变倍物镜之间还装有一块棱镜，以改变光的传播方向，使光线进入目镜。

上述部件中，起放大作用的是目镜和变倍物镜，它们相当于两个“放大镜”。经变倍物镜第一次放大后，再由目镜第二次放大，所以宝石显微镜的放大倍数，等于变倍物镜放大倍数与目镜放大倍数的乘积。如将变倍物镜调到 4 倍位置，换上 20 倍目镜，这时显微镜的放大倍数为 $4 \times 20 = 80$ 倍。不过，在宝石鉴定过程中，常用10X 目镜观察，显微镜的放大倍数在 10 倍～40 倍之间。

2. 宝石显微镜的应用及照明方式

(1) 利用浸没介质提高观察清晰度。在宝石显微镜下观察宝石，往往由于宝石表面对光的反射作用，尤其是当宝石表面不够光滑时，会造成光的漫反射，以致影响观察效果。此时，可将宝石浸没于液体介质中进行观察，以提高观察清晰度。理论上讲，宝石与浸没介质两者的折射率值越接近越好，但有些浸没介质有毒有害，并且可对某些宝石造成污染，不宜使用。通常用乙醇（酒精）或水作为浸没介质，就可收到好的观察效果。

（2）暗视域照明。在宝石与底光源之间加一块黑色的暗视域挡板，以遮挡宝石正下方的光线，构成黑色背景，而边部的光线倾斜照射宝石，使宝石中的浅色包裹体与黑色背景形成明显对比，很容易观察。暗视域照明是宝石鉴定中常用的一种方法。

（3）亮视域照明。底光源发出的光，向上直接照射宝石，并将锁光圈锁小，使宝石中的暗色包裹体与明亮视域（背景）形成显明对比。

（4）散射光照明。在宝石与底光源之间加一片毛玻璃或薄的白纸，使底光源发出的光变成柔和的散射光，以有助于观察宝石中的色环、色带和生长纹。

（5）顶光源照明。光线从宝石上方照射，利用反射光观察宝石的表面特征，及透明至半透明宝石的内部特征。顶光源照明，也是宝石鉴定中常用的一种方法。

（6）侧光照明。使用笔式聚光手电筒，或点式高亮度冷光源——光导纤维灯，从宝石一侧近于水平照射，该方法有助于观察针状、点状包裹体。

7.3 折射仪及折射率的测定

折射率是透明宝石的重要光学常数，是鉴定宝石的重要依据之一。折射仪是测定折射率的仪器，从折射仪上可直接读出宝石的折射率数值。

7.3.1 折射仪的工作原理

折射仪是根据光的全反射原理设计制造的。光线由光密介质入射到光疏介质，入射角小于临界角（φ）的光线，一部分进入光疏介质并发生折射，一部分被两介质的界面反射回光密介质。入射角大于临界角的光线，便不再进入光疏介质，而是全部被两介质的界面反射回光密介质。以临界角为界，一侧是全反射，另一侧是部分反射，相对而言，全反射一侧较亮，部分反射一侧较暗，形成明、暗两个区域。

临界角的大小与两介质的相对折射率有关。设光密介质的折射率为 N，光疏介质的折射率为 $n(n<N)$，当入射角等于临界角时，折射角等于 90°，则有下式：

$$\sin\varphi/\sin 90^\circ = n/N \qquad n = N\sin\varphi$$

折射仪上的玻璃半球，其折射率为 1.81，是一个固定数值；待测宝石的折射率必须小于 1.81。玻璃半球为光密介质，待测宝石为光疏介质。

由此不难看出，测定宝石折射率的问题，可转化为求宝石的临界角。而临界角的大小，可根据折射仪视域中明暗分界线所处的位置来确定。用已知折射率的标样对折射仪进行标定，并安装好标尺（刻度尺），折射仪就可以使用了。

7.3.2 折射仪的构造

宝石折射仪体积较小，构造也不太复杂，外观像一个金属盒子（见图 7-3）。前上方装有目镜，正上方为测试平台（也称测试窗口）和金属罩，后部有进光孔。折射仪的主要部件有：

图 7-3 折射仪

(1) 玻璃半球：折射率为 1.81，相对于欲测宝石（$n<1.81$），玻璃半球为光密介质。其球面朝下，平面朝上，出露在正上方的平面称为测试平台。为了使测试平台与样品有一个良好的光学接触，须在接触部位充填折射率为 1.81 的浸油，以排除其间的空气。

(2) 标尺（刻度尺）：其刻度间距及安放位置都须经过标定。根据视域中明、暗分界线在标尺上的投影位置，可直接读出宝石的折射率数值。标尺上的折射率刻度一般从 1.35 到 1.83。

(3) 棱镜：在光路中改变光的传播方向，使光线进入目镜，以便观察。

(4) 目镜：起放大作用，以便更清晰地观察明暗分界线及标尺上的读数。

(5) 偏光片：套在目镜上，可任意转动。虽然取下或装上很方便，但测试时不能没有它（尤其是对于双折射率很小的宝石）。因为只有通过边观察边转动偏光片，才能知道所测宝石是均质体还是非均质体，也才可以测到非均质宝石最大和最小两个折射率。

折射仪的内部构造及光路示意如图 7-4。

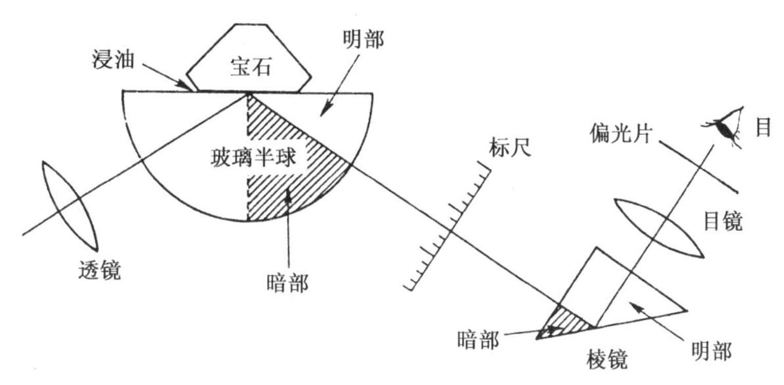

图 7－4　折射仪的内部构造及光路示意图

7.3.3　折射率的测定

用来测定折射率的样品,必须有一个抛光的平面或弧面。抛光平面越大(盖满测试窗口),抛光越好,测定精度越高。

测定时最好用单色黄光(波长 589.5 nm)作光源。用单色黄光入射,不会产生色散,明暗分界线清晰,便于观察。如果用白光作光源,由于色散作用,在明、暗分界线附近会产生橙色和蓝色两条色带,此时,橙、蓝色带中间的刻度数值即为宝石的折射率。

利用折射仪可以测定宝石的折射率值,根据折射率值是否变化,可判断出所测宝石,是均质体还是非均质体;若是非均质体,还可以根据其折射率值的变化情况,进一步判断出是一轴晶还是二轴晶,是正光性还是负光性。

1. 折射率的测定步骤

(1) 清洗测试平台和样品:测定前应将测试平台和样品用酒精清洗干净(二甲苯对人体有害,应慎用)。因玻璃半球的硬度较低,切不可用手按住镜头纸在测试平台上来回擦拭,以免灰尘将测试平台划伤。正确的做法是将两三层大小适中的镜头纸放到测试平台上,在纸上滴一两滴酒精,用手捏住纸的一端,轻轻拖洗。样品可用镜头纸或面巾纸沾酒精擦洗。

(2) 调节光源及目镜焦距:将光源对准折射仪的进光孔,使整个视域明亮;提拉目镜,调节目镜焦距,使标尺上的刻度尽可能清晰。

(3) 滴浸油:用油瓶上带的小棒或牙签,沾一小滴折射率为 1.81(常降低为 1.78 左右)的浸油,滴在测试平台上。注意滴的浸油不能太多,否则,浸油会将样品托起;浸油也不能太少,太少,形不成良好的光学接触,这些都会影响测定。对于大平面宝石,油滴直径一般为 2 mm 左右;弧面宝石,油滴直径一般为 0.5 mm 左右。

(4) 放置样品:将平面宝石的欲测平面朝下,若是弧面宝石则弧面朝下,放在测试平台一侧的金属边框上，用手或镊子轻轻推到油滴上并移至合适位置。扣上折射仪的金属罩，就可以测定了。

在此需要特别指出的是，测定完毕，应立即清洗测试平台和样品。先用镜头纸吸去遗留在测试平台和样品上的浸油，然后按照①中的方法清洗干净。

2. 平面宝石折射率的测定

测定平面宝石的折射率，观察者的眼睛要靠近目镜，大约在1～3 cm的距离，当看到视域内明暗分界线时，再从标尺上找到明、暗分界线所处的位置，该位置上的刻度值，就是所测样品的一个折射率值（见图7－5）。数值保留到小数点后三位，小数点后第三位是目估的。

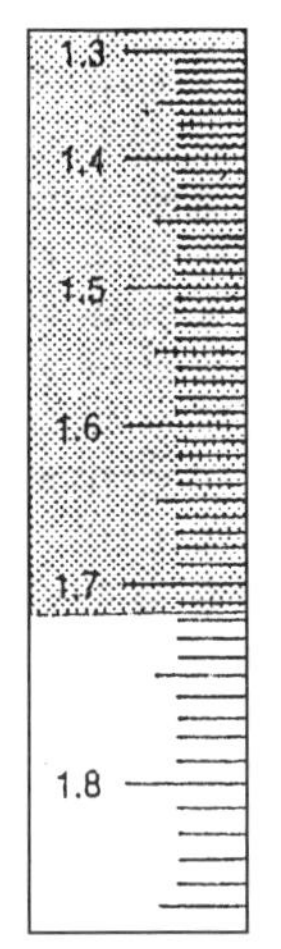

图7－5 折射仪视域内读数(1.715)

（1）均质体宝石的折射率：看到明暗分界线后，边观察边来回转动偏光片约120°，注意明、暗分界线的位置是否移动，如果不移动，就记下该折射率读数。然后在测试平台上水平转动宝石一定角度，再重复上面的方法，边观察边来回转动偏光片约120°，明、暗分界线仍然不移动。经过多次测定，直至转动宝石半周，所得到的读数都相同。那么，该宝石属于均质体宝石。

均质体的折射率，不因入射光波的振动方向不同而改变，即均质体只有一个折射率值，无论在哪个面上和从哪个方向测定，测得的折射率值都相等。均质体宝石包括等轴晶系的宝石和非晶质体宝石。

（2）一轴晶宝石的折射率：一轴晶有 N_e 和 N_o 两个主折射率。看到明、暗分界线后，边观察边来回转动偏光片约120°，如果明、暗分界线不移动，说明碰巧是光线平行光轴（垂直光率体圆切面）方向入射，显示均质体的特征，该折射率值即为 N_o。然后在测试平台上水平转动宝石一个小角度（15°左右或30°左右均可），重复上面的方法，边观察边来回转动偏光片约120°，这时，明、暗分界线必然发生移动，双折射率越大，移动越明显；反之，移动不明显。每转动宝石一次，并结合转动偏光片，可测到一大一小两个不同的折射率值，分别予以记录。经过多次测定，直至转动宝石180°或一周（条件允许时应在三维空间转动宝石），得到一组（若干对）折射率值。如测得水晶的一组折射率如下：

1.550 1.552 1.553 1.545 1.548 1.549 1.552 1.550

1.544 1.544 1.544 1.544 1.544 1.544 1.544 1.544

在一轴晶光率体任何方位的切面上，即垂直光轴的圆切面、平行光轴的 N_eN_o 切面，以及斜交光轴的 $N_e'N_o$ 切面，都可以测到 N_o 这个主折射率，且同一晶体中 N_o 的大小始终不变。因此，在所测得的每一对数值中，必有一个数值是 N_o，且所

有 N_o 全相等。从上面这组数据中，很容易看出该宝石为一轴晶，$N_o=1.544$，另外一些变动的数值是非常光的折射率，其最大值 1.553 是主折射率 N_e（由于条件限制，一般情况下，只能测到 N_e 的近似值）。

在变动的数值中，如果最小值也大于 N_o，即 $N_e>N_o$，为正光性；如果最大值仍小于 N_o，即 $N_e<N_o$，为负光性。上例中的数据表明该宝石为正光性。

（3）二轴晶宝石的折射率：二轴晶有 N_g、N_m 和 N_p 三个主折射率，测定方法与测一轴晶相同。但每次测到的大小两个折射率值，都是不固定的（也可能偶然有相同的折射率值出现），大折射率值在变动，小折射率值也在变动。这种现象是二轴晶的光学性质决定的。将每次测到的一对折射率值记录下来，最后得到一组（若干对）数值，其中的最大值为 N_g（或其近似值），最小值为 N_p（或其近似值），而 N_m 值可通过作图确定。如果在测定过程中，偶然碰到光线平行光轴（垂直光率体圆切面）方向入射，转动偏光片约 120°，明、暗分界线不移动，此时的折射率值就是 N_m，这是获得 N_m 值的直接而准确的途径。不过，这种概率是极低的，绝大多数情况下，还是要通过作图来确定 N_m 值。

由二轴晶光率体可知，能够直接测到 N_m 值的切面有：垂直光轴的圆切面，N_gN_m 和 N_mN_p 两个主切面，以及 $N_g'N_m$ 和 N_mN_p' 两个半任意切面。只有在垂直光轴的圆切面上，才可以判定该折射率就是 N_m，在其余四个切面上，尽管测到了 N_m，也是无法判定的。而在其他所有的切面上（即 N_gN_p 面、N_gN_p' 面、$N_g'N_p$ 面和 $N_g'N_p'$ 面），是无法直接测到 N_m 的。但是在这些切面上所测到的大小两个折射率值之间，都可以找到一个数值与 N_m 值相等，这个数值是客观存在的，因为 $N_g>N_g'>N_m>N_p'>N_p$。

总之，每测到大小两个折射率值，其中有一个是 N_m，或在大小两个数值之间包含了 N_m 的值，这就是作图确定 N_m 值的根据。

我们以纵坐标轴为折射率值、横坐标轴为测定的先后顺序作图，将每次测得的大小两个折射率值标在图上，并用直线连接起来，成平行于纵坐标轴的线段（见图 7－6）。然

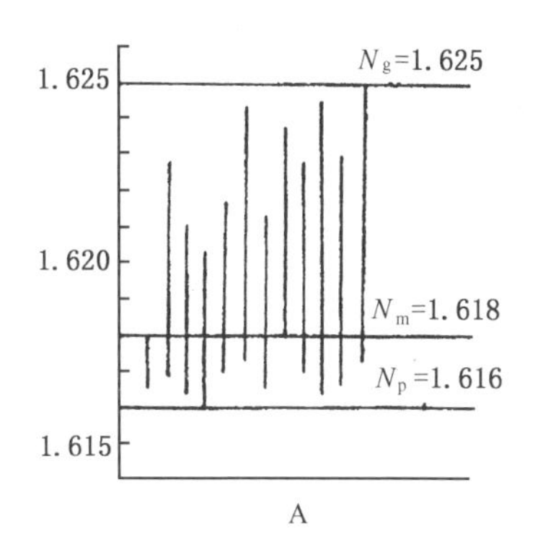

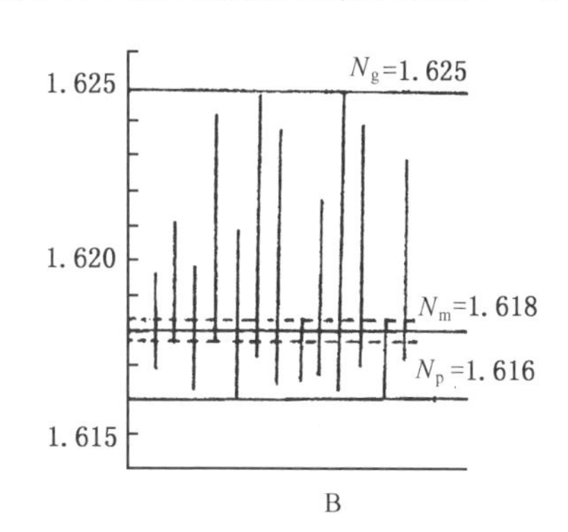

图 7－6　作图求得 N_m 值

后作一条能穿切所有线段的公共水平直线，该水平直线与纵坐标轴相交处的折射率值，就是 N_m 值；如果能作出两条穿切所有线段的公共水平直线，只能得出 N_m 的近似值。如图 7－6B 中，两条虚线中间的值即为 N_m 的近似值。

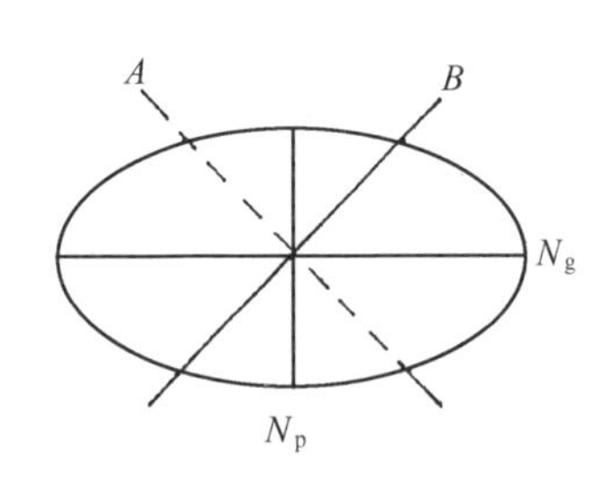

图 7－7 转动偏光片 90°从 A 到 B，只能测得 N_p 或 N_g，测不到 N_g 或 N_p

在确定了 N_g、N_m 和 N_p 的数值后，就可以确定光性正负了。

当 $N_g - N_m > N_m - N_p$ 时，为正光性；当 $N_g - N_m < N_m - N_p$ 时，为负光性；当 $N_g - N_m = N_m - N_p$ 时，光性正负不能确定。

在测定宝石折射率的过程中，关于转动偏光片的角度问题，有的专业书籍上讲转动 90°。实际上转动偏光片 90°是不够的。因为宝石放置到测试平台上，其相应的光率体椭圆切面的长、短半径所处的方向，测定者是不知道的，是任意的。而且偏光片的振动方向，测定者也是不知道的，也是任意的。当偏光片的振动方向与椭圆切面的长、短半径方向斜交时（这种情况是极普遍的），转动偏光片 90°，只能测到一个长半径（或短半径）的折射率值，不可能再测到短半径（或长半径）的折射率值（如图7－7 所示）。所以，在测定过程中，只有在 120°或更大范围内来回转动偏光片，才能够测到该切面上的最大和最小两个折射率值。

3. *弧面宝石或小平面宝石折射率的测定——点测法*

当欲测样品只有一个弧面可供测定，或样品粒度细小，没有一个较大的平面时，则须用点测法测定折射率。点测法要求浸油滴要小（直径约 0.5 mm），以样品形成的影像不超过标尺上 3 个小刻度为最好。将样品放置好以后，在距目镜约 30 cm 处观察，调整好观察角度，视域中可见到一个椭圆形或圆形的样品影像。因观察时眼睛距目镜较远，故点测法又称远视法。

随着视线上下移动，影像的位置及影像中明、暗分界线的位置也在移动。影像向视域上方（低刻度值）移动时，影像中的亮区逐渐退缩，以至整个影像变为全暗；反之，影像向视域下方（高刻度值）移动时，影像中的暗区逐渐退缩，以至整个影像变为全亮。测定过程中，重要的是准确观察明、暗各占影像二分之一时，明暗分界线所处的位置，此时，明、暗分界线所对的刻度值即为样品的折射率值（见图 7－8）。

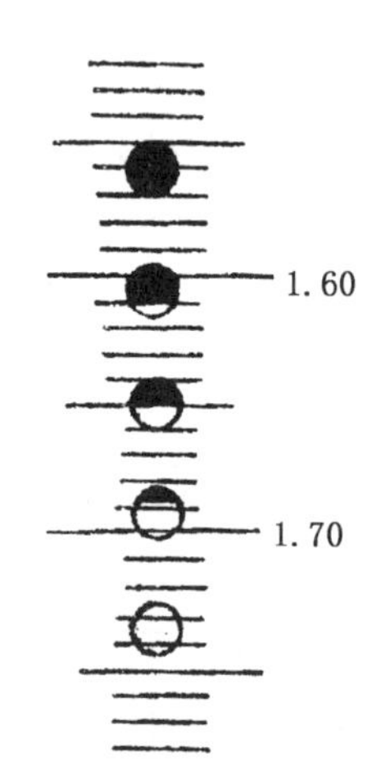

图 7－8 点测法视域内正确读数为 1.65

点测法测得的值，不如大平面宝石测得的值精度高，数值保留到小数点后两位，并在报出值后面的括号内注明测定方法，如：1.65(点测法)。

主要宝石的折射率见表7－1。

表7－1 主要宝石的折射率

宝石名称	折射率	宝石名称	折射率
合成碳硅石	2.648～2.691	橄榄石	1.654～1.690
钻石	2.417	碧玺	1.615～1.655
合成立方氧化锆	2.15	托帕石	1.619～1.627
锆石(高型)	1.926～2.020	软玉	1.606～1.632
红宝石、蓝宝石	1.760～1.768	祖母绿、海蓝宝石、绿柱石	1.564～1.602
金绿宝石、变石、猫眼	1.744～1.758	岫玉	1.56～1.57
石榴石	1.714～1.888	独山玉	1.56～1.70
尖晶石	1.718	长石	1.52～1.58
黝帘石(坦桑石)	1.691～1.718	水晶	1.544～1.553
透辉石	1.664～1.729	方柱石	1.533～1.607
翡翠	1.654～1.680	玉髓(玛瑙)	1.535～1.539
矽线石	1.657～1.684	欧泊	1.45

7.3.4 注意事项

(1) 一台新的折射仪在使用前，要用已知折射率值的标准样品，对折射仪进行检定。例如用水晶的常光折射率 N_o 值1.544来检定。

(2) 由于浸油的折射率值偏低，有时在1.78刻度附近会出现一条明、暗分界线，这是浸油的折射率值。要注意与样品所形成的明、暗分界线的区别。折射率大于1.78的宝石不可测。

(3) 测定折射率时，光源不能太强，适当减弱入射光，会使亮区与暗区的反差更明显。

7.3.5 浸没法

在介绍了折射仪之后，简单谈一下浸没法。对于那些不适合在折射仪上测定的样品，如宝石原石，可采用浸没法测定折射率。其方法是将宝石放入折射率已知的透明油液中，比较二者的折射率大小，当二者的折射率差值很大时(可以是 $N_{宝} > N_{液}$，也可以是 $N_{宝} < N_{液}$)，宝石的轮廓线清晰明显；当二者的折射率相近

时，宝石的轮廓线就变得不明显；当二者的折射率很接近或相等时，宝石的轮廓线几乎看不到，甚至消失，由此可得到宝石折射率的近似值。用此法测到的折射率误差较大，如果放到宝石显微镜下观察，效果会好些。常用油液及折射率见表 7－2。

表 7－2　常用油液及折射率

名　称	折射率	名　称	折射率
四氯化碳	1.46	三溴甲烷	1.59
甲苯	1.50	一碘苯	1.62
一氯苯	1.526	一溴萘	1.66
二溴化乙烯	1.54	一碘萘	1.705
一溴苯	1.56	二碘甲烷	1.745

7.4 偏光镜

偏光镜也称偏光仪或偏光器，是根据偏振光的特点制造的。它比岩矿鉴定用的偏光显微镜要简单得多。

7.4.1　构造及主要部件

偏光镜由底座和向上延伸的支架构成(见图 7－9)，主要部件有：

图 7－9　偏光镜

(1) 光源：安装在底座内，为观察提供照明。在底座前下方有一透光孔，还可为折射仪提供照明。

(2) 下偏光片：固定在底座上。只允许一个特定方向振动的光通过，来自光源的自然光，经过下偏光片后成为偏振光。

(3) 简易载物台：位于下偏光片之上，可水平旋转。

(4) 上偏光片：装在支架上端，可水平旋转。只允许一个特定方向振动的光通过。

7.4.2 正交偏光系统及特点

使上偏光片的振动方向与下偏光片的振动方向垂直,便构成了正交偏光系统。正交偏光系统又称正交偏光装置。由于从下偏光片透出的偏振光,其振动方向与上偏光片振动方向垂直,光线被上偏光片拦截,不能透过上偏光片,因此,正交偏光系统,整个视域呈现黑暗。

7.4.3 消光与消光位

宝石在正交偏光镜间变黑暗的现象,称为消光;宝石处于消光时的位置称为消光位。现将单晶体宝石和玉石的消光现象分述如下:

1. 单晶体宝石的消光现象

在正交偏光镜间放上单晶体宝石,可分为三种不同的情况:

(1) 均质体宝石:来自下偏光片的偏振光,进入均质体宝石,不发生双折射,也不改变其原来的振动方向,透过宝石后,仍与上偏光片振动方向保持垂直,所以光线不能透过上偏光片,使宝石呈现黑暗而消光。转动载物台 360°,宝石的消光现象不改变,始终呈现黑暗,这种现象称为全消光。有的均质体宝石,如钻石和石榴石,本应始终呈现黑暗,为全消光,往往在局部会出现微弱的明暗变化,这种现象称为异常消光。

(2) 光线平行于非均质体宝石的光轴方向入射:也就是光线垂直于非均质光率体的圆切面入射,这种情况不发生双折射,也不改变入射光的振动方向,与均质体宝石一样,也是全消光。

(3) 光线沿非均质体宝石除光轴以外的其他方向入射:垂直于入射光的光率体切面,是各种椭圆切面。由下偏光片透出的偏振光,进入宝石后,是否发生双折射,是否改变振动方向,取决于光率体椭圆切面的半径与下偏光振动方向之间所处的方位。当椭圆切面的长半径或短半径与下偏光振动方向平行(重合)时,进入宝石的偏振光不发生双折射,也不改变原来的振动方向,即平行该半径方向振动通过,透出宝石后,仍与上偏光片振动方向保持垂直,所以不能透过上偏光片使宝石呈现黑暗而消光。转动载物台 360°,椭圆切面的长、短半径,先后共有四次与下偏光振动方向平行的机会,故有四次消光。

当光率体椭圆切面的长、短半径,与下偏光振动方向 PP 斜交时,进入宝石的偏振光,便发生双折射(见图 7-10),分解为两束振动方向分别平行于该椭圆切面长、短半径的偏振光 K_1 和 K_2。由于 K_1 和 K_2 的振动方向不同(相互垂直),所以折射率必不相等,也就是说它们在宝石中的传播速度一个快些,另一个慢些,这就产生了光程差。当慢光离开宝石时，快光已离开宝石并在空气中前进了一段路程。光程差是在宝石中产生的，其大小等于椭圆切面上的双折射率与宝石厚度的乘积（此处没有考虑完全由光波的两次分解所产生的附加光程差$\frac{\lambda}{2}$）。

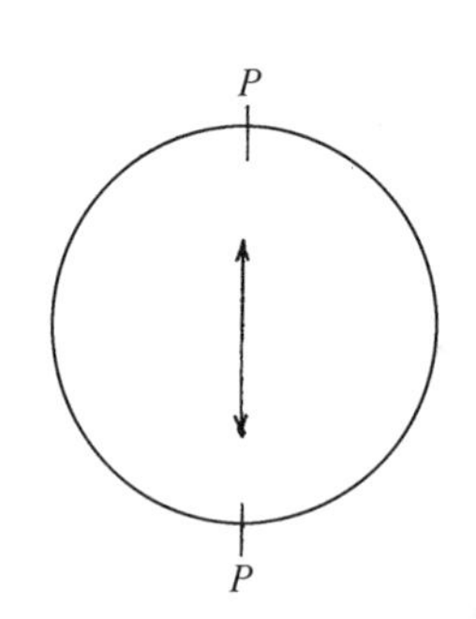

a. 来自下偏光片PP的偏振光

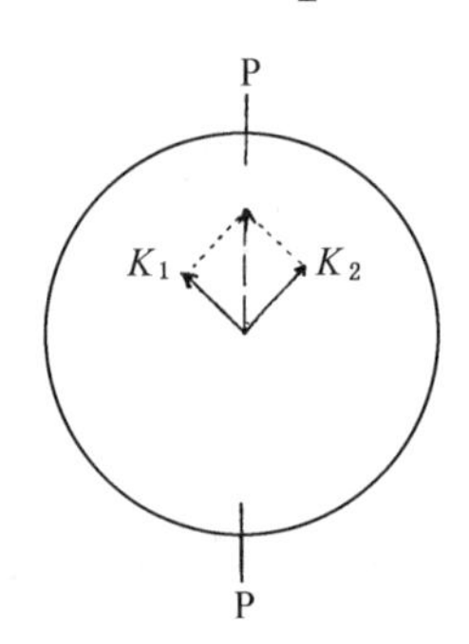

b. 进入宝石后分解成K_1和K_2

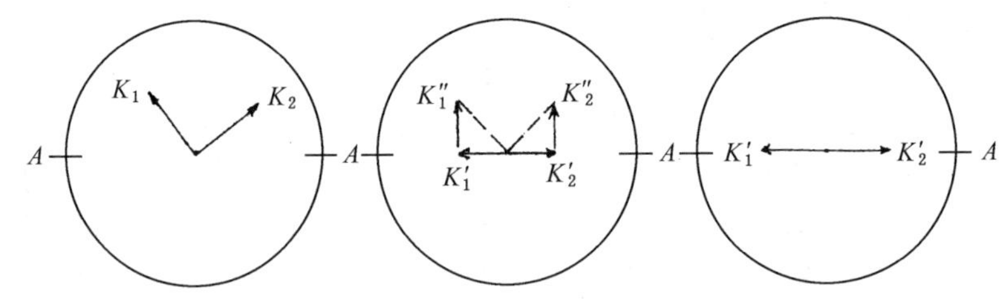

c. 到达上偏光片时的情况　d. 进入上偏光片再次分解　e. 在上偏光片干涉结果减弱

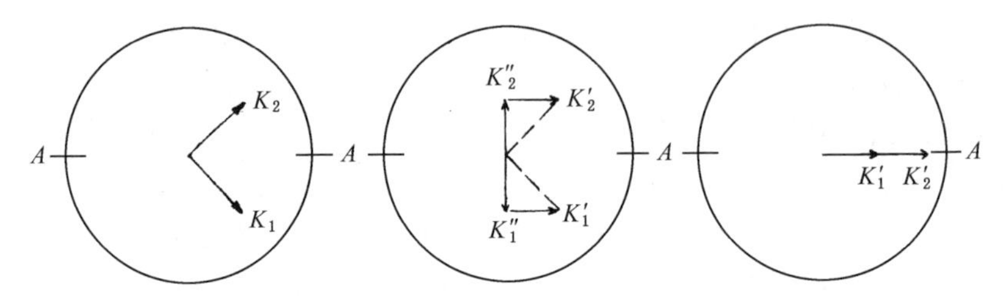

f. 到达上偏光片时的另一情况　g. 进入上偏光片再次分解　h. 在上偏光片干涉结果加强

图7-10　光的分解、干涉示意图（光垂直纸面透射，分解矢量只画出一侧）

在到达上偏光片时，K_1和K_2的振动方向与上偏光片振动方向AA斜交，各自都要分解方能通过上偏光片。

K_1分解成K_1'和K_1''，K_2分解成K_2'和K_2''，K_1''和K_2''的振动方向与上偏光片振动方向AA垂直，故不能通过，而K_1'和K_2'则可以通过上偏光片并发生干涉。这时，宝石不消光，而呈现明亮。转动物台一周，会观察到四次明四次暗的变化。

虽然K'_1和K_2'发生干涉，却看不到鲜艳的干涉色。这是因为宝石颗粒的厚度远比 0.03 mm 厚的标准薄片大得多，其光程差很大，所形成的干涉色呈白色，所以转动载物台，只能见到消光和明亮交替出现。当宝石的光轴几乎直立，即光线近于平行光轴方向入射时，相应的光率体切面并非是一个标准的圆切面，而是一个近于圆切面的椭圆切面，具有极微弱的双折射，但由于宝石颗粒的厚度很大，所产生的光程差可形成鲜艳的干涉色。如果能见到鲜艳的干涉色，则表明宝石的光轴几乎直立。

2. 玉石的消光现象

玉石属于矿物集合体，即岩石(也称多晶体宝石)，可由一种矿物组成，也可由多种矿物组成，其消光现象，可分为以下三种不同类型：

(1) 全消光。基本上全由均质体矿物组成的玉石，整体仍显示均质体的光学性质，与单晶均质体宝石一样，呈全消光。玻璃质玉石，如黑曜岩等，也呈全消光。

(2) 明、暗交替四次消光。玉石中的针、柱状和纤维状非均质体矿物平行排列，如矽线石猫眼，由于各单体的消光基本一致，要消光一起消光，要明亮一起明亮，所以转动载物台 360°，会出现明、暗交替四次消光。

(3) 不消光。玉石中的非均质矿物杂乱分布，如石英岩类的玉石，玉石中石英颗粒的消光位也处于杂乱无序的状态。当一些颗粒消光时，另一些颗粒处于明亮位置；转动载物台，原来那些明亮的颗粒消光时，原来消光的那些颗粒变明亮。这样许许多多颗粒，反复交替出现消光和明亮的变化，总是有光线从上偏光片透出，以致整个玉石始终呈现明亮。这种现象对玉石来说是不消光。

3. 偏光镜的应用

打开光源开关，并将上偏光片振动方向转到与下偏光片振动方向垂直，此时从上偏光片上方观察，整个视域变为最暗。然后将宝石置于载物台上，一边观察，一边旋转载物台 360°。

(1) 如果宝石呈现全消光，即始终黑暗，应将宝石翻转一个角度观察，这样做是为了避开非均质光率体的圆切面。如果宝石仍是全消光，则该宝石为均质体宝石，也包括由均质体矿物组成的集合体和玻璃质宝石。

(2) 如果宝石有四次消光，即旋转一周出现四明四暗变化，则为非均质体宝石，包括平行排列的针柱状、纤维状非均质矿物集合体宝石，如矽线石猫眼。

(3) 如果宝石始终明亮，不消光，则宝石为隐晶状或微晶状杂乱分布的非均质矿物集合体，如玉髓。

7.4.4 注意事项

(1) 观察时，应注意不让外界强光照射宝石，以免影响观察。

(2) 有些均质体宝石，如钻石、石榴石等，在正交偏光镜间可表现出反常的光学性质，有明暗变化的现象(异常消光)，其原因主要是由于地质应力或结晶应力的作用，使晶格扭曲所致。观察时要看宝石明暗变化的整体效果，一般说来，异常消光的均质体宝石，其明暗变化只限于局部，与非均质体宝石的明暗变化是不同的。

(3) 包裹体较多或内部裂隙较多的宝石，光在其中传播时会产生散射现象，以致影响宝石的明暗变化。

7.5 二色镜

7.5.1 构造及工作原理

二色镜小巧玲珑，携带方便。其外部是一个金属套管，一端装有目镜，另一端有一个正方形或长方形的进光窗口，金属管内装有一块特制的冰洲石(光学方解石)棱镜。由于冰洲石的双折射作用，从二色镜的目镜中，可看到进光窗口的两个影像(见图 7－11)。在窗口前放上宝石，宝石也会出现双影像，具有多色性的宝石，无论是一轴晶还是二轴晶，都可以同时观察到两种颜色，故名二色镜。

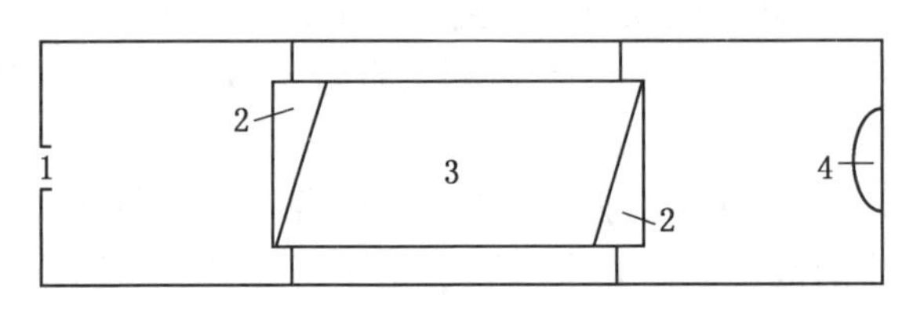

图 7－11　二色镜构造示意图

1. 进光窗口；2. 玻璃棱镜；3. 特制冰洲石棱镜；
4. 目镜；5. 进光窗口双影像

非均质体有色宝石的多色性，是由于光波振动方向不同，宝石对色光的选择性吸收及吸收强度不同而造成的颜色变化。二色镜中的特制冰洲石棱镜，可将由宝石双折射产生的振动方向相互垂直的两束偏振光，分别折射到两个并列的窗口影像中。这样一来，两个不同振动方向对色光的选择性吸收及吸收强度的差异，很容易比较出来，所以，用二色镜观察非均质体有色宝石的多色性，是非常简便有效的。从视域中可同时看到两种颜色或颜色的浓淡差异。

7.5.2 二色镜的应用

(1) 将宝石置于窗口前,尽量靠近窗口。用较强的白光作光源(日光或白炽灯光均可),并让透射宝石的光进入窗口。观察时眼睛靠近目镜,边观察边转动二色镜,注意两个窗口影像中颜色的变化情况。

(2) 如果视域中两个窗口内的颜色始终一致,应转动宝石,换一个角度观察。转动宝石是防止观察方向与光轴方向平行,因为平行光轴方向是看不到多色性的。转动宝石后如果颜色还是始终一致,则为均质体宝石。

(3) 如果视域中两窗口内的颜色不一致,并随着二色镜的转动,两窗口内的颜色互换,则为非均质体宝石。

一些宝石书籍上,将一轴晶宝石的多色性称为二色性,将二轴晶宝石的多色性称为三色性,并且将由二色镜观察到的二色性和三色性作为区分一轴晶和二轴晶的依据之一。此处二色性和三色性的提法值得商榷,以此区分一轴晶和二轴晶宝石,也是不准确的。

宝石学上的二色性和三色性,是从晶体光学上来的。晶体光学上在多色性一节中讲到:一轴晶有两个主要颜色,分别与主折射率 N_e 和 N_o 相当,所以有人称其为二色性;二轴晶有三个主要颜色,分别与主折射率 N_g、N_m 和 N_p 相当,所以有人称其为三色性。

前面在多色性一节中讲了,非均质体有色宝石,由于光波振动方向不同,对色光的选择性吸收及吸收强度存在差异,导致宝石颜色发生变化,这种现象称为多色性。从理论上讲,二轴晶除 N_g、N_m 和 N_p 三个主折射率方向外,还有无数个 N_g' 和 N_p'方向(N_g'在 N_g 和 N_m 之间连续变化,N_p'在 N_m 和 N_p 之间连续变化);一轴晶除 N_e 和 N_o 两个主折射率方向外,也有无数个 N_e'方向(N_e'在 N_e 和 N_o 之间连续变化)。严格地讲,每一次振动方向的改变,都会有不同的选择性吸收及吸收强度,也必然导致颜色的变化。只是人们的眼睛对这种微弱的颜色变化察觉不到罢了。

在宝石的日常鉴定工作中,用二色镜观察二轴晶有色宝石,未必都能观察到三种颜色。用二色镜观察一轴晶有色宝石,也并非只能观察到两种颜色。例如二轴晶橄榄石,用二色镜只能观察到浅黄绿色和更浅的黄绿色两种颜色的微弱变化。按照观察到两种颜色为一轴晶的说法,橄榄石岂不是成了一轴晶吗?再如一轴晶深蓝色蓝宝石,用二色镜观察其多色性,至少可观察到蓝色、浅蓝色和绿色三种颜色,按照观察到三种颜色为二轴晶的说法,就会将蓝宝石误认为是二轴晶宝石。

准确观察一轴晶 N_e 和 N_o 方向的颜色或二轴晶 N_g、N_m 和 N_p 方向的颜色，需要专用仪器设备，例如将费氏旋转台或旋转针台安装在偏光显微镜上，由受过专门训练的人来完成。因为要观察哪个主折射率方向的颜色，就要把这个主折射率方向调整到垂直于偏振光传播方向，且与下偏光振动方向严格平行的位置，才可以观察其颜色，也才能够说对应于一轴晶 N_e 和 N_o 方向有两种颜色，对应于二轴晶 N_g、N_m 和 N_p 方向有三种颜色。

应当强调指出，是首先安置好主折射率，然后观察其颜色，并确定其具二色性或三色性；不可以仅凭由二色镜观察到的两种或三种颜色来确定其有两个或三个主折射率，更不能以此来确定宝石是一轴晶还是二轴晶。

所以，还是将二色性和三色性统称为多色性为好。

7.5.3 注意事项

(1) 用二色镜观察宝石的多色性，多数情况下，观察到的颜色都是过渡色，只有在少数情况下才可观察到主折射率方向的颜色。

(2) 用二色镜鉴别均质体宝石和非均质体宝石是简便而有效的，但是不适用于无色宝石，也不适用于有色多晶体宝石(玉石)。

(3) 多色性只是一个定性的描述，能见到两种不同颜色或颜色深浅显著不同者为强；颜色变化较明显者为中等；颜色变化不明显者为微弱；看不出颜色变化者为无多色性。

对多色性微弱或看不出有多色性的宝石，应进一步用偏光镜检验，以确定其是均质体还是非均质体。

(4) 观察多色性时，要观察视域中两个窗口内的同一部位，例如同一个小刻面，这样便于进行对比。

7.6 宝石密度的测定

在第六章 6.1“宝石的力学性质”一节中，介绍了密度、相对密度及相关知识，这里不再赘述。目前用来测定宝石密度的方法有液体介质称量法和重液悬浮法两种。

7.6.1 液体介质称量法

1. 原理

根据密度的定义，只要知道了宝石的质量和宝石的体积，就可以很容易地计算出宝石的密度。利用电子天平称取宝石的质量，是极简单的事情，但要测得宝石的体积就没那么简单了。

阿基米德定律告诉我们，物体在液体中受到的浮力，等于物体所排开的液体的重力(过去以重量表示重力的大小)。实际上，物体在液体中受到浮力后减少的质量，等于物体在液体中所排开的液体的质量。所以，用天平称出物体在空气中的质量和在液体中的质量，二者之差即为与物体等体积的液体的质量。

用已知密度的液体如无水乙醇(酒精)、蒸馏水等进行测定，以宝石减少的质量，除以所用液体的密度，即可得到所排开的液体的体积。该体积等于宝石的体积。由于测定时的温度高低对液体的密度影响较明显，所以，计算时，应以当时室温下液体的密度为准。宝石的密度可按下式计算：

$$\rho_{宝}=\frac{m}{m-m_1}\times\rho_{液}$$

$\rho_{宝}$——宝石密度，单位 g/cm^3；m——空气中称取的宝石质量，单位 g；m_1——液体中称取的宝石质量，单位 g；$\rho_{液}$——测定时所用液体在室温下的密度，单位 g/cm^3。

现将常用的几种液体及它们在不同温度下的密度列表于后(见表 7 - 3)。蒸馏水的浸润性远不如四氯化碳的浸润性好，一些裂隙较多的宝石，用蒸馏水测定会有明显误差。

表 7 - 3 常用液体在不同温度下的密度

无水乙醇		蒸馏水		四氯化碳	
温度(℃)	密度(g/cm^3)	温度(℃)	密度(g/cm^3)	温度(℃)	密度(g/cm^3)
7	0.837	4	1.000 0	7	1.630
16	0.830	10	0.999 7	13	1.610
18	0.829	15	0.999 1	18	1.599
19	0.827	20	0.998 2	22	1.589
21	0.821	25	0.997 1	28	1.579
26	0.817	30	0.995 7	32	1.569
32	0.810			37	1.549

图 7-12 电子天平

2. 仪器设备

电子天平一台，千分之一(小数点后读到第三位)或万分之一(小数点后读到第四位)均可(见图 7-12)。

小烧杯一个，用于盛液体。

烧杯支架一个，横跨天平称盘之上，勿压称盘。

吊篮及支架各一个，吊篮用细铜丝编制，浸没于液体中，放置样品，以称取样品在液体中的质量；吊篮上端挂在支架上，支架放在天平秤盘上。吊篮及支架的质量不宜过大。

长镊子一把，以便于向吊篮内放置样品。

3. 测定步骤

(1) 将烧杯及吊篮等全部安放就位。

(2) 打开电子天平的电源开关，室温低时须预热，待其稳定后按调零键，使天平归零。这时等于天平上没放置任何物品。

(3) 清洗干净样品，晾干或擦干，用镊子夹住样品放在天平秤盘上。

(4) 称取样品在空气中的质量，并记下读数。

(5) 用镊子夹起样品，此时天平应自动恢复到零位。然后将样品放到液体中的吊篮上。

(6) 称取样品在液体中的质量，并记下读数。

将两次称取的质量数值及所用液体在室温条件下的密度值代入公式，便可得出样品的密度值。其数值保留到小数点后两位。

宝石的密度值见表 7-4。

表 7-4 宝石的密度

宝石名称	密度(g/cm^3)	宝石名称	密度(g/cm^3)
人造钆镓榴石	7.05	合成碳硅石	3.20～3.24
合成立方氧化锆	5.80	磷灰石	3.18
人造钛酸锶	5.13	红柱石	3.17
锆石(高型)	4.65	碧玺	3.06

续 表

宝石名称	密度(g/cm³)	宝石名称	密度(g/cm³)
人造钇铝榴石	4.5～4.6	软玉	2.95
菱锌矿	4.30	青金石	2.75
红宝石、蓝宝石	4.00	绿松石	2.6～2.85
孔雀石	3.95	祖母绿、海蓝宝石	2.72
金绿宝石、变石、猫眼	3.73	独山玉	2.70～3.18
蓝晶石	3.56～3.68	水晶	2.66
石榴石	3.61～4.15	长石	2.55～2.76
尖晶石	3.60	石英岩	2.64～2.71
托帕石	3.53	澳玉、玛瑙	2.60
钻石	3.52	方柱石	2.50～2.78
绿帘石	3.37～3.50	岫玉(蛇纹石玉)	2.44～2.80
黝帘石(坦桑石)	3.25～3.37	黑曜岩	2.40
翡翠	3.34	欧泊	2.15
透辉石	3.27～3.38	方钠石	2.13～2.29
橄榄石	3.27～3.34	合成欧泊	1.97～2.20
矽线石	3.25	琥珀	1.08

4. 注意事项

(1) 天平的灵敏度较高,测定时,应将玻璃罩的门关严,防止空气流动造成读数不稳定。

(2) 测定过程中,不得使吊篮及吊篮支架与烧杯壁相接触。

(3) 样品清洗干净后,不可用手触摸。样品浸入液体后,如果表面有可见气泡,可用镊子轻轻地将气泡拨掉。

(4) 样品太细小时,测定误差较大。样品多孔或多裂隙,也会产生较大误差。

7.6.2 重液悬浮法

将宝石放入已知密度的液体中,如果宝石漂浮于液面,则宝石的密度小于液体的密度;如果宝石下沉到液体底部,则宝石密度大于液体密度;如果宝石悬浮于液体中,则宝石密度与液体密度大致相等。

常见的重液有：三溴甲烷，密度为 2.89 g/cm^3；二碘甲烷，密度为3.32 g/cm^3；克列里奇液，密度为 4.15 g/cm^3。并且可将它们稀释至所需密度，如密度为 3.05 g/cm^3的稀释二碘甲烷和密度为 2.65 g/cm^3 的稀释三溴甲烷。

重液一般都有毒，有的毒性大些，有的毒性小些，使用时应注意安全与通风，且不宜工作时间太长。重液可对有孔隙的宝石造成污染，应慎用或不用。

本方法测得的宝石密度，不如液体介质称量法测出的精确，但用来区分两种或少数几种外观特征相似而密度值有明显差别的宝石，是一种快速简便的方法。如绿色绿柱石的密度为 2.72 g/cm^3，绿色碧玺的密度为 3.06 g/cm^3，用三溴甲烷（密度为 2.89 g/cm^3）区别它们，绿柱石漂浮，碧玺则下沉。

7.7 分光镜

7.7.1 原理

分光镜的作用就是把进入分光镜的白光，按波长依次分解为红、橙、黄、绿、蓝、靛、紫这样一个连续光谱。如果白光中缺失了某一波段的色光，光谱中该波段的位置上就会出现一条黑线或黑带。

宝石的颜色，是宝石对入射白光中某一波段或某些波段的色光，选择性吸收的结果。因此，由带色宝石透出的光进入分光镜后，在分解成的光谱中就会出现黑线或黑带。黑线或黑带的产生，是该波段的色光被宝石吸收造成的。这种不连续光谱，称为吸收光谱。

宝石对色光的选择性吸收，情况比较复杂，一方面与宝石中所含的致色元素有关，另一方面还与宝石的晶体结构及其他化学成分有关，即使含有相同的致色元素，所形成的颜色也会不相同。如红宝石和祖母绿，都含有致色元素铬，一个呈红色，一个呈绿色，两者的吸收光谱也不相同。带色宝石都有自己的特征吸收光谱，所以，利用分光镜观察宝石的吸收光谱，可以鉴定宝石。

7.7.2 分光镜的类型及构造

根据分光镜内部分光部件的不同，可分为棱镜型和衍射光栅型两类；按照分光镜的整体构造，有台式和手持式之分。现介绍两种宝石鉴定常用的分光镜。

(1) 棱镜型台式分光镜。由棱镜分光系统、波长标尺和装有光源、支架等附件的工作台组成(见图 7－13),其棱镜分光系统及波长标尺装置的内部构造见图 7－14。

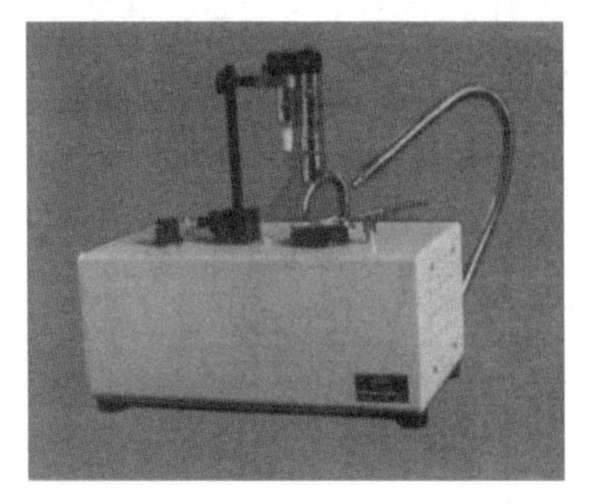

图 7－13　台式分光镜

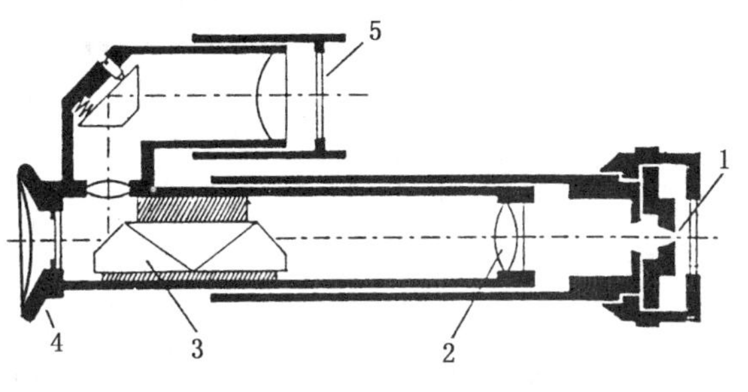

图 7－14　分光系统及波长标尺装置构造示意图

1. 进光狭缝;2. 聚光透镜;3. 分光棱镜;4. 目镜;5. 波长刻度片

棱镜型分光镜分解成的光谱,各种颜色的光分散度不等。如 400～500 nm和500～600 nm 的波长范围,都是 100 nm 宽度,但是在光谱中的实际分布区域并不相等。在红光区域压缩,向紫光区域逐渐扩大,致使红光区域的谱线挤在一起,但它的光谱明亮,并且有波长标尺,能准确读出吸收谱线的位置。

台式分光镜自带光源,可调节入射光强度,更有利于观测。

(2) 衍射光栅型手持式分光镜:外部形状为简单的圆管状,长度约 8 cm,直径约 1～1.5 cm(见图 7－15),便于携带。其构造见图 7－16。

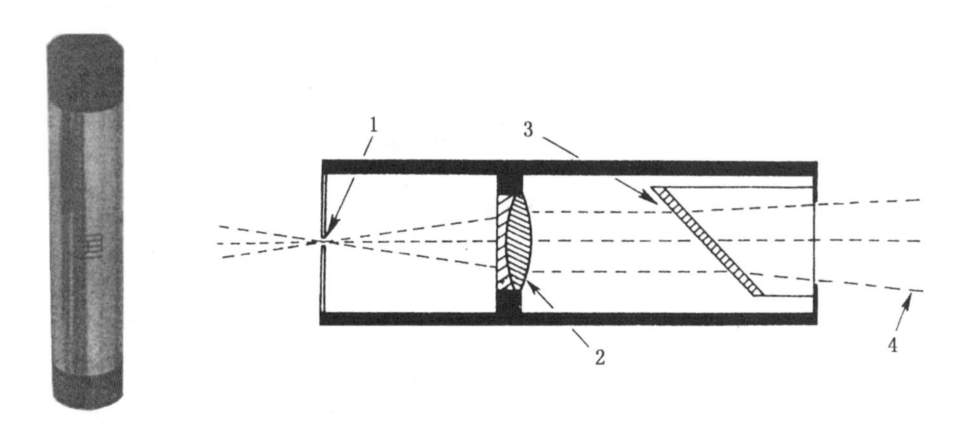

图 7－15　手持式分光镜

图 7－16　光栅型分光镜构造示意图

1. 进光狭缝;2. 准直透镜;3. 衍射光栅;4. 光谱

衍射光栅型手持式分光镜，没有波长标尺，但它分解成的光谱，各波长范围的色光分布均匀，没有压缩和扩大现象。由于衍射光栅自身的原因，分解成的光谱亮度不够，为了看清楚宝石的吸收光谱，需要更强的入射光，而它又没有自带光源，所以观测效果不如棱镜型台式分光镜的观测效果好。

7.7.3 分光镜的使用

分光镜的使用，对样品没有严格要求，无论是原石，还是已镶嵌好的宝石首饰，也无论折射率高低和透明度好坏，都可以用分光镜进行鉴定。

现以台式分光镜为例，介绍分光镜的使用方法。

1. 透射法

本方法适用于透明度较好的宝石。具体操作如下：

(1) 打开光源开关，用白光入射。

(2) 将宝石置于锁光圈上方，根据宝石大小，调节锁光圈，只让从宝石中透出的光线进入分光镜狭缝，宝石周围不能有光线上来。

(3) 调节光源强度。深色宝石，入射光要强些；浅色宝石，入射光可弱些。

(4) 使支架上的分光镜垂直对准宝石，并使其下端狭缝距宝石约 1 cm 左右；调节滑管使目镜中的光谱和波长标尺清晰。

(5) 调节狭缝的大小，控制进光量。先将狭缝完全闭合，然后缓慢打开，通常在狭缝近于闭合的状态下，可观测到清晰的吸收光谱。

(6) 对于透明度略差的宝石，狭缝从闭合状态下逐渐开大，会收到好的观测效果。

(7) 观测宝石的吸收光谱，应注意那些吸收线（黑线）和吸收带（黑带）所处的波长位置或波段范围以及它们的明显程度（可分为强、中、弱三级）。

主要宝石的吸收光谱特征见表 7－5，供鉴定时参考。

表 7－5 不同颜色宝石的吸收光谱

宝石名称	吸收线和吸收带所在波长位置(nm)
红宝石	694、692、668、659 吸收线，620～540 吸收带，476、475 强吸收线，468 弱吸收线，紫光区吸收
蓝宝石	蓝色、绿色、黄色：450 吸收带或 450、460、470 吸收线。紫色、变色蓝宝石具有红宝石和蓝色蓝宝石的吸收谱线
尖晶石	红色：685、684 强吸收线，656 弱吸收带，595～490 强吸收带。蓝色、紫色：460 强吸收带，430～435、480、550、565～575、590、625 吸收带

续 表

宝石名称	吸收线和吸收带所在波长位置(nm)
祖母绿	683、680强吸收线,662、646弱吸收线,630～580部分吸收带,紫光区全吸收
金绿宝石和猫眼	445强吸收带
变　石	680、678强吸收线,665、655、645弱吸收线,580和630之间部分吸收带,476、473、468三条弱吸收线,紫光区吸收
翡　翠	437吸收线,铬致色的绿色翡翠具有630、660、690吸收线
橄榄石	453、477、497强吸收带
碧　玺	红色、粉红色:绿光区宽吸收带,有时可见525窄吸收带,451、458吸收线。蓝色、绿色:红光区普遍吸收,498强吸收带
镁铝榴石	564宽吸收带,505吸收线,含铁者可有440、445吸收线,优质者在红光区可有铬吸收
铁铝榴石	504、520、573强吸收带,423、460、610、680～690弱吸收线
堇青石	426、645弱吸收带
锆　石	可见2～40多条吸收线,特征吸收为653.5吸收线

注:本表据国家标准《珠宝玉石鉴定》(2003)相关内容整理。

2. 反射和内反射法

本方法适用于半透明和不透明的宝石。对于不透明的宝石,光线是从表面反射;对于半透明的宝石,光线一是从表面反射,二是进入宝石内部再从内部反射出来(内反射)。总之,要使这些反射和内反射光进入分光镜的狭缝中,以观测其吸收光谱。

(1) 将宝石置于完全锁闭的锁光圈上方或不反光的黑色小板上。

(2) 打开光导纤维灯(冷光灯),并从上方约1 cm的距离成45°左右斜照宝石。

(3) 转动支架上的分光镜,以约45°角对准宝石的另一侧,使反射和内反射光进入分光镜狭缝。

以下步骤同透射法。

7.7.4 注意事项

(1) 不能用手捏着宝石观测,需借助镊子或抓子,因为人体血液会产生吸收线。

(2) 光源有热辐射，长时间照射会使宝石受热，从而导致吸收线模糊，甚至消失。

(3) 多色性强的宝石，因方向不同，吸收光谱可有差别，因此应从不同方向观测。

(4) 衍射光栅型手持式分光镜的进光狭缝是固定的，无须调节，观测时，应尽量靠近样品。

(5) 棱镜型台式分光镜形成的光谱，两端的焦距略有不同，观测红光区或蓝光区时，应注意随时调节焦距，使光谱清晰。

(6) 同种宝石因产地或成因不同，晶体中的微量元素可能有些差别，反映在吸收光谱中，其吸收线位置及吸收强度可有所不同。

(7) 某些眼镜可产生吸收线，观察时应摘掉眼镜；或在放置样品前，先检查眼镜片是否有吸收线。

7.8 查尔斯滤色镜

7.8.1 原理与构造

查尔斯滤色镜原是专为鉴别祖母绿而设计制造的一种滤色镜，所以又称祖母绿滤色镜。现在查尔斯滤色镜的应用范围有所扩大，可用来鉴别多种宝石。

查尔斯滤色镜只让红色光和黄绿色光透过，吸收绿色光和其他色光。而祖母绿(或合成祖母绿)有透过红色光和绿色光的特性，当用查尔斯滤色镜观察祖母绿时，绿色光被滤色镜吸收，只有红色光通过，所以看上去祖母绿呈现红色或粉红色。但是也有例外，有的祖母绿在查尔斯滤色镜下仍显示绿色，这个问题有待进一步研究。

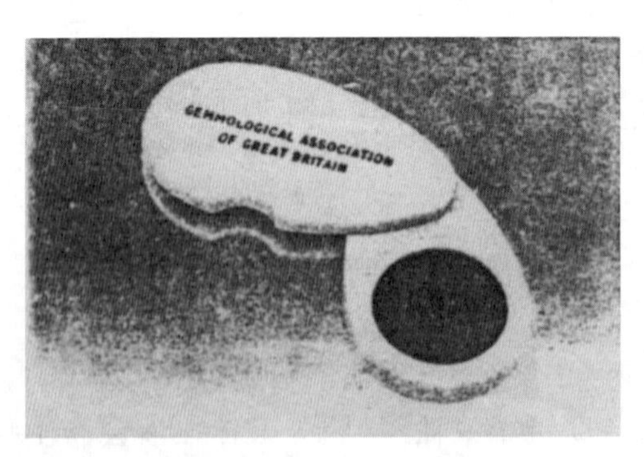

图 7-17 查尔斯滤色镜

查尔斯滤色镜构造简单，滤色片夹在两片保护玻璃中间，装在可以转进转出的椭圆形塑料外壳中(见图 7-17)。

7.8.2 应用及注意事项

1. 应用

查尔斯滤色镜除用于鉴别祖母绿外，还可用来鉴别一些其他有色宝石。它们在查尔斯滤色镜下显示的颜色见表 7－6。

表 7－6 部分宝石在查尔斯滤色镜下显示的颜色

宝石品种	显示颜色	宝石品种	显示颜色
祖母绿	红至粉红色①、绿色②	红宝石	红色、明亮红色
合成祖母绿	明亮红色	绿色钙铁榴石	粉红色
绿色玻璃	绿色	绿色人造钇铝榴石	明亮红色
绿色翡翠	绿色	蓝紫色蓝宝石	红色
染绿色翡翠	红色	蓝色尖晶石	浅红色
染绿色石英岩	红色	红色尖晶石	红色
绿玉髓	绿色	合成蓝色尖晶石	明亮红色、粉红色
部分绿色碧玺	红色	钴蓝玻璃	明亮红色
青金石	暗红色	绿色萤石	浅红色
海蓝宝石	黄绿色	绿色锆石	红色

① 南美和前苏联产；
② 印度、巴基斯坦和非洲产。

2. 注意事项

(1) 观察时，必须用强光照射宝石，光线强度如果不足，会影响观察效果。

(2) 将查尔斯滤色镜贴近眼睛，于样品近处观察。

(3) 同一种宝石，由于产地不同或成因不同，所含的杂质元素往往不尽相同，它们在查尔斯滤色镜下所显示的颜色也会不同。因此，该方法只是一种辅助方法，其结果仅供参考。

7.9 紫外线荧光灯

7.9.1 概述

在“宝石的光学性质”一节中，讲了宝石的发光性。用紫外线照射宝石，观察它是否能够发出荧光，以及荧光的颜色和荧光的强弱，是鉴定宝石的一种辅助手段。

紫外线(也叫紫外光)是一种波长比可见光中的紫色光波长还短的光线，由于在电磁波谱中位于紫色光的外侧，故名紫外线，其波长范围大约在 390～10 nm 之间。波长在 390～300 nm 的称为长波紫外线；波长在 300～200 nm 的称为短波紫外线；波长在 200 nm 以下的紫外线一般不用。

宝石鉴定中使用的是 365 nm 的长波紫外线(LWUV)和 253.7 nm 的短波紫外线(SWUV)。一般情况下，宝石在长波紫外线下，比在短波紫外线下的荧光效应明显。但短波紫外线的能量比长波大，一些宝石在长波紫外线照射下无荧光，在短波紫外线下可出现荧光。

图 7-18 紫外线荧光灯

为了获得用来激发宝石发光的紫外线，生产了一种专用紫外线荧光灯(见图 7-18)，它可以产生长波和短波紫外线。紫外线荧光灯的外壳一般用黑色材料制成。在放置样品的暗室上方，装有隐蔽的长波紫外线灯管和短波紫外线灯管，可通过不同的开关(或转换开关)开启灯管。分别由长波和短波紫外线灯管产生的紫外线，可得到主波长为365 nm和主波长为253.7 nm的两种紫外线。

7.9.2 应用及操作

将样品擦洗干净，放在紫外线灯管之下的暗室里，关好透明的暗室挡板，打开灯管开关，在黑暗环境中观察宝石的发光性，并记下荧光的颜色和荧光强弱，强弱分为强、中、弱、无四级，若有磷光应一并记录。主要宝石的荧光颜色见表 7-7。

表 7-7　主要宝石的荧光颜色

宝　石	长波紫外线照射	短波紫外线照射	备　注
钻石	蓝、黄、橙黄、粉、无	蓝、黄、橙黄、粉、无	无至强；短波较长波弱；可有磷光
合成钻石	无	淡黄、橙黄、绿黄、无	短波无至中；不均匀；局部可有磷光
红宝石	红、橙红	红、粉红、橙红、少数红(强)、无	长波弱至强；短波无至中
合成红宝石	红、橙红	红、粉红、粉白	长波强；短波中至强
蓝宝石(蓝色)	橙红、无	橙红、无	长波无至强；短波无至弱
合成蓝宝石(蓝色)	无	蓝、白、黄绿	短波弱至中
金绿宝石(黄色)	无	无至黄绿	
合成金绿宝石(黄色)	无	无至黄绿	
变石	紫红、无	紫红、无	无至中
合成变石	红	红	中至强
祖母绿	橙红、红、无	橙红、红、无	一般无；长波弱；短波更弱
合成祖母绿	红	红	弱至强
碧玺(红色)	红、紫	红、紫	弱
尖晶石(红色)	红、橙红	红、橙红、无	长波弱至强；短波无至弱
托帕石	橙黄、黄、绿、无	橙黄、黄、绿、无	长波无至中；短波无至弱

7.9.3　注意事项

紫外线对人体有伤害，操作过程中应避免手和眼睛受到紫外线照射，放置或取出样品时用长一点的镊子或关闭紫外线灯。一些不具荧光的无色或浅色宝石，看上去呈淡紫色，这是对微弱的紫色可见光的反射，应注意与荧光的区别。为了准确判断是否有荧光，可在旁边放置一粒经过验证确实不产生荧光的物质，以便于比较。同一种宝石可有不同的荧光颜色，具有相同荧光颜色的，可以是不同的宝石，所以不能仅凭荧光来鉴定宝石，只能作为参考。

7.10 热导仪

7.10.1 相对热导率概述

宝石学上以相对热导率来表示宝石的导热性能，一般将尖晶石的热导率作为1，测得其他宝石的相对热导率值(见表7-8)。钻石的相对热导率是最高的，除了合成碳硅石略低于钻石外，其他宝石的相对热导率远远低于钻石。因此可利用钻石的这一特性来鉴别钻石。

表7-8 金银及常见宝石的相对热导率值

名　称	相对热导率	名　称	相对热导率
钻石	56.96～170.89	电气石(碧玺)	0.45
合成碳硅石	19.58～60.52	橄榄石	0.41
银	44	锆石	0.39
金	31	绿柱石	0.34～0.47
刚玉(红、蓝宝石)	2.96	石榴石	0.26～0.48
尖晶石	1	翡翠	0.4～0.56
红柱石	0.64	坦桑石	0.18
石英(水晶)	0.5～0.94	玻璃	0.08

7.10.2 测定原理及使用

热导仪就是根据钻石具有高的导热性能这一特点而设计制造的专门用来区分真假钻石的仪器。用它鉴别钻石，快速准确(但要注意与合成碳硅石在其他方面的区别)。

热导仪有多种型号,常见的热导仪可分为指针式和鸣叫式两种。它们的测定原理相同,都是通过电流将加热器烧热,由加热器不停地向热电偶探针供热,当用热电偶探针的头部触及宝石时,热量便传到宝石上,再由宝石散开。如果宝石的导热性能好,探针上的热量传出去的速度就快;反之,传出去的速度就慢。探针上的热量传出的速度快慢,由热导仪的指针偏转或是否鸣叫显示出来。根据指针偏转角度或是否鸣叫,便可知道所测宝石是否为钻石。

现以鸣叫式热导仪(见图 7-19)为例作一简单介绍。仪器呈长方形,长约 15 cm,宽约 5 cm,厚约 2 cm。按照仪器上附带的调节数据,在测定前,可根据宝石大小、当时室温,对仪器进行调节,调节基数见表 7-9。

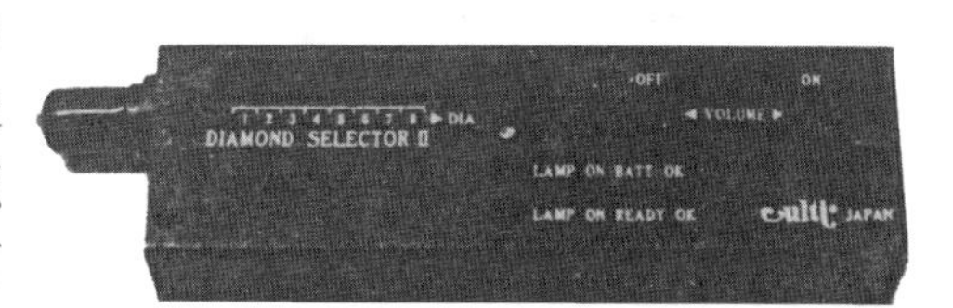

图 7-19　热导仪

表 7-9　宝石克拉数和室温与需要调亮的二极管个数

二极管 \ t ct	<10℃	10～30℃	>30℃
<0.05	5	6	7
0.06～0.5	3	4	5
>0.6	1	2	3

另外配有一块长条形厚铝板,板上有大小不等的 6 个凹坑,用来放置未镶嵌的欲测宝石。

在仪器上有一排 12 个长方形的发光二极管,测定时,可先调亮几个发光二极管,具体调亮几个,根据测定地点的温度和宝石的克拉质量从上表查得。例如宝石为 0.3 ct,测定地点的温度为 25℃,应先调亮四个发光二极管。调亮发光二极管可通过仪器上的专用旋钮进行。

具体测定步骤如下:

(1) 将宝石擦洗干净,台面向上放入合适的铝板凹坑中。镶嵌好的戒指,可用手捏住戒托。

(2) 打开电源开关,开关指示灯(绿色)亮起,仪器开始预热;预热结束,再亮起一个红色指示灯,表示可以开始测定了。

(3) 根据宝石大小和室温,调亮相应的发光二极管个数。

(4) 取下探针上的保护帽，使探针垂直所测平面，轻轻触及宝石(不可用力过猛)，并轻微施加压力。

(5) 如果所测宝石为钻石，则仪器发出“嘀、嘀”的叫声，并且剩余的发光二极管也会亮起来，总数超过 9 个；如果所测宝石不是钻石，仪器不会发出响声，亮起的发光二极管总数也少于 9 个。

7.10.3 注意事项

(1) 测定已镶嵌的宝石，注意不要使探针与金属托接触。

(2) 探针保护帽，测定时取下，测完后应立即戴上，以免将探针碰坏。

(3) 测定时，应避风，风吹会使探针散热加快，风力大时，探针不触及钻石，也会鸣叫。

(4) 电池电量不足会影响测定结果，仪器如长时间不用，应将电池取出。

7.11 反射仪

7.11.1 概述

利用宝石折射仪可以测定折射率小于 1.81 的宝石(受浸油的限制常小于 1.78)，对于那些折射率高于 1.81 的宝石则无法测定。

我们知道，当光线入射到宝石抛光面上时，一部分被反射，一部分透入宝石并发生折射，还有一部分被吸收。宝石的反射能力，即反射强度，在光学上以反射率 R 来表示，其数值为反射光强度与入射光强度的百分比。根据光学原理可知，反射率的高低，取决于折射率和吸收系数，并受浸没介质的折射率影响。由于透明宝石的吸收系数很小，接近零，可忽略不计；被测样品的浸没介质为空气，可将空气的折射率近似地看作 1，于是，反射率与折射率之间的准线性关系可用弗伦涅尔公式表述如下：

$$R=\frac{(N-1)^2}{(N+1)^2}$$

R——宝石的反射率；N——宝石的折射率；1——浸没介质空气的折射率。

人们经过长期深入的矿物(岩石)学研究,积累了丰富的资料,已经掌握了各种宝石的折射率和反射率数据。折射率高的宝石,其反射率也高(见表 7-10),应该说,折射率和反射率都是鉴别矿物和宝石的依据,正因为如此,才可以在无法测定折射率的情况下,根据反射率高低来鉴别宝石。利用光电倍增管显微光度计,测得的反射率更精确,但测定过程繁杂,成本太高。反射仪是专门为鉴别高折射率宝石($N>1.81$)而设计制造的简易仪器,利用反射仪鉴别宝石,简便、快捷、有效。但有可能把人造钛酸锶与钻石混淆起来,因两者在反射仪上的读数非常接近,此时利用热导仪则很容易将它们区分开。

表 7-10 宝石的折射率和反射率

宝石名称	折射率	反射率(%)	宝石名称	折射率	反射率(%)
金红石	2.62～2.90	19.97～23.77	锆石	1.93～2.02	10.02～11.41
合成碳硅石	2.65～2.69	20.41～20.99	石榴石	1.714～2.01	6.92～11.26
钻石	2.417	17.20	人造钆镓榴石	1.97	10.67
人造钛酸锶	2.41	17.10	人造钇铝榴石	1.83	8.64
合成立方氧化锆	2.15	13.33	蓝宝石	1.76～1.77	7.58～7.73

7.11.2 构造及工作原理

反射仪的体积一般都不大,长约 15 cm,宽约 10 cm,厚约 5 cm(有的体积还要小)。其型号很多,可分为指针式和数字式两种类型,无论哪种类型或型号,构造基本相同。主要有电源开关、测光小孔、指针刻度盘或数字显示窗口;测光小孔内有一个发光二极管和一个光电管接收器(见图 7-20)。测定时,将宝石的台面朝下,盖住测光小孔,并用黑色不透光塑料罩将宝石罩住,防止外界光线透过宝石进入测光小孔而影响测定结果。接通电源后,二极管发出的光,以 7°～10°的入射角射到宝石台面上,被台面以同样的角度(反射角等于入射角),反射到光电管接收器中。光电管接收到反射光后,便产生光电流,所产生的电流大小,与宝石台面反射的光强成正比。电流使反射仪指针偏转,或以数字形式显示出来。由于不同宝石其反射率不同,产生的光电流大小也不一样,指针偏转的角度,或显示的数字大小也就不同,从而达到鉴别宝石的目的。

宝石的实际反射率高,反射仪测出的数字就大(或指针偏转的角度大);实际反射率低,测出的数字就小(或指针偏转的角度小)。但反射仪测出的数字,与实际反射率值是不吻合的,测出的数字不表示反射光强度与入射光强度的百分比,即不是真正意义上的反射率值。例如新加坡产的一种数字式反射仪,当所显示的数字在100～116时,该宝石为合成碳硅石;在89～96时,该宝石为钻石;在65～75时,该宝石为合成立方氧化锆,等等。实际上,合成碳硅石的反射率约为20%,钻石的反射率约为17%,合成立方氧化锆的反射率约为13%(见表7-10)。世界上没有哪种物质的反射率会大于100%。

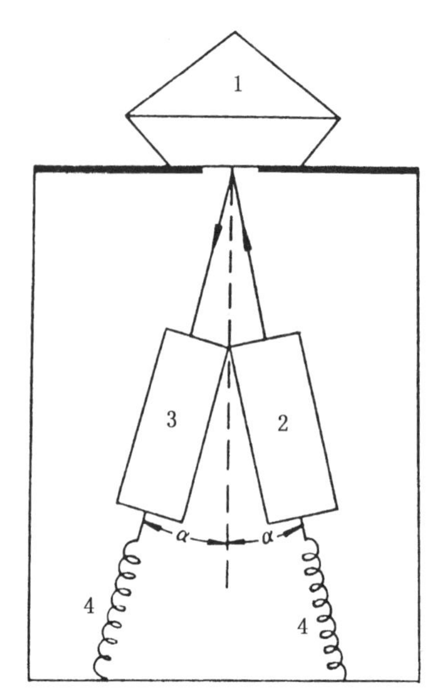

图7-20 测光小孔内构造示意图

1. 宝石,台面朝下;2. 发光二极管;
3. 光电管接收器;4. 电线;
α为入射角和反射角,角度7°～10°

7.11.3 注意事项

(1) 同一种宝石,因产地不同,反射率有一定变化范围,况且非均质体宝石又有最大和最小反射率,所以反射仪测出的数字,也在一定范围内变动。

(2) 由反射率测定理论可知,即使是现代最精密的光电倍增管显微光度计来测定物质的反射率,其测定精度也比测定折射率的精度低得多。所以,对那些可以用折射仪来测定折射率的宝石,不要用反射仪测定,最好还是用折射仪直接测其折射率。

(3) 宝石的台面抛光不好,不平整,不洁净,都会使反射仪测出的结果偏低。

宝石各论

8 钻石

8.1 概述

钻石(Diamond)以其高硬度，强色散，切磨加工后具有璀璨的光彩，且不易磨损，永远光彩夺目，深受人们的喜爱，被誉为“宝石之王”。又因为它在地壳中的含量极少，价格十分昂贵。在宝石王国里，钻石占有非常重要的地位，世界上钻石首饰销售额约占全部宝石饰品销售额的70%。作为4月生辰石，象征天真和纯洁无瑕。

钻石的矿物名称是金刚石(Diamond)，关于钻石与金刚石的关系，在我国有如下不同的认识：

(1) 钻石也叫金刚石，金刚石也叫钻石，两个名称指的是同一种东西。

(2) 钻石是经过切磨加工的金刚石，未经切磨加工的金刚石不叫钻石。

(3) 钻石是品质符合宝石条件的金刚石，即饰用金刚石。凡是达到宝石级的金刚石，无论是否经过切磨加工，都可以称其为钻石。

应该说，上面第三种认识符合实际情况。如我国的常林钻石，虽然没有切磨加工，我们还是称它为常林钻石，而不称常林金刚石。对那些品质达不到宝石级的工业用金刚石，只称为金刚石，并不称为钻石。

据记载，古印度在公元前三千年就发现了金刚石，是世界上最早发现金刚石的国家。18世纪以前，印度是世界上唯一的钻石产出国，先后产出了许多世界名钻，如大莫卧尔(Great Mogul，787.50克拉)、尼扎姆(Nizam，440.00克拉)、彼特(Pitt，410.00克拉)等。当印度的金刚石资源日趋减少时,1827年巴西发现了金刚石,在此之后的50年时间里,巴西是世界上钻石主要产出国,也曾产出过世界名钻。现在巴西虽然也产钻石,但产量很低。

非洲的第一颗钻石是1866年发现的,并于1871年发现了含金刚石的金伯利岩型原生矿。直到现在非洲仍是世界上钻石的主要产地,尤其是南非。世界上最大的钻石库利南(Cullinan,3 106克拉)就是1905年在南非发现的。现已发现的400克拉以上的世界名钻共48粒,其中34粒产自南非。

20世纪70年代澳大利亚找到了重要的金刚石矿床,现在是世界上最大的金刚石产出国。有意义的是1979年在澳大利亚首次发现了含金刚石的钾镁煌斑岩型原生矿,这是世界上原生金刚石矿床找矿工作中的一个重大突破。

我国最早的关于金刚石的记载,是在晋朝咸宁三年(277),那时的金刚石产自古代印度。

我国自产的金刚石,是明朝弘治年间(1488—1505)在湖南西部发现的,乡民在淘砂找金时,淘出过金刚石。

1937年,山东省郯城农民罗振邦发现一粒281.75克拉的“金鸡钻石”,该钻石发现后不久,即被日本人掠走。

1965年,我国在山东蒙阴首次找到了金伯利岩型原生金刚石矿床。

1971年,江苏省宿迁一位农民在山沟里发现一粒52.71克拉的钻石。

1977年,在山东省临沭县常林村,女社员魏振芳发现一粒158.786克拉的钻石,她把钻石无偿献给国家,这粒钻石被命名为“常林钻石”。常林钻石是我国现存最大的一粒钻石。

1981年和1982年,在距常林钻石发现地西约4 km处先后发现“陈埠一号”钻石(124.27克拉)和一粒金刚石(96.94克拉)。

1983年,在山东省蒙阴原生矿床中发现一粒119.01克拉的钻石,取名“蒙山一号”。

就我国的钻石矿床来看,20世纪70年代初期发现的辽宁瓦房店原生钻石矿,以储量大、品质好而居国内首位。并且在该矿区曾发现过数粒十分罕见的三角三四面体、四角三四面体、六四面体等形态的钻石,它们个个光彩夺目,晶形完美,最大的一粒0.84克拉。

据《宝石和宝石学杂志》2010年第3期摘自《中国有色建设》资料,2009年在辽宁瓦房店地区又发现一个大型金刚石矿,预计钻石蕴藏量达21万克拉,以目前的开采规模,可供开采20年。该金刚石矿是我国近30年内找到的唯一大型金刚石矿,并且是优质矿,达到钻石品级的约占70%。我国的金刚石矿,主要分布在辽宁瓦房店地区和山东蒙阴地区,其中瓦房店地区的金刚石储量约占全国的54%。

8.2 基本特征

8.2.1 化学成分及类型

金刚石属于自然元素矿物，化学成分为C。通常总是含有微量杂质元素，主要有N、B，以及Al、Si、Ca、Mg、Mn、Ni、Ba、Cu、Cr、Ti、Fe等。其中N和B对金刚石的性质有明显影响，根据这两种杂质元素的含量及存在形式，可将金刚石分为两个大类(Ⅰ型、Ⅱ型)四个亚类($Ⅰ_a$、$Ⅰ_b$、$Ⅱ_a$、$Ⅱ_b$)。

1. Ⅰ型

包括$Ⅰ_a$型和$Ⅰ_b$型。

(1) $Ⅰ_a$型。含N量在0.1%～0.3%之间，氮以双原子或多原子的聚合态形式存在于金刚石晶体中。在电子显微镜下可观察到由氮原子聚合成的微小片状体。这些片状体的存在会降低金刚石的热导性能。自然界产出的金刚石，大约98%属于$Ⅰ_a$型，这类金刚石的颜色可从无色到黄色。

(2) $Ⅰ_b$型。含N量在0.1%以下，氮以单原子的形式占据晶体结构中碳的位置。这类金刚石在自然界非常少见，约占天然金刚石的0.1%，但大部分人工合成的金刚石属于$Ⅰ_b$型。$Ⅰ_b$型金刚石多呈黄色、黄绿色或褐色。

2. Ⅱ型

包括$Ⅱ_a$型和$Ⅱ_b$型。

(1) $Ⅱ_a$型。不含N或含N量可忽略不计。这类金刚石常因碳原子的位错而造成缺陷(晶格扭曲)，使金刚石致色。呈彩色者为珍品；呈茶色和浅黄色者，可优化处理成白色(即无色)。$Ⅱ_a$型金刚石比其他类型的金刚石热导性要好，约占天然金刚石的1%～2%。

(2) $Ⅱ_b$型。不含N，含有少量的B，大都呈蓝色，少数呈棕色或灰色。其数量极少，约占天然金刚石的0.1%。是天然金刚石中唯一能导电的半导体材料。

8.2.2 晶体结构

碳有金刚石和石墨两种同质多像变体，它们的化学成分相同，物理性质却存在很大差别。如金刚石的硬度为最大，石墨的硬度则很小，手摸即可污手，这种巨大的差别,完全是由它们不同的晶体结构决定的。

钻石属等轴晶系,在钻石的晶体结构中,碳原子位于立方晶胞的八个角顶和六个面的中心,并且在由立方晶胞划分成的八个小立方格的四个中心相间地分布着四个碳原子(见图8-1),每个碳原子都与周围四个碳原子以共价键相连接。每两个相邻碳原子之间的距离均相等,为0.154 nm。石墨的晶体结构中,碳原子成层排列。每一层中的碳原子按六方环状排列,每个碳原子与相邻的三个碳原子之间的距离均相等,为0.142 nm。而上、下两层中的碳原子之间的距离要大得多,为0.335 nm。且同一层内的碳原子之间主要为共价键,部分表现为金属键;层与层之间则为分子键。钻石与石墨的晶体结构比较见图8-2。

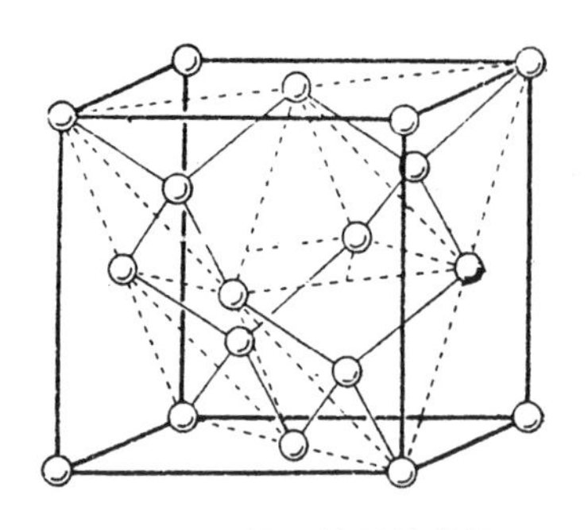

图8-1　钻石的晶体结构

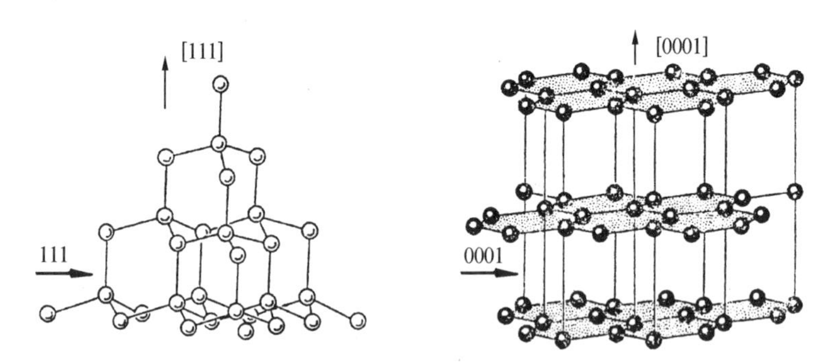

图8-2　钻石(左)和石墨(右)的晶体结构比较;钻石的(111)面网处于水平位置时碳原子的排列

8.2.3　晶体形态

自然界中产出的钻石,很少有完美的理想晶形。常因同一单形的各晶面发育不等,导致晶体生长成偏离本身理想形态的歪晶。另外,在晶体形成之后,因溶蚀作用,可使晶面呈曲面状。再加上聚形以及平行连晶、双晶的存在,使得钻石的形态非常复杂。尽管如此,除不规则形态外,仍可将那些具有部分晶面的晶体,归纳为以下四种基本单形:

(1) 八面体,常见;

(2) 菱形十二面体,次之;

(3) 立方体,较少见;

(4) 四面体(三角三四面体、四角三四面体、六四面体),罕见。

除上述四种基本单形外,它们之间可形成各种不同类型的聚形,其中以前三种单形之间的聚形为多见(见图 8-3)。

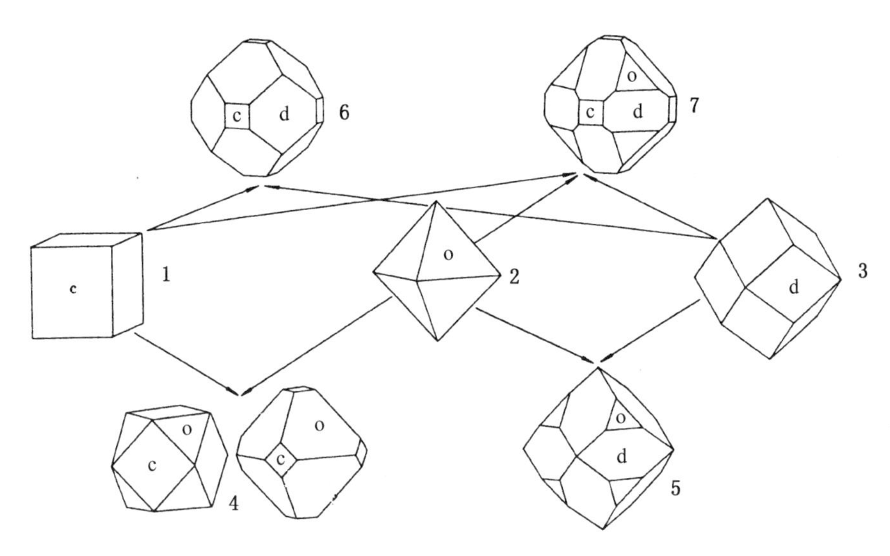

图 8-3　钻石的单形和聚形

1. 立方体;2. 八面体;3. 菱形十二面体;4. “立方体”+“八面体”;5. “菱形十二面体”+“八面体”;6. “菱形十二面体”+“立方体”;7. “菱形十二面体”+“八面体”+“立方体”

在有些晶体的晶面上,可见到具有规则外形而微微高出晶面的小丘,或因溶蚀而形成的具有规则形状的凹坑,前者称为生长丘,后者称为蚀像。如果在一个晶面上反复重叠着若干层生长丘,整个晶面呈台阶状层层高起,特别称其为交替生长晶体。当交替生长晶体重叠的层很薄很多时,在主要晶面上只能见到一系列晶面条纹。不同单形的晶面上,所形成的蚀像、生长丘或晶面条纹也不相同。八面体晶面上的蚀像、生长丘或晶面条纹呈等边三角形图案,三角形蚀像的角指向八面体晶面的边;而三角形生长丘或晶面条纹的三条边与八面体晶面的三条边方向一致。立方体晶面上的蚀像呈四边形,蚀像的角指向立方体晶面的边;晶面条纹罕见,晶面条纹有两个方向,平行于立方体晶面的边。在菱形十二面体的晶面上,只显示一个方向的晶面条纹。

在钻石中常见到平行连晶(见图 8-4),有时也能见到双晶(见图 8-5)。歪晶是一种变形的晶体,有的变得面目全非(见图 8-6),此时可借助蚀像、生长丘或晶面条纹来判别其所属单形。

图 8-4　钻石的平行连晶

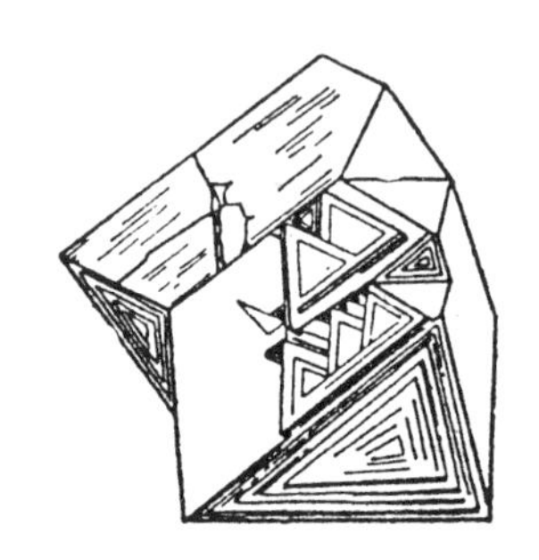

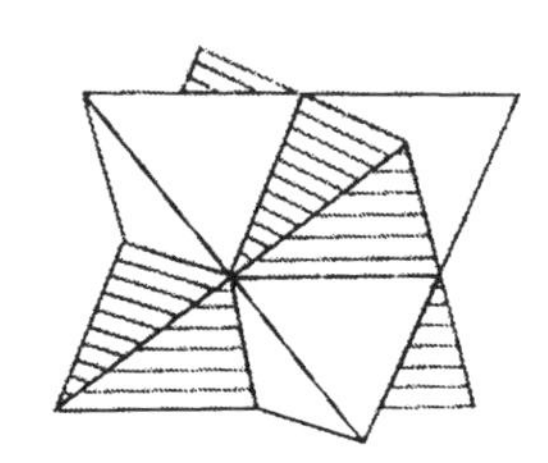

图 8-5　钻石的双晶

左：由八面体构成的尖晶石律双晶；右：由四面体构成的贯穿双晶

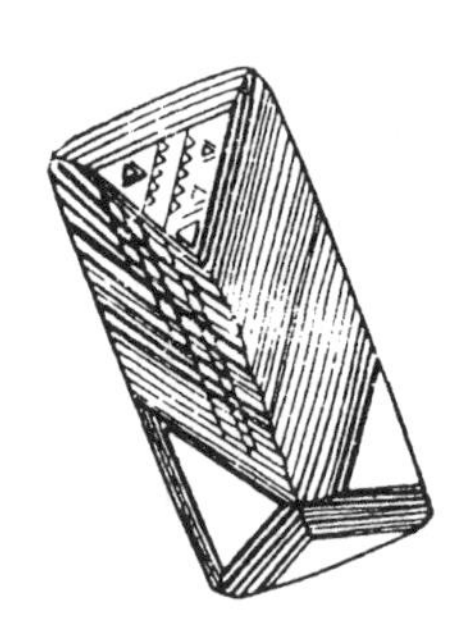

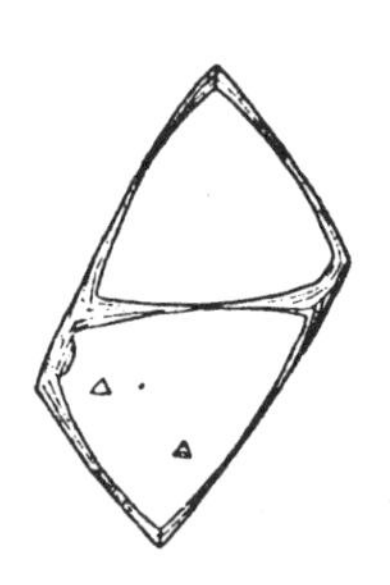

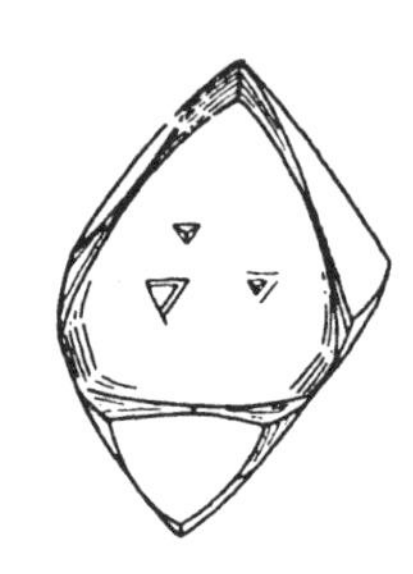

图 8-6　钻石的变形八面体，即歪晶

8.2.4　基本性质

(1) 摩氏硬度：钻石的摩氏硬度为 10，是自然界中硬度最大的。虽然它的硬度比翡翠和软玉高，但韧性不及翡翠和软玉好。

（2）解理：平行{111}解理中等。等轴晶系的{111}即八面体单形，{111}解理的方向就是八面体面的四个方向。加工时沿解理可劈开。

（3）密度：钻石的密度为3.52 g/cm^3。由于含杂质元素或包裹体不同，其密度略有变化。

（4）光性：钻石为均质体。偶见异常消光，本应全消光，却表现出微弱的明暗变化。

（5）折射率与色散：折射率为2.417，色散值为0.044，属高折射率，强色散。由于强色散作用使钻石闪烁出的彩色光，称为火彩。

（6）光泽：钻石的反射率为17.2%，具有典型的金刚光泽。

（7）颜色：纯净的钻石为无色透明，往往因含有杂质元素或晶格扭曲，使钻石带有颜色。钻石的颜色可分为彩色和白色两个系列，彩色系列包括：红、粉红、紫红、金黄、橙黄、蓝、天蓝、绿等色，它们被称为彩色钻石。天然彩色钻石的数量很少，颜色鲜艳的彩钻更是极为罕见，因而身价百倍。白色系列实际上指的是那些无色至浅黄、浅褐、浅灰色的钻石，在白色系列中，无色透明者为最佳。钻石的颜色分级，只适用于白色系列。

（8）发光性：在阴极射线下发蓝色或绿色荧光。在X射线下大多数发天蓝色荧光。在紫外线下大都可发弱至强的蓝色、黄色、橙黄色、粉红色等荧光，但在短波紫外线下荧光较弱，有的在短波紫外线下可发磷光。发光性可用在金刚石选矿中。

（9）吸收光谱：白色系列的钻石具有415、453、478 nm吸收线；天然彩色钻石及辐照改色钻石具有594 nm吸收线。

（10）热导率：钻石的热导性非常好，其热导率是最高的。在所有宝石中，除合成碳硅石的热导率略低于钻石外，其他宝石的热导率都比钻石低得多。利用钻石的这一特性，可以迅速而准确地鉴别钻石。

（11）亲油疏水性：钻石具有明显的亲油脂性，钻石首饰在佩戴过程中，其表面很容易沾附油污。亲油性可用于金刚石选矿，在金刚石颗粒经过的地方涂上动物油，金刚石便被粘住。疏水性表现为水不能呈薄膜状附着在钻石表面，只能以水滴状存在。

（12）稳定性：钻石不仅硬度大，耐磨损，而且化学性质也非常稳定，在酸和碱中不溶解。但热的氧化剂可腐蚀钻石。在绝氧条件下，钻石的熔点约为3 700℃；在空气中，850～1 000℃燃烧变成CO_2，并发出浅蓝色火焰。

8.3 钻石分级

钻石的品质级别与其价值有着密切的关系，因此要对切磨加工后的钻石，从颜色(Colour)、净度(Clarity)、切工(Cut)及质量(单位为克拉 Carat)四个方面进行等级划分。由于颜色、净度、切工及克拉这四个英文术语的第一个字母都是“C”，所以国际上将钻石分级简称为“4C”分级。到目前为止，虽然国际上还没有一个公认的统一分级标准，但是越来越趋于一致，尤其是颜色级别的划分在世界范围内是基本一致的。

我国的第一部《钻石分级》标准，于 1996 年 10 月发布，1997 年 5 月 1 日正式实施。它的实施统一了国内钻石分级的技术标准，也为与国际接轨奠定了基础。

为了促进我国钻石市场的健康发展，推动我国钻石市场与国际接轨，便于实验室间的技术交流，于 2003 年和 2010 年先后两次对《钻石分级》国家标准进行了修订。现行的标准中，分级规则适用于质量≥0. 20 ct 的未镶嵌裸钻，及质量在≥0. 20 ct至≤1. 00 ct 之间的镶嵌钻石。对于质量<0. 20 ct 的未镶嵌裸钻或镶嵌钻石，及质量>1. 00 ct 的镶嵌钻石，可参照执行。

8. 3. 1　颜色分级

颜色分级就是在规定的环境里，采用比色法确定钻石的颜色等级。规定环境是指在无阳光直射、色调为白色或灰色的室内，以色温为 5 500～7 200 K 的日光灯照明，并以无荧光、无明显定向反射的白色板或白色纸为比色背景，与比色石(标准样品)进行对比。对于有荧光的钻石，其荧光等级通常也归在颜色分级之内。荧光强度分为强、中、弱、无四级。

我国参照国际通用的划分方法，结合我国的实际情况，将颜色划分为 12 个级别，用英文字母 D～N 和<N 来表示。国际惯例以英文“钻石”一词 Diamond 的第一个字母“D”，表示钻石颜色的最高级别。同时还采用与这一颜色级别划分体系相对应的“百分制法”，来表示颜色等级(见表 8－1)。在国内钻石市场上，这两种表示颜色等级的方法，可等同使用。为了使钻石颜色分级更加精确，修订后的《钻石分级》国家标准，在颜色分级中删除了汉字描述法。颜色分级适用于无色至浅黄(褐、灰)色抛光的天然钻石，不适用于彩色钻石和经处理的钻石。

表 8 - 1　钻石颜色分级体系对照表

美国宝石学院(GIA)	国际钻石委员会(IDC) 国际珠宝联盟(CIBJO)	中　国		英　国
D	特白+ Exceptional white+	D	100	极亮白 Finest white
E	特白 Exceptional white	E	99	
F	优白+ Rare white+	F	98	亮白 Fine white
G	优白 Rare white	G	97	
H	白 White	H	96	白 White
I	淡白 Slightly tinted white	I	95	商业白 Commercial
J		J	94	
K	浅白 Tinted white	K	93	银白黄 Silver cape
L		L	92	
M	一级黄 Tinted 1	M	91	微黄 Light cape
N		N	90	
O	二级黄 Tinted 2	<N	<90	亮微黄 Cape
P				
Q	三级黄 Tinted 3			
R				
S~Z	黄 Tinted 4			暗黄 Cape

注：GIA 体系中，D~H 为白色类，I~L 为微带黄的白色类，M~R 为黄色类，S~Z 为明显的黄色类。

镶嵌钻石的颜色等级，采用比色法分级，共分为 7 个等级，与未镶嵌钻石颜色级别的对应关系见表 8 - 2。

表 8 - 2　镶嵌钻石颜色等级对照表

镶嵌钻石颜色等级	D - E		F - G		H	I - J		K - L		M - N		<N
对应的未镶嵌钻石颜色等级	D	E	F	G	H	I	J	K	L	M	N	<N

注：镶嵌钻石颜色分级，应考虑金属托对钻石颜色的影响，注意加以修正。

8.3.2 净度分级

净度是指纯净无瑕的程度。自然界产出的钻石，纯净无瑕的极少，大都或多或少地含有细小包裹体，或具有细微裂纹及生长纹等内部瑕疵。在切磨加工过程中还可产生外部瑕疵，如缺口、划痕、抛光纹、毛碴、多余刻面、原始晶面等。瑕疵的存在会影响钻石的完美程度，显然，净度也是评价钻石品质优劣的一个重要因素。

净度分级是指在10倍放大镜下，对钻石的瑕疵种类、大小、多少、所处位置及对钻石的影响程度等所进行的等级划分。我国的钻石净度分级，共分为五个大级，细分为十一个小级(见表8-3)。镶嵌钻石的净度等级划分为LC、VVS、VS、SI、P五个大级。对于质量不足0.47 ct的裸钻，其净度等级也可划分为五个大级。

表8-3　钻石净度分级体系对照表

<table>
<tr><th>美国宝石学院
(GIA)</th><th>国际珠宝联盟
(CIBJO)</th><th>中　国</th><th>英　国</th></tr>
<tr><td>FL 无瑕级</td><td rowspan="2">LC 镜下无瑕</td><td rowspan="2">LC级　镜下无瑕级，分为FL、IF两个小级。(1) 在10倍放大镜下，内外部未见瑕疵，为FL级。下列情况仍属FL级：① 额外刻面位于亭部，冠部不可见；② 原始晶面位于腰围，不影响腰部对称，冠部不可见。(2) 在10倍放大镜下，内部未见瑕疵，为IF级。下列情况仍属IF级：① 内部生长纹无反光现象，无色透明，不影响透明度；② 可见极轻微的外部瑕疵，经轻微抛光后可去除</td><td rowspan="2">FL</td></tr>
<tr><td>IF 内部无瑕级</td></tr>
<tr><td>VVS_1 一级
极微瑕</td><td>VVS_1 一级
极微瑕</td><td rowspan="2">VVS级　极微瑕级，具极其微小的瑕疵。10倍放大镜下，极难观察到为VVS_1级；很难观察到为VVS_2级</td><td rowspan="2">VVS</td></tr>
<tr><td>VVS_2 二级
极微瑕</td><td>VVS_2 二级
极微瑕</td></tr>
<tr><td>VS_1 一级微瑕</td><td>VS_1 一级微瑕</td><td rowspan="2">VS级　微瑕级，具细小的瑕疵。10倍放大镜下，难以观察到为VS_1级；比较容易观察到为VS_2级</td><td rowspan="2">VS</td></tr>
<tr><td>VS_2 二级微瑕</td><td>VS_2 二级微瑕</td></tr>
<tr><td>SI_1 一级小瑕</td><td>SI_1 一级小瑕</td><td rowspan="2">SI级　瑕疵级，具明显的瑕疵。10倍放大镜下，容易观察到为SI_1级；很容易观察到为SI_2级</td><td rowspan="2">SL</td></tr>
<tr><td>SI_2 二级小瑕</td><td>SI_2 二级小瑕</td></tr>
</table>

续　表

<table>
<tr><th>美国宝石学院
(GIA)</th><th>国际珠宝联盟
(CIBJO)</th><th>中　国</th><th>英　国</th></tr>
<tr><td>I_1 一级瑕</td><td>P_{I} 一级瑕</td><td rowspan="3">P级　重瑕疵级，从冠部观察，肉眼可见瑕疵。具明显的瑕疵，肉眼可见为 P_1 级；具很明显的瑕疵，肉眼易见为 P_2 级；具极明显的瑕疵，肉眼极易见，并可能影响钻石的坚固度，为 P_3 级</td><td>1st PK</td></tr>
<tr><td>I_2 二级瑕</td><td>P_{II} 二级瑕</td><td>2nd PK</td></tr>
<tr><td>I_3 三级瑕</td><td>P_{III} 三级瑕</td><td>3nd PK</td></tr>
<tr><td></td><td></td><td></td><td>瑕明显，瑕严重，等外品</td></tr>
</table>

8.3.3　切工分级

切工，又称磨工或作工。切工分级是指按照钻石分级标准，对钻石款式的切磨工艺所进行的等级评定。目前，国际上对钻石的切工分级还没有一个统一的评价标准，参照一些国家的切工分级，我国制定了以比率和修饰度为指标的切工分级标准。

钻石的颜色、净度及颗粒大小，是由生成时的物化条件控制和决定的，而切磨工艺的好坏则完全取决于人的因素。在钻石设计和加工的过程中，应遵循因材施艺的原则，既要使每一粒钻石的自然美(如色散、光泽等)尽可能地展现出来，又要保有原石的成品率，还要使钻石的外形、各部分比例、对称性等都能达到理想状态，以便创造出最大的经济价值。钻石的切磨款式有多种，唯有标准圆钻型钻石，具最佳光学效果和最少的损耗。因此，绝大多数(90%以上)的钻石都被切磨成标准圆钻型。切工分级也就是对标准圆钻型切工的分级。

标准圆钻型钻石由冠部、腰部和亭部三大部分构成，有 57 个或 58 个刻面(见图8－7)。冠部包括台面、星刻面、冠部主刻面和上腰面共 33 个刻面。亭部包括下腰面、亭部主刻面和底小面共 25 个刻面，如果亭部主刻面交汇于一点，没有底小面，则亭部共 24 个刻面。

就标准圆钻型切工来说，各部分相对于腰围平均直径的百分比称为比率(比率取整数，必要时精确到 0.5；测量时以 mm 为单位，精确度为 0.01)，在不同国家或地区比率有所不同，如美国切工，台宽比为 53%；欧洲切工，台宽比为 57.5%。在切工比率分级中，主要参数及其定义如下：

台宽比：台面宽度相对于腰平均直径的百分比。

$$台宽比=\frac{台面宽度}{腰平均直径}\times 100\%$$

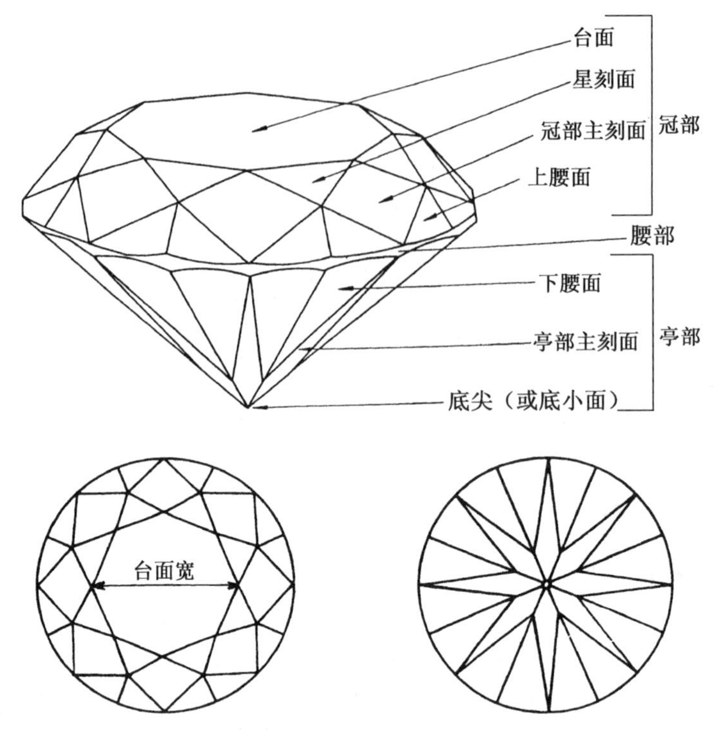

图 8－7　标准圆钻型切工的钻石

下左：冠部俯视示意；下右：亭部俯视示意

冠高比：冠部高度相对于腰平均直径的百分比。

$$\text{冠高比} = \frac{\text{冠部高度}}{\text{腰平均直径}} \times 100\%$$

腰厚比：腰部厚度相对于腰平均直径的百分比。

$$\text{腰厚比} = \frac{\text{腰部厚度}}{\text{腰平均直径}} \times 100\%$$

亭深比：亭部深度(高度)相对于腰平均直径的百分比。

$$\text{亭深比} = \frac{\text{亭部深度}}{\text{腰平均直径}} \times 100\%$$

全深比：台面至底尖的总深度相对于腰平均直径的百分比。

$$\text{全深比} = \frac{\text{总深度}}{\text{腰平均直径}} \times 100\%$$

底尖比：底尖(底小面)直径相对于腰平均直径的百分比。

$$底尖比 = \frac{底尖直径}{腰平均直径} \times 100\%$$

星刻面长度比：星刻面顶点到台面边缘距离的水平投影(d_s)，相对于台面边缘到腰边缘距离的水平投影(d_c)的百分比。

$$星刻面长度比 = \frac{d_s}{d_c} \times 100\%$$

下腰面长度比：相邻两个亭部主刻面的联结点，到腰边缘上最近点之间距离的水平投影(d_l)，相对于底尖中心到腰边缘距离的水平投影(d_p)的百分比。

$$下腰面长度比 = \frac{d_l}{d_p} \times 100\%$$

此外，还以冠角和亭角作为切工比率要素。冠角(α)是指冠部主刻面与腰围所在的水平面之间的夹角；亭角(β)是指亭部主刻面与腰围所在的水平面之间的夹角。

对切磨抛光工艺的评价，称为修饰度，包括对称性和抛光两个方面的要素。

对称性：对切磨形状，包括对称排列、刻面位置等精确程度的评价。

抛光：对切磨抛光过程中产生的外部瑕疵，影响抛光表面完美程度的评价。

刷磨：上腰面联结点与下腰面联结点之间的腰厚，大于冠部主刻面与亭部主刻面之间腰厚的现象。

剔磨：上腰面联结点与下腰面联结点之间的腰厚，小于冠部主刻面与亭部主刻面之间腰厚的现象。

建议克拉重量：标准圆钻型切工钻石的直径所对应的克拉重量(注：根据计量法，重量一词应为质量)。

超重比例：实际克拉重量与建议克拉重量的差值，相对于建议克拉重量的百分比。

$$超重比例 = \frac{实际克拉重量 - 建议克拉重量}{建议克拉重量} \times 100\%$$

修饰度分为5个级别：极好(Excellent，简写为EX)、很好(Very Good，简写为VG)、好(Good，简写为G)、一般(Fair，简写为F)、差(Poor，简写为P)。

影响对称性的要素有：腰围不圆，台面偏心和(或)底尖偏心，冠角不均和(或)亭角不均，台面与腰围水平面不平行，腰部厚度不均，波状腰，冠部与亭部刻面尖点未对齐，刻面尖点不尖锐，刻面畸形，缺失刻面和(或)额外刻面，非八边形台面等。

影响抛光级别的要素有：抛光纹，划痕，烧痕，缺口，棱线磨损，击痕，粗糙腰围，“蜥蜴皮”效应(表面上呈现的透明凹陷波纹，方向接近解理面方向)。

比率分级依据各台宽比(44%～72%)条件下，结合冠角α、亭角β、冠高比、亭深比、腰厚比、底尖比、全深比、α+β、星刻面长度比、下腰面长度比等项目，确定比率级别，共分为极好、很好、好、一般和差5个级别(见表8-4)。

表8-4　不同台宽比范围内比率级别

台宽比(%)	比　率　级　别
44～49 71～72	差，一般
50～51	差，一般，好，很好
52～62	差，一般，好，很好，极好
63～66	差，一般，好，很好
67～70	差，一般，好

超重比例、刷磨和剔磨，也是影响比率级别的因素。根据超重比例数值，将比率级别分为4级(见表8-5)。

表8-5　超重比例对比率级别的影响

比 率 级 别	极好 EX	很好 VG	好 G	一般 F
超重比例(%)	<8	8～16	17～25	>25

视刷磨和剔磨的轻重程度，分为无、中等、明显和严重4个级别。用10倍放大镜从侧面观察腰围最厚区域，两者相等无偏差，为无；两者之间有较小偏差，为中等；两者之间有明显偏差，为明显；两者之间有显著偏差，为严重。严重的刷磨和剔磨，可使比率级别降低一级。

根据比率级别和修饰度级别，制定了切工级别划分规则(见表8-6)。

表8-6　切工级别划分规则

切工级别		修　饰　度　级　别				
		极好 EX	很好 VG	好 G	一般 F	差 P
比率级别	极好 EX	极好	极好	很好	好	差
	很好 VG	很好	很好	很好	好	差
	好 G	好	好	好	一般	差
	一般 F	一般	一般	一般	一般	差
	差 P	差	差	差	差	差

注：据2010年《钻石分级》国家标准

测量切工比率，可以用钻石比例镜、全自动切工测量仪或带目镜微尺的宝石显微镜，也可以用高精度卡尺(精度一般不低于 0.001 mm)。此外还可以用目测法估测切工比率，一个有经验的分级人员，借助 10 倍放大镜观察，会得到精确度较高的结果。

(1) 台宽比的目测：有比例法和弧度法两种。

比例法就是目测从腰围边缘到台面边缘的距离 CA，与台面边缘至台面中心的距离 AB 之间的比例，不同的比例，反映不同的台宽比(见图 8－8)。如 $CA:AB=1:1$，台宽比为 54%；$CA:AB=1:2$，台宽比为 72%。弧度法是从台面正上方俯视，当台宽比为 60%时，八边形台面及 8 个三角形星刻面，看上去是由两个等大的中心重合但错开 45°角的正方形叠合而成的，两个正方形的 8 条边都呈直线。如果台宽比小于或大于 60%，则正方形的边向内弯或向外弯(见图 8－9)，根据正方形边弯曲的程度，可以估测出台宽比。

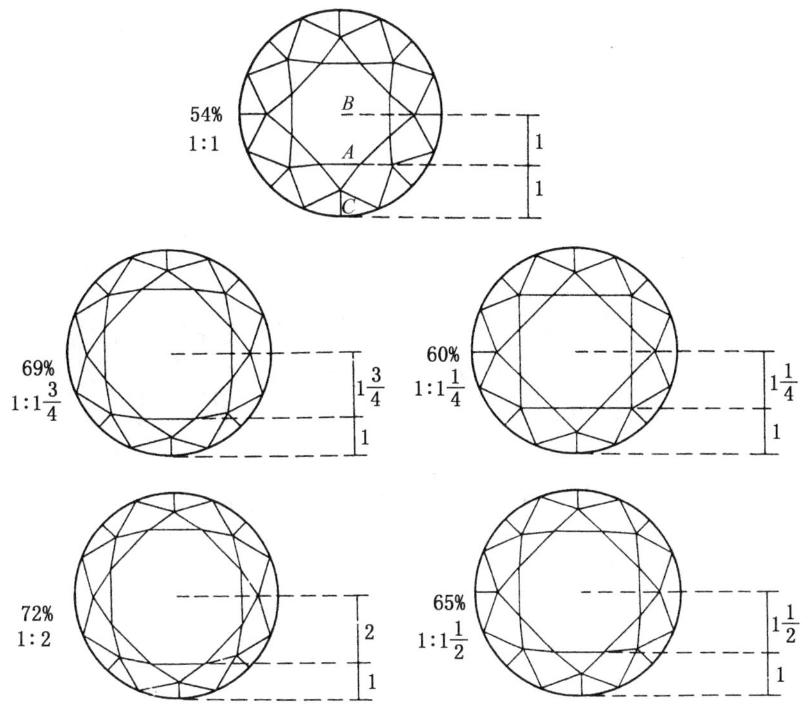

图 8－8　比例法目测台宽比(据吴舜田)

(2) 冠角的目测：从台面上方观察，根据亭部主刻面在靠近台面边缘之下的影像宽度(B)和位于冠部主刻面之下靠近台面一侧的影像宽度(A)之比来确定冠角(见图 8－10)。如两者宽度约为 $1:1$ 时，冠角为 25°；约为 $1:2$ 时，冠角为 34.5°。

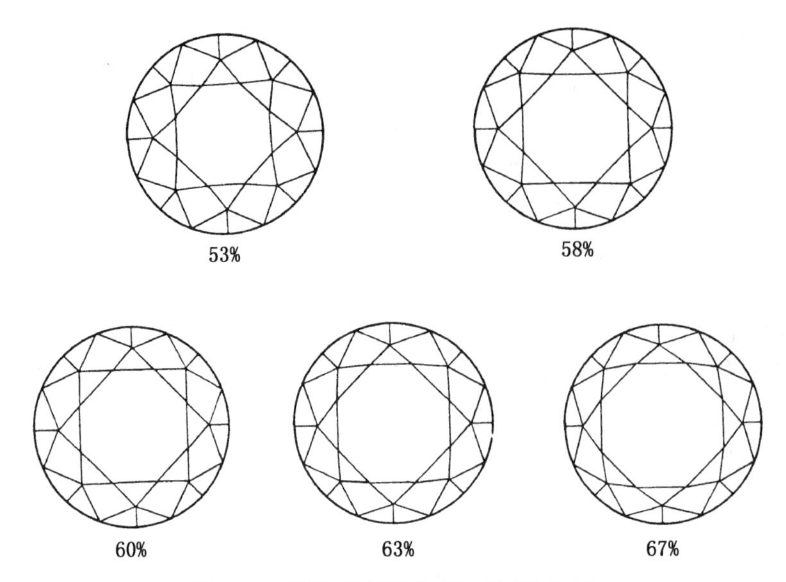

图 8-9　弧度法目测台宽比(据王雅玫)

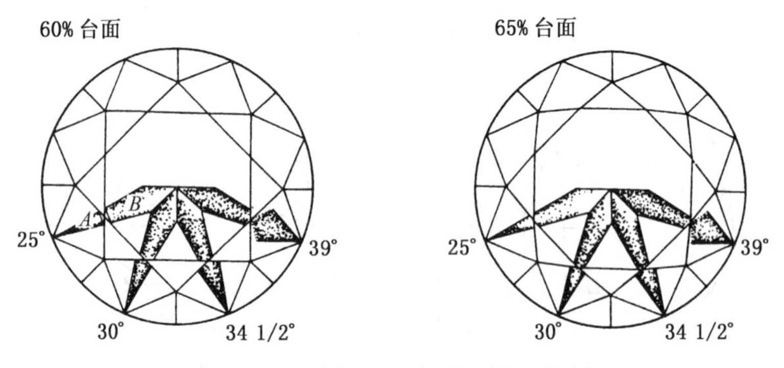

图 8-10　从台面目测冠角(据王雅玫)

(3) 亭深比的目测：从垂直台面方向，观察由亭部刻面映射的台面影像，根据台面影像的宽度与台面实际宽度之比，来估测亭深比(见图 8-11)。在其他切工比率不变的情况下，台面影像的大小随亭深比的增大而增大。亭深比＜40％钻石产生“鱼眼”效应；亭深比＞49％钻石漏光产生“黑底”现象。

8.3.4　钻石的克拉质量

克拉(Carat)是国际通用的宝石的质量单位，以符号 ct 表示。克拉与公制克的换算关系为：1 ct＝0.2 g。对那些小于 1 ct 的钻石，也常用分(Point)作为质量单位，并以

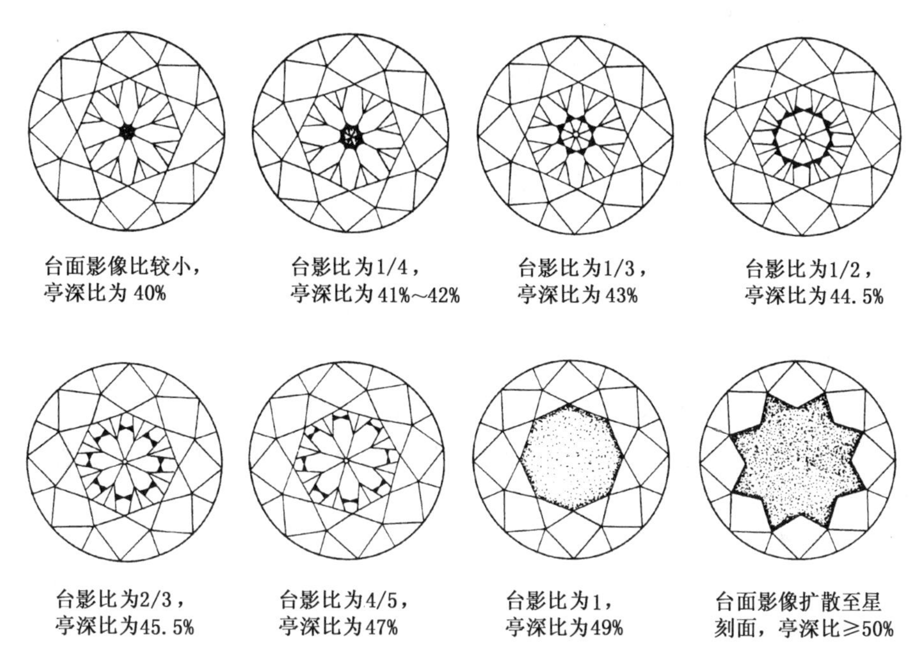

图8-11 用台面影像目测亭深比(据王雅玫)

符号 pt 表示。1 分等于 0.01 克拉,即:1 pt = 0.01 ct = 0.002 g,或 1 克拉 =100 分。

我国的《钻石分级》标准还规定,钻石质量的表示方法为:在以克表示的数值后面加括号注明相应的克拉值,如 0.200 g(1.00 ct)。钻石的质量,用精确度为 0.000 1 g 的天平称取,有效数值保留到小数点后第四位,然后换算成克拉值。克拉值保留到小数点后两位,小数点后第三位逢 9 进 1,8 及以下数值舍去。并将 ≥ 1.00 ct 的钻石称为大钻,把 < 1.00 ct 的钻石称为分钻。

关于钻石质量的称取方法,实际上,大多数钻石的质量都是用克拉天平直接称取的。此外,根据我国的具体情况,有人对切磨加工后的钻石,提出了如下质量分级方案:≥ 1.00 ct 为大钻;0.99 ~ 0.25 ct 为中钻;0.24 ~ 0.05 ct 为小钻;≤ 0.04 ct 为碎钻。

钻石的大小,是决定其价值的首要因素,因为越是大颗粒的钻石,越是稀少。

当切磨加工后的钻石不能用天平称取其质量时,可用测量钻石大小的方法估算出钻石的质量。各种琢型的钻石都是尽可能按标准比例加工而成的,因此,钻石粒径与质量之间存在一定的比例关系。

下列经验公式中,质量单位为克拉,粒径单位为 mm,深也就是台面至底尖的垂直距离。

(1) 圆形(标准圆钻型)钻石：

$$质量 = 腰围平均直径^2 \times 深 \times 0.006\,1$$

(2) 椭圆形钻石：

$$质量 = \left(\frac{长径 + 短径}{2}\right)^2 \times 深 \times 0.006\,2$$

(3) 鸡心形钻石：

$$质量 = 长 \times 宽 \times 深 \times 0.005\,9$$

(4) 长方形(祖母绿型)钻石：

$$质量 = 长 \times 宽 \times 深 \times 调整系数$$

先求出长宽比率，即“(长 ÷ 宽)：1”，然后选择与之相对应的调整系数，代入公式计算。

长宽比率	调整系数
1.00：1	0.008 0
1.50：1	0.009 2
2.00：1	0.010 0
2.50：1	0.010 6

(5) 橄榄形钻石：

$$质量 = 长 \times 宽 \times 深 \times 调整系数$$

长宽比率	调整系数
1.50：1	0.005 65
2.00：1	0.005 80
2.50：1	0.005 85
3.00：1	0.005 95

(6) 梨形钻石：

$$质量 = 长 \times 宽 \times 深 \times 调整系数$$

长宽比率	调整系数
1.25：1	0.006 15
1.50：1	0.006 00
1.66：1	0.005 90
2.00：1	0.005 75

对于标准圆钻型的钻石，从腰围直径可直接得知其质量的近似值(见表 8 - 7)。

表 8－7　标准圆钻型钻石的直径与质量对应关系

腰围平均直径(mm)	质量(ct)	腰围平均直径(mm)	质量(ct)
2.9	0.09	6.2	0.86
3.0	0.10	6.3	0.90
3.1	0.11	6.4	0.94
3.2	0.12	6.5	1.00
3.3	0.13	6.6	1.03
3.4	0.14	6.7	1.08
3.5	0.15	6.8	1.13
3.6	0.17	6.9	1.18
3.7	0.18	7.0	1.23
3.8	0.20	7.1	1.33
3.9	0.21	7.2	1.39
4.0	0.23	7.3	1.45
4.1	0.25	7.4	1.51
4.2	0.27	7.5	1.57
4.3	0.29	7.6	1.63
4.4	0.31	7.7	1.70
4.5	0.33	7.8	1.77
4.6	0.35	7.9	1.83
4.7	0.37	8.0	1.91
4.8	0.40	8.1	1.98
4.9	0.42	8.2	2.05
5.0	0.45	8.3	2.13
5.1	0.48	8.4	2.21
5.2	0.50	8.5	2.29
5.3	0.53	8.6	2.37
5.4	0.57	8.7	2.45
5.5	0.60	8.8	2.54
5.6	0.63	8.9	2.62
5.7	0.66	9.0	2.71
5.8	0.70	9.1	2.80
5.9	0.74	9.2	2.90
6.0	0.78	9.3	2.99
6.1	0.81	9.4	3.09

注：据 2010 年《钻石分级》国家标准

8.4 合成钻石与钻石的优化处理

地壳中金刚石矿床及储量非常少，矿山选矿厂将 0.2 mm 粒径的小金刚石也加以回收，往往还要开采近 3 吨矿石，才能得到 0.1 克拉的金刚石，即使富矿，也需要开采几吨矿石，才能得到 1 克拉金刚石，其中能够达到宝石级的金刚石就更少了。因此，人们试图在实验室或工厂里，用人工方法合成金刚石（钻石）或对颜色和净度欠佳的钻石进行人工优化处理。

8.4.1 合成钻石

20 世纪五六十年代，人们掌握了合成金刚石的技术，但合成的金刚石颗粒都很小。到了七八十年代，才合成大颗粒的宝石级金刚石（即钻石）。由于合成钻石的工艺条件苛刻，合成周期长，成本高，与天然钻石相比，价格上不占优势，没有竞争力，虽有合成钻石进入市场，并未造成人们的不安。一旦合成钻石在技术上取得突破，成本大幅度降低，合成钻石批量投放市场，必然引起大家的高度关注。

进入 21 世纪，以高压高温（HPHT）法和化学气相沉淀（CVD）法合成的钻石，在国内外市场上日渐增多。

2003 年，美国阿波罗（Apollo）公司，利用 CVD 技术，合成了宝石级的单晶体钻石，并开始进行商业化生产，同时承诺在所有合成钻石的腰部用激光刻上印记，公开这些合成钻石的信息。

2007 年，美国宝石学院（GIA），在其检测实验室正式出具合成钻石检测证书。2013 年，比利时钻石高层议会（HRD），也推出合成钻石证书，并在封面上明确标注出“合成钻石证书”。

2012 年和 2013 年，合成钻石在印度市场上出现，使其钻石行业的信心遭受了不小的打击。先后多次在商家送检的天然钻石统货中，被检出混有合成钻石，有一个批次的统货中，合成钻石有近 50%。

国内市场上的 CVD 合成钻石，先是在香港市场出现，而后流入内地。2012 年 2 月，国家珠宝玉石质量监督检验中心（NGTC）深圳实验室，收到送检的 18 粒钻石样品，共计 9.5 ct（平均约 0.5 ct/粒），这批样品是批发商在香港作为天然钻石购买的，检测结果全部为合成钻石。同年 4 月，NGTC 北京实验室，检出 2 粒 CVD 合成钻石，在 4 月至 8 月间又发现两批合成钻石。

2014 年以来，合成钻石技术取得了巨大进展。据有关资料报道，国内外多家公司，都可以合成高品质大颗粒的钻石，例如我国山东济南中乌新材料有限公司，采用 HPHT 技术，合成了无色、黄色和蓝色钻石，最大原石达 6.5 ct，成品 2.0 ct。

8.4.2　钻石的优化处理

钻石的优化处理，目的是改善钻石的颜色和净度，提高钻石的价值。

1. 改色

钻石改色的方法，主要有辐照处理和高压高温（HPHT）处理两种。

利用辐照法（该法包括放射性辐照和加热处理），将钻石改成彩色已经相当成功，可将无色或浅色钻石改成蓝色、绿色、黄色、橙色、粉红色或红色等。

另据 2000 年有关资料，$Ⅱ_a$ 型茶色或浅黄色钻石，经 HPHT 处理（温度1 600℃～1 800℃；压力 6 GPa～7 GPa，约 6 万～7 万个大气压；维持数小时）可变成白色（即无色透明），并且无法检验出 HPHT 处理的特征，这对世界钻石业震动很大。

2. 激光打孔与充填

本方法是改善钻石净度常用的处理方法。

当钻石内含有深色包裹体时，对钻石的净度有很大影响。为改善钻石的净度，采用激光束打孔和化学药品处理的方法，将深色包裹体去除。对留下的激光孔眼，用折射率与钻石相近的无色透明物质（如玻璃）进行充填。这样虽然去除了深色包裹体瑕疵，但激光孔和充填物却形成了另外一种新的瑕疵。所以，激光打孔只能改善钻石的净度，不能使钻石没有瑕疵。

此外，对有裂隙或孔洞的钻石，也常用充填物将裂隙或孔洞愈合，这种方法也属于处理。

8.5

钻石的鉴别

钻石的鉴别，主要是根据钻石的物化性质，尤其是物理常数测定。由于钻石具有极高的硬度和独特的切磨工艺，并且是严格按照设计要求（如款式、角度）进行加工的，所以钻石的加工情况，也可以作为鉴别的辅助依据。

1. 肉眼观察

（1）光泽：钻石具有典型的金刚光泽。

(2) 颜色：绝大多数钻石为无色至浅黄、浅褐、浅灰色(天然彩色钻石极少，有的彩色钻石是经辐照处理改色而成的)。

(3) 色散与全反射：钻石的强色散，使钻石具有明显而柔和的火彩。标准切工的钻石，其亭部刻面可使入射光形成全反射，不会漏光，看上去很明亮。

2. 放大检查

在肉眼观察的基础上，可借助10倍放大镜或宝石显微镜进一步观察。

(1) 切工：一般来说钻石的切工都比较好。同种刻面大小匀称，刻面平滑，刻面尖点尖锐，棱线直而有锋。

(2) 包裹体及充填物：天然钻石常含有黑色石墨、棕色或红色尖晶石、红色镁铝榴石、绿色顽火辉石、小八面体金刚石、橄榄石、暗色云母以及钛铁矿、磁铁矿等矿物包裹体。激光打孔和充填的钻石，可见到充填物五颜六色的闪光效应，并且常见有气泡。

(3) 颜色：在散射光照明条件下，大多数天然黄色或蓝色钻石的颜色，分布是均匀的；而大多数合成钻石的颜色分布是不均匀的；辐照改色的钻石，其色带平行于刻面。

3. 仪器检测

利用仪器对钻石进行常规项目的测定，是不可缺少的重要环节，所测出的数据或观察到的现象，是鉴定钻石的可靠依据。但是，无论哪一种仪器和方法，都不是万能的。如热导仪，原是专门为鉴别真假钻石而设计制造的，现在有一种叫作合成碳硅石的宝石，它与钻石的热导性能颇为相近，热导仪也不易将两者区分开来。所以，对获取的资料应综合分析，才能得出正确的鉴定结果。钻石和相似宝石的主要性质见表8-8。

表8-8 钻石和相似宝石的主要性质

宝石名称	化学成分	折射率	双折射率	色散值	摩氏硬度	密度(g/cm^3)
钻 石	C	2.417	无	0.044	10	3.52
锆石(高型)	$Zr[SiO_4]$	1.926～2.020	0.059	0.038	6.5～7.5	4.65
锡 石	SnO_2	1.996～2.093	0.097	0.071	6～7	6.9
榍 石	$CaTi[SiO_4]O$	1.90～2.034	0.134	0.051	5～6	3.52
闪锌矿	ZnS	2.37	无	0.156	3.5～4	3.95
合成碳硅石	SiC	2.648～2.691	0.043	0.104	9.25	3.20～3.24
合成立方氧化锆	ZrO_2	2.15	无	0.060	8～9	5.8
合成金红石	TiO_2	2.616～2.903	0.287	0.30	6～7	4.26～4.30
人造钇铝榴石	$Y_3Al_5O_{12}$	1.833	无	0.028	8	4.55
人造钆镓榴石	$Gd_3Ga_5O_{12}$	1.970	无	0.045	6～7	7.05
人造钛酸锶	$SrTiO_3$	2.409	无	0.190	5～6	5.13

借助常用鉴定仪器，区分钻石与那些相似宝石并不难，难的是鉴别天然钻石与合成钻石。随着合成技术的不断提高，无论是 HPHT 合成钻石，还是 CVD 合成钻石，都与天然钻石的特征越来越接近，给鉴定工作造成很大困难，也给业界科技工作者带来新的挑战。应对这种局面，需要将常用鉴定仪器的观测，与钻石专用检测设备的分析测试结合起来，探索出快捷有效的鉴定方法。常用鉴定仪器如宝石显微镜、偏光镜等。钻石专用检测设备如钻石确认仪（Diamond Sure™）、钻石观测仪（Diamond View™）、钻石快捷检测仪（Diamond Check™）等。有时还需借助大型仪器设备的分析测试，如傅里叶变换红外光谱仪、紫外及可见光分光光谱仪、激光拉曼光谱仪、X 射线荧光光谱仪等。

相关资料表明，合成钻石均为Ⅱa 型，Ⅱa 型在自然界是很少见的。正交偏光镜下，显示非均质性，有弱的双折射，呈异常消光。当有紫外荧光时，短波紫外线下的荧光，强于长波紫外线下的荧光。而天然钻石若有荧光，短波紫外线下的荧光，一般较长波下的弱。HPHT 合成钻石，往往含有金属（Fe）包裹体，含量多的可被马蹄形磁铁吸引，甚至能被磁化的镊子吸引，若是未镶嵌的圆钻型钻石，会随着磁铁的移动而摆动。

另外有些资料，可能是因为测试的样品来自不同的厂商，虽属同一方法合成，但测试结果不尽相同。因此，有待进一步工作，完善测试资料，从中找出共有的、可靠的鉴别特征，相信能够做到“合成钻石百分百可检测”。

4. 其他简易鉴别方法

用简易方法鉴别钻石并不太可靠，只是在缩小范围后，有针对性地选择方法或几种方法联合使用才有效。

（1）透视检验：将标准圆钻型钻石的台面朝下盖在画有黑线的白纸上，从亭部刻面看不到压线。如果能看到压线，说明不是钻石。该方法的依据是钻石亭部刻面对光的全反射。

（2）亲油疏水性检验：将钻石台面擦干净，用牙签蘸一小滴水，滴在台面上，水滴成球形不散开。如果水滴不成球形，说明不是钻石。或者用牙签蘸一小滴油液，在台面上画线，油液会分散在钻石台面上。如果油迹收缩成球形，则不是钻石。

（3）吹气检验：在钻石台面上吹一口潮气，台面上凝聚的水蒸气会迅速蒸发掉。如果水蒸气蒸发慢，说明不是钻石。检验时，最好有一个已知样品，以便在同样条件下进行比较。这种方法的依据是钻石所具有的高热导性能。

必须强调指出的是：在透视检验这一鉴别方法中，从亭部刻面看不到压线的宝石，也不一定都是钻石，从理论上讲，那些折射率与钻石相近，甚至比钻石还高的宝石，也按全反射原理设计加工，使亭部刻面产生全反射，例如合成碳硅石，同样看不到压线。由于钻石与合成碳硅石具有相同的亲油疏水性和相近的热导性能，所以，亲油疏水性检验和吹气检验也无法将钻石与合成碳硅石区别开。

如果仅是区分钻石与合成碳硅石，可使用以下方法：

(4) 加热检验：将一根火柴或打火机的外焰置于宝石正下方，受热后，钻石不变色，合成碳硅石则变成黄色，自然冷却后会恢复原色，烟灰可用清水冲掉，不会污染宝石。需要注意的是，加热时，温度不可过高，钻石在空气中温度超过 850℃会燃烧变成 CO_2。

(5) 观察重影：钻石是均质体，无双折射；合成碳硅石是非均质体，且双折射率较大。借助 10 倍放大镜从宝石的侧面观察，棱线无重影者为钻石，有重影者为合成碳硅石。注意不要垂直台面观察，因为这个方向是合成碳硅石的光轴方向，也不会出现重影。

8.6 地质成因与产状

金刚石的形成温度为 900℃～1 300℃，压力为 4 500 MPa～6 000 MPa(约 4.5 万～6 万个大气压)。

迄今为止已发现的金刚石原生矿床，都产在金伯利岩和钾镁煌斑岩中，这两种岩石都属于超基性岩浆岩。

关于金刚石与超基性岩浆的关系，一些研究者认为，金刚石是在上地幔中结晶出来的，当超基性岩浆向上侵入地壳或喷出地表时，将金刚石带了上来。另一些研究者认为，金刚石是在超基性岩浆向上侵入过程中结晶出来的，结晶所必需的巨大压力是爆发作用过程中产生的。

此外，在由高温高压变质作用形成的榴辉岩中，以及不含长石的陨石和由巨型陨石撞击地球形成的冲击变质岩中，也有金刚石产出。不过只有成因意义，不具经济价值。

原生金刚石矿床风化后，由于金刚石的硬度大，化学性质稳定，不易风化，经过水流的搬运，在适当的地方机械沉积下来，富集形成砂矿床。

世界上砂矿中金刚石的储量，占金刚石总储量的 40%，但产量却占总产量的 75%，是金刚石的主要来源。

9 红宝石和蓝宝石

9.1 概述

红宝石(Ruby)和蓝宝石(Sapphire)素有"宝石中的姊妹花"之美称,它们与钻石、祖母绿、变石、翡翠和欧泊被誉为世界七大珍贵宝石。红宝石作为7月生辰石,象征热情、仁爱和品德高尚。蓝色蓝宝石作为9月生辰石,象征慈爱、诚谨和德高望重。

红宝石和蓝宝石的矿物名称是刚玉(Corundum)。按照现代的定义,红宝石是红色的宝石级刚玉;蓝宝石是除红色以外其他所有颜色的宝石级刚玉。所以,红宝石全都是红色,蓝宝石不都是蓝色。

在古代,人们鉴别宝石主要是依据颜色,这是因为当时还没有像今天这样先进的科学理论和技术手段。古代的所谓红宝石和蓝宝石,不完全等同于现在的红宝石和蓝宝石。如1415年镶嵌在英国王冠上的一粒"黑太子红宝石",几百年间一直称其为红宝石,直到19世纪末经鉴定原来是一粒红色尖晶石。再如我国明清时期留存下来的红宝石,其中有不少是红色尖晶石。我国古代小说中,所讲的"硬红",就是现代所定义的红宝石(摩氏硬度9);"软红"则是包括红色尖晶石在内的其他摩氏硬度小于9的红色宝石。

红宝石在自然界产出少,且颗粒细小,多在1克拉以下,超过2克拉的很少,5克拉以上的罕见。与红宝石相比,蓝宝石颗粒粗大,几克拉至几十克拉的常见,但100克拉以上的优质蓝宝石罕见,超过1 000克拉者为珍品。

红宝石的主要产地有:缅甸、斯里兰卡、泰国、越南、巴基斯坦、柬埔寨、澳大利亚等。其中泰国的红宝石产量最大,缅甸的红宝石品质最好。20世纪80年代末,我国在云南元江也发现了有价值的大理岩型红宝石矿床。蓝宝石矿床及产地要比红宝石多，主要产地有澳大利亚、泰国、越南、柬埔寨、斯里兰卡、克什米尔地区、缅甸、中国（山东省昌乐县、福建省明溪县和海南省文昌市）、美国等。其中澳大利亚的蓝宝石产量居世界首位，东南亚位居第二；品质最好的蓝宝石产自斯里兰卡和克什米尔地区。

9.2 基本特征

9.2.1 化学成分

刚玉的化学成分为 Al_2O_3，纯净者无色透明。自然界产出的刚玉常含 Cr、Ti、Fe、Mn、V、Ni、Si 等微量元素，它们以类质同像形式替代 Al。

微量元素的存在与颜色有一定的内在关系。红宝石中含 Cr，氧化铬含量可达 4%。在蓝宝石中，蓝色者含 Fe、Ti，绿色者含 Fe、Cr，黄色者含 Ni，翠绿色者含 V，褐色者含 Mn、Fe，微带紫色者含 V、Cr。

9.2.2 晶体结构

刚玉属三方晶系，晶体结构特点是，在垂直三次轴的平面内，O^{2-} 成六方最紧密堆积，Al^{3+} 在两层氧离子之间，充填三分之二的八面体空隙，形成共棱的 $Al—O_6$ 配位八面体层。由于较近的两个 Al^{3+} 间的斥力，使得位于同一层内的 Al^{3+} 不在同一水平面内。铝离子的配位数为 6，氧离子的配位数为 4，在平行 C 轴（即三次轴）方向上，$Al—O_6$ 八面体以共面方式相连接，表现为两个充填铝离子的八面体与一个未充填的空心八面体相间分布。

9.2.3 晶体形态

刚玉的晶体多呈腰鼓状、柱状，少数呈板状（见图 9-1）。常依菱面体 $\{10\bar{1}1\}$ 形成聚片双晶，有时也依 {0001} 形成聚片双晶。在晶面上常出现相交的

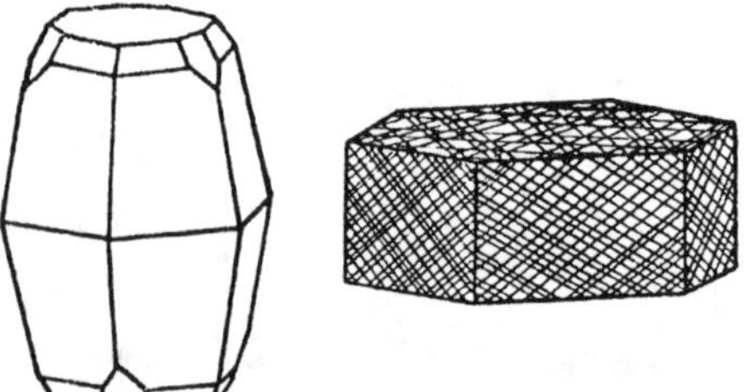

图 9-1 刚玉的晶形和双晶条纹

双晶条纹。

9.2.4 基本性质

(1) 摩氏硬度：9。

(2) 解理和裂理：无解理。双晶发育的宝石可产生{10$\bar{1}$1}和{0001}裂理。

(3) 密度：一般为4.00 g/cm^3，因含包裹体的多少及种类不同，密度值可略有变化。

(4) 光性：非均质体，一轴晶，负光性。

(5) 折射率：1.760～1.768，双折射率0.008。

(6) 光泽：玻璃光泽。

(7) 颜色：红宝石多呈带玫瑰色调的深红色至浅红色，也见有橙红色、褐红色等。红色中以鸽血红为最佳色，产自缅甸的抹谷矿区。蓝宝石的颜色有蓝色、绿色、黄色、棕褐色、无色、变色（紫蓝—紫红）等，蓝色中以矢车菊蓝色（带紫的蓝色）为最佳色，因产自克什米尔地区也称克什米尔蓝；其次为墨水蓝色和天鹅绒蓝色。

天然红宝石和蓝宝石，尤其是蓝宝石，常可见到六边形、“V”字形或平直的色带。

(8) 多色性：颜色深的宝石多色性强，颜色浅者多色性弱至明显。

(9) 透明度：透明至半透明。颜色过深会影响透明度，如深蓝色的蓝宝石。此外，含包裹体多的宝石常为半透明至微透明，如具有星光效应的红宝石和蓝宝石。

(10) 发光性：在长、短波紫外线照射下，红宝石可发红色、橙红色、粉红色荧光；蓝色蓝宝石可发橙红色荧光；黄色蓝宝石可发橙红色、橙黄色荧光。

(11) 特殊光学效应：星光效应常见，猫眼效应少见。蓝宝石可具变色效应，在日光和日光灯下呈紫蓝色，白炽灯光下呈紫红色。

(12) 吸收光谱：不同产地的红宝石和蓝宝石，因含的微量元素有差异，其吸收光谱也不完全相同。红宝石和蓝宝石的吸收光谱特征详见7.7中的表7-5。

9.3 红宝石和蓝宝石的人工合成与优化处理

自然界产出的红宝石和蓝宝石，优质品很少，往往颜色欠佳，或透明度低。为了满足市场需求，合成红宝石和蓝宝石技术以及对红宝石和蓝宝石的优化处理技术被广泛应用。

9.3.1 人工合成方法

合成红宝石和蓝宝石的方法主要有焰熔法、助熔剂法和水热法三种：

(1) 焰熔法：该方法是在合成设备的上部装入原料粉末(氧化铝加氧化铬合成红宝石，氧化铝加氧化铁和氧化钛合成蓝宝石)，原料粉末下落至中部时，被氢和氧气体的高温火焰熔化成液滴，滴在下部的耐火棒上，冷却后便形成胡萝卜状宝石晶体。

这种方法使用最普遍，合成的红宝石和蓝宝石晶体生长速度快，成本低，产量大，所以产品价格也便宜。

(2) 助熔剂法：熔化原料需要很高的温度，为了降低原料的熔点，采取在原料中添加助熔剂的方法，这种方法称为助熔剂法。助熔剂法也常用于合成其他宝石，如祖母绿、变石、红色或蓝色尖晶石等。

添加的助熔剂各不相同，常用的有氧化铅、氧化硼、氧化铋等。在铂金坩埚中将合成红宝石或蓝宝石的原料及助熔剂熔化，然后缓慢冷却，宝石便会结晶出来。助熔剂则浮在宝石晶体上面，将其去除干净即可。

助熔剂法合成宝石，结晶速度慢，周期长，成本高，所以价格也较高。但合成的红宝石和蓝宝石，比焰熔法合成的品质好。

(3) 水热法：合成宝石的装置是一个密闭的金属高压釜。釜的底部放置合成宝石所需的原料粉末，釜的中上部悬挂有种晶，以借助高温高压使种晶生长成所需要的宝石晶体。并在釜内注满加有"矿化剂"的水溶液，以利于原料溶解。当在釜底加热时，随着温度和压力的增高，原料粉末逐渐被溶解，形成饱和溶液。由于底部温度高于上部而产生对流，饱和溶液运移到上部温度降低，成为过饱和溶液，被溶解的原料成分便在种晶上结晶出来。水热法除用来合成红宝石和蓝宝石外，也常用于合成其他宝石，如祖母绿和水晶。

水热法是所有人工合成宝石方法中最接近天然环境的一种方法。合成的红宝石和蓝宝石，与天然产出的极为相似，连指纹状气液包裹体也具有极相似的特征。水热法合成的宝石，成本高，价格也较昂贵。

9.3.2 优化处理方法

宝石的优化处理是利用人工方法，对那些不太美观的天然宝石实施的补救措施，主要有以下几种方法：

(1) 热处理法：是指通过加热使宝石的颜色和透明度得到改善的一种方法。

该方法用于改善红宝石和蓝宝石的颜色和透明度，非常有效和重要，因此是经常使用的一种方法。这种方法用于红宝石、蓝宝石属于优化。

在一定的温度条件下，可使红宝石的颜色更加鲜艳，透明度得到提高；可使蓝宝石的颜色变深或变浅，透明度得以改善。有时也采用热处理法使 TiO_2 含量很高的红宝石和蓝宝石析出针状金红石，产生星光效应。

(2) 表面扩散法：在高温条件下，致色元素的离子，如铬离子或铁、钛离子等，可扩散到宝石晶格中去，以替代 Al_2O_3 分子中的铝离子，使红宝石和蓝宝石呈现出美丽的颜色。表面扩散法主要用于无色或浅色蓝宝石的增色，经这种方法处理的蓝宝石，自1991年起大量涌入市场。尽管扩散宝石的颜色是稳定的，但毕竟是人工方法加入了天然成分以外的致色元素，且致色元素扩散的深度很小，颜色也仅存在于表层。所以这类宝石在销售时，必须标明是扩散处理的宝石，以示与天然颜色的区别。

(3) 辐照法(属于处理)：用放射性辐照附加热处理的方法，可将钻石改成各种颜色的彩钻，但是用放射性辐照法来改善红宝石和蓝宝石，效果就没那么理想，也不常用。经过辐照，可产生色心，使无色变为黄色，粉色变为橙色，蓝色变为绿色。

此外还有一些其他属于处理的方法，如注有色油、用染色剂染色或在宝石表面涂上一层带色的薄膜等，用这些方法可将无色或浅红色宝石处理成红色，也可掩盖宝石的瑕疵。

9.4 红宝石、蓝宝石的鉴别

红宝石和蓝宝石的鉴别可分为三种情况：与相似宝石的鉴别，主要靠稳定的物理常数如密度、硬度、折射率，并结合光性特征等进行鉴别；鉴别不同产地的红宝石和蓝宝石，则主要靠宝石内部的包裹体；鉴别合成或优化处理的红宝石和蓝宝石，主要靠包裹体、颜色分布等内部特征。

9.4.1 与相似宝石的鉴别

与红宝石相似的宝石有红色尖晶石、红色石榴石、红色锆石、红色碧玺、红色绿柱石等，主要鉴别特征见表9-1。与蓝宝石相似的宝石有蓝色托帕石、蓝色尖晶石、蓝色碧玺、海蓝宝石、蓝晶石、坦桑石(黝帘石)、堇青石、蓝锥矿等，主要鉴别特征见表9－2。

表9－1　红宝石与相似宝石的主要鉴别特征

名　称	摩氏硬度	密度 (g/cm³)	折射率	光　性	多色性
红宝石	9	4.00	1.760～1.768	一轴晶负光性	具多色性
红色尖晶石	8	3.60	1.718	均质体	无
红色石榴石	6.5～7.5	3.61～4.15	1.714～1.810	均质体	无
红色锆石	6.5～7.5	4.65	1.926～2.020	一轴晶正光性	具多色性
红色碧玺	7～8	3.06	1.615～1.655	一轴晶负光性	具多色性
红色绿柱石	7～8	2.72	1.564～1.602	一轴晶负光性	具多色性

表9－2　蓝宝石与相似宝石的主要鉴别特征

名　称	摩氏硬度	密度 (g/cm³)	折射率	光　性	多色性
蓝宝石	9	4.00	1.760～1.768	一轴晶负光性	具多色性
蓝色托帕石	8	3.53	1.619～1.627	二轴晶正光性	具多色性
蓝色尖晶石	8	3.60	1.718	均质体	无
蓝色碧玺	7～8	3.06	1.615～1.655	一轴晶负光性	具多色性
海蓝宝石	7～8	2.72	1.564～1.602	一轴晶负光性	具多色性
蓝晶石	4～7	3.56～3.68	1.713～1.729	二轴晶负光性	具多色性
坦桑石(黝帘石)	6～7	3.35	1.693～1.702	二轴晶正光性	具多色性
堇青石	7～8	2.60～2.66	1.532～1.570	二轴晶正/负光性	具多色性
蓝锥矿	6～7	3.65～3.68	1.757～1.804	一轴晶正光性	具多色性
蓝柱石	7～8	3.08	1.652～1.671	二轴晶正光性	具多色性

9.4.2　不同产地的红宝石、蓝宝石的鉴别

1. 红宝石

(1) 缅甸红宝石。缅甸以盛产优质红宝石闻名于世，主要产地有抹谷

(Mogok)和孟素(Mong Hsu)两个矿区。

抹谷是产鸽血红色红宝石的矿区,除鸽血红色外,还有玫瑰红色、浅红色。总体看该矿区红宝石的颜色是最好的,但不均匀,呈蜜糖溶于水时的漩涡状,偶尔也见平直或"V"字形色带。聚片双晶发育。宝石中常见针状金红石包裹体呈三个方向分布(平面夹角为60°),针状金红石较短较粗,含量多时可产生六射星光,并常见锆石、尖晶石、磷灰石、方解石、榍石、金云母、赤铁矿等矿物包裹体。此外,指纹状、管状气液包裹体也普遍存在,有时可见气、液、固三相包裹体。

孟素红宝石,未见鸽血红色,其他颜色与抹谷红宝石颜色近似,但包裹体有别于抹谷红宝石。针状金红石包裹体少见,常见萤石、方解石、针状水铝石等矿物包裹体。聚片双晶发育。

(2) 斯里兰卡红宝石。其颜色比缅甸红宝石浅,以浅红色为主,鲜艳程度略差,存在不均匀色带。宝石中的细长丝状金红石包裹体,呈三个方向分布,含量多时,可产生六射星光,指纹状、网状、羽状、管状气液包裹体常见。此外,常见锆石、磷灰石、尖晶石、方解石、石榴石、金云母、磁黄铁矿等矿物包裹体。由于锆石常含有放射性元素,在锆石包裹体周围可形成褐色的放射性晕圈。

(3) 泰国红宝石。透明度欠佳,红色偏暗,常带有棕褐色调,颜色较均匀。大多数泰国红宝石需要进行热处理。宝石中不含或很少有针状金红石包裹体。常见磷灰石、石榴石、斜长石、透辉石、磁黄铁矿,以及白色针状水铝石等矿物包裹体。此外还常见极细小的固态或气液态物质呈指纹状、羽状,环绕矿物晶体(或负晶)分布,形成特殊形态的包裹体,有人将这种包裹体称为土星状包裹体或荷包蛋状包裹体。

(4) 越南红宝石。颜色一般呈玫瑰红色、浅红色。在红宝石晶体内,可见有与晶体横切面相一致的六边形蓝色色带。多数透明度较低。宝石中偶见针状金红石包裹体,常见方解石、磷灰石、榍石、金云母、磁黄铁矿、针状水铝石等矿物包裹体以及指纹状、管状气液包裹体。

2. 蓝宝石

(1) 缅甸蓝宝石。颜色较均匀。宝石中所含的针状金红石,比斯里兰卡蓝宝石中的丝状金红石短,呈三个方向分布,含量多时可产生六射星光。常见锆石、尖晶石、柱状金红石、磷灰石、金云母、磁黄铁矿、针状水铝石等矿物包裹体及指纹状、管状气液包裹体,有时气液包裹体呈弯曲面状分布。

(2) 斯里兰卡蓝宝石。斯里兰卡产的红宝石和蓝宝石,所含的包裹体特征都非常相似。金红石包裹体呈细长丝状,沿三个方向分布,含量多时可产生六射星光。气液包裹体形态多样,有指纹状、羽状、网状、管状等。此外还常见锆石、磷灰石、石榴石、尖晶石、方解石、金云母、磁黄铁矿等矿物包裹体,且锆石周围有晕圈。

(3) 澳大利亚蓝宝石。颜色较深，多呈深蓝色、暗蓝色，颜色不均匀，色带明显。含少量针状金红石和赤铁矿。常见斜长石(周围有张力裂纹晕圈)、柱状角闪石、片状云母及八面体烧绿石等矿物包裹体，并富含指纹状或羽状气液包裹体。聚片双晶发育，易见到。

(4) 克什米尔蓝宝石。克什米尔矿区自19世纪60年代开始开采，曾是著名的优质蓝宝石产地，最美丽的蓝色带紫的矢车菊蓝宝石就产自克什米尔。克什米尔蓝宝石不但颜色好，而且透明度也较高，只是如今已很难在市面上见到。宝石中不含或很少见针状包裹体。常见电气石、锆石(有晕圈)、角闪石、云母、赤铁矿等矿物包裹体及指纹状、羽状气液包裹体。

(5) 泰国蓝宝石。蓝色中带黑或带灰，颜色不均匀，色带或色区明显，通常在蓝色部位有微粒状包裹体，颜色越深，微粒包裹体越多，使宝石变得混浊。指纹状、羽状气液包裹体常见。此外有长石、角闪石、烧绿石、磁黄铁矿及负晶包裹体。宝石中一般不含针状金红石包裹体，但在深棕色至黑色的星光蓝宝石中，可含有针状金红石和针状赤铁矿。

(6) 我国山东蓝宝石。山东省昌乐县是我国蓝宝石的主要产地，该地的蓝宝石由于铁、钛含量偏高，颜色较深，且不均匀，色带和色区明显，有时一个晶体上出现两种不同的颜色。蓝色以靛蓝色为主，也有纯正墨水蓝色。深色蓝宝石的透明度一般都不好，因为颜色深也会影响透明度。有的宝石含针状金红石包裹体较多，可产生六射星光。此外还有锆石、长石、磁铁矿、水铝石及指纹状气液包裹体等。

9.4.3 人工合成与优化处理的红宝石、蓝宝石的鉴别

1. 人工合成的红宝石和蓝宝石

采用不同方法合成的红宝石和蓝宝石，其内部特征也不相同。

(1) 焰熔法合成的红宝石和蓝宝石：不含矿物包裹体。常见弯曲生长纹、未熔的原料粉末及圆形或拉长的气泡。其他特征如颗粒较大，颜色鲜艳明亮，肉眼看上去内部洁净；紫外线照射具强的荧光；垂直台面观察具强的多色性(台面平行于光轴面所致)。

(2) 助熔剂法合成的红宝石和蓝宝石：不含矿物包裹体。常见不同形状的助熔剂残留体，如枝杈状、蠕虫状残留体，白色助熔剂粉末形成的指纹状、飘纱状残留体。此外，宝石中还见有液体、负晶以及由器皿上脱落的三角形、六边形、不规则形铂金片。生长纹平直或呈折线状，应注意与天然宝石的区别。

(3) 水热法合成的红宝石和蓝宝石：与天然产出的宝石极为相似，但不含矿物包裹体。与天然宝石比较，合成宝石内部洁净，透明度高，颜色鲜艳且分布均匀。最典型的特征是具有三角锯齿状和水波状生长纹，见有成群的白色点状包裹体、指纹状及飘纱状包裹体。当种晶片未切除时易于辨认。

2. 优化处理的红宝石和蓝宝石

(1) 热处理的红宝石和蓝宝石：热处理被广泛地应用于红宝石和蓝宝石的品质改善，而且已被人们普遍接受，按照国标的现行规定，热处理属于优化，也无须作任何说明，因此，对这类宝石的鉴别意义不大。

若要鉴别，可注意以下特征：

由于热处理时的温度大都很高，常在1 500℃以上，甚至接近红宝石和蓝宝石的熔点(2 050℃)，使宝石表层具流动感。宝石内部的矿物包裹体，因温度接近或超过它们的熔点而发生圆化变形或熔融成玻璃质，并伴随产生应力圈或环状裂纹。气液包裹体也因高温发生爆裂，呈指纹状或不规则状，成群的细小气液包裹体，爆裂后呈白色絮状物。当然，裂纹和白色絮状物太多，会影响宝石的品质级别。有些热处理的温度不太高，常见不到高温证据。

(2) 表面扩散的红宝石和蓝宝石：这种方法属于处理，扩散处理的宝石多为蓝宝石，致色元素钛和铁的扩散深度，最多也不足半毫米，其颜色仅限于表层。将扩散蓝宝石放入水中或其他浸液中，可清楚地看到边缘色深中间色浅。将天然蓝宝石和扩散蓝宝石，一同放入二碘甲烷中，天然蓝宝石轮廓模糊不清，扩散蓝宝石则整体轮廓清晰。

由于扩散处理后的宝石，只进行轻微再抛光，故表面光泽一般都不好，有时可见未抛光的麻点。宝石的腰、棱部位及表面裂隙或凹坑处，颜色相对较深。

(3) 辐照处理的红宝石和蓝宝石：辐照法很少用于红宝石和蓝宝石的颜色改善。辐照可使宝石产生色心，成为黄色，其中由不稳定色心致色的，会迅速退色，无商业价值。由稳定色心致色的，很难得到，鉴别此类宝石也很难。无论是辐照产生的色心致色，还是天然形成的色心致色，都可以通过加热(约500℃)使黄色消除。

上述对红宝石和蓝宝石的鉴别，无论是天然的、合成的，还是优化处理的，它们各自所具有的鉴别特征，是该地区或该类宝石综合反映出来的特征，并非在每一粒宝石中都能见到。

用其他方法处理的宝石，如注油和染色剂染色的宝石，油和染色剂多沿裂隙分布，用放大镜或显微镜检查不难发现。涂层的宝石，用丙酮或其他有机溶剂擦拭，可将涂层擦掉。

9.5 地质成因与产状

刚玉是一种多成因的矿物，可形成于岩浆岩和变质岩中，如玄武岩、橄榄岩、大理岩、矽卡岩、片麻岩等等，作为副矿物出现，含量一般在1%以下，偶尔可达5%。当这些岩石或含刚玉的矿床风化后，由于刚玉的硬度大，化学性质稳定，常形成机械沉积的砂矿。虽然刚玉的形成很广泛，但红宝石和蓝宝石矿床却很少。

10 祖母绿、海蓝宝石和绿柱石

10.1 概述

祖母绿、海蓝宝石和绿柱石这三种宝石属于同一种矿物,它们的矿物名称为绿柱石(Beryl),或者说它们是绿柱石矿物中三个不同的宝石品种。祖母绿作为5月生辰石,象征幸福、幸运和长久。海蓝宝石作为3月生辰石,象征沉着、勇敢和聪明。

祖母绿(Emerald)被誉为绿色宝石之王,是指由铬元素致色的翠绿色宝石级绿柱石。"祖母绿"一名是由波斯语音译来的,它还有几个不同的名称,如"子母绿"、"芝麻绿"等,发音都与"祖母绿"相近,这是古代译音不统一造成的。现在统一使用"祖母绿"一词。

海蓝宝石(Aquamarine)是指呈蓝色至浅蓝色(或称海蓝色)的宝石级绿柱石。除祖母绿和海蓝宝石外,其他所有颜色包括由铁致色的绿色宝石级绿柱石,则直接以矿物名称作为宝石名称使用。

在翠绿色和绿色的宝石级绿柱石中,由铬元素致色的称为祖母绿,由铁元素致色的称为(绿色)绿柱石,这样定义是否科学,有待研究探讨。如20世纪八九十年代在我国云南麻栗坡发现的"祖母绿",就是由钒、铬、铁共同致色的,属于富钒贫铬、铁的品种,对其归属(命名)问题,至今存在争议。如果将所有呈翠绿色、纯正绿色,或微带蓝、黄色调的绿色宝石级绿柱石,无论是由铬致色,还是由钒或铁致色,都称之为祖母绿,也就不会产生麻栗坡祖母绿归属上的争议了。至于颜色优劣,可按质论价。

祖母绿内部常有较多的微裂隙和包裹体,所以内部少裂隙较洁净的祖母绿成品,多在2克拉以下,即使小于0.2克拉的成品,也常用来镶嵌首饰。

世界上最大的祖母绿晶体，是 1956 年在南非发现的，质量达 4.8 kg；世界第二大祖母绿晶体，产自哥伦比亚，质量为 3.204 kg。

关于祖母绿矿产的分布情况说法不一。1974 年国外有人说，世界市场上的祖母绿原料，有一半以上是津巴布韦提供的。也有资料称，20 世纪 70 年代哥伦比亚的祖母绿产量，占世界总产量的 90%。无论是哪种情况，优质祖母绿主要产自哥伦比亚是无疑的。哥伦比亚和津巴布韦是祖母绿的主要产出国，此外，产祖母绿的国家还有俄罗斯、巴西、印度、南非、坦桑尼亚、赞比亚、澳大利亚等。

海蓝宝石和绿柱石这两种宝石的主要产地有巴西、俄罗斯、美国、中国(新疆)、印度、马达加斯加、加拿大、墨西哥等。其中巴西是优质海蓝宝石的产出国，巴西的海蓝宝石产量，占世界总产量的 70%。世界上最大的、质量达 110.5 kg 的海蓝宝石晶体，也是在巴西发现的。

10.2 基本特征

10.2.1 化学成分

绿柱石是铍铝硅酸盐矿物，其化学式为 $Be_3Al_2[Si_6O_{18}]$，纯净或只含 K、Na 杂质元素的绿柱石无色透明。成分中常含有微量的 Cr、Fe、Ti、V、Mn、Li、Cs 等元素，它们替代 Be 和 Al。不同的微量元素，可使绿柱石产生不同的颜色。祖母绿中的 Cr_2O_3 含量一般在 0.15%～0.20%，浓绿色者可达 0.5%～0.6%。海蓝宝石中含有二价铁等元素。红色绿柱石含 Mn，粉红色绿柱石含 Li、Cs，黄色绿柱石含 Fe^{3+}。由铁致色的绿色绿柱石一般带黄色色调。

10.2.2 晶体结构

绿柱石属六方晶系，硅氧四面体组成六方环，环与环之间由 Be^{2+} 和 Al^{3+} 相连。Be^{2+} 作四次配位，形成 Be—O_4 四面体；Al^{3+} 作六次配位，形成 Al—O_6 八面体。上下叠置的六方环，围绕 C 轴方向错开一定角度，在沿 C 轴方向迭置的六方环内，则形成一个巨大的通道。个体较大的碱性离子(如 K、Na 等)或 H_2O 可存在于通道中。

10.2.3 晶体形态

绿柱石通常呈发育完整的六方长柱状(见图 10－1),柱面上有细的纵纹。有时也呈短柱状甚至板状,偶尔也呈粒状。

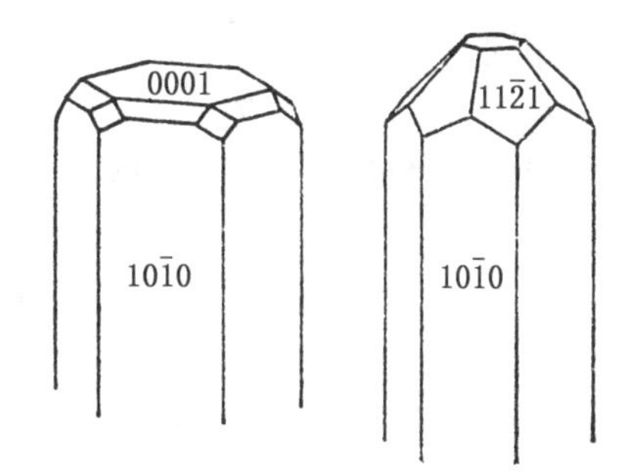

图 10－1 绿柱石的晶形

10.2.4 基本性质

(1) 摩氏硬度:7～8。

(2) 韧性:绿柱石性脆,韧性差,易碎裂。

(3) 解理:具有{0001}一组不完全解理。

(4) 密度:在 2.67～2.90 g/cm^3 之间,一般为 2.72 g/cm^3。

(5) 光性:非均质体,一轴晶,负光性。

(6) 折射率:1.564～1.602,双折射率 0.004～0.008。

(7) 光泽:玻璃光泽。

(8) 颜色:祖母绿呈翠绿色,或深至浅的绿色、蓝绿色、黄绿色,以翠绿色为最佳色,其颜色之美丽,除翠绿色翡翠外,其他所有绿色宝石难以比拟。海蓝宝石呈绿蓝色至蓝绿色、浅蓝色,且以浅蓝色为多。绿柱石宝石颜色较丰富,有绿色、黄色、红色、粉红色、棕色、无色等。粉红色绿柱石可称为摩根石。

(9) 多色性:与颜色深浅有关,浅色者弱至中等,深色者中等至强。

(10) 透明度:大多数宝石为透明,无色者透明如水,包裹体和裂隙可影响透明度。

(11) 发光性:紫外线照射下,一般无荧光或有弱的荧光。

(12) 特殊光学效应:可有猫眼效应,很少有星光效应。

(13) 吸收光谱:祖母绿的吸收光谱特征见 7.7 中的表 7－5。

10.3 人工合成与优化处理

合成祖母绿的方法有助熔剂法和水热法两种。由助熔剂法合成的祖母绿,其密度和折射率比天然祖母绿略低;而水热法合成的祖母绿,密度和折射率与天然祖母绿相同。

水热法也用来合成海蓝宝石和红色、紫色或淡绿色绿柱石。

优化处理的方法主要有热处理法、辐照法和注入法(也称注油法)三种。热处理法(属于优化),适用于海蓝宝石和绿柱石。辐照法(属于处理),适用于绿柱石。注入法多用于祖母绿,注入无色油属于优化;注入有色油(绿色)或注入聚合物(胶)属于处理。

热处理可以使绿色、黄绿色绿柱石,转变成海蓝色,成为优质海蓝宝石,也可以使橘黄色绿柱石转变成粉红色。通过加热到700℃,还可以使一些极微细的包裹体或裂隙消失,提高海蓝宝石和绿柱石的净度和透明度。

辐照法可以使绿柱石由无色变成粉红色或黄色,蓝色变成绿色,粉红色变成橘黄色等,而且这些颜色对光是稳定的。

对那些微裂隙较多的宝石,常采取注入法,即向微裂隙中注入与宝石折射率相近的润滑油、松节油、加拿大树胶等,来掩盖微裂隙的存在。

此外还有覆膜法(属于处理),使宝石的颜色加深,该方法多用于浅绿色祖母绿或浅绿色绿柱石。

10.4 祖母绿、海蓝宝石、绿柱石的鉴别

对这三种宝石的鉴别,首先是根据它们的物化性质,尤其是稳定的物理常数,将它们与相似宝石区别开来。然后进一步鉴别其是天然的、合成的,还是经过优化处理的。从价格因素考虑,重要的是对珍贵宝石祖母绿的鉴别。

查尔斯滤色镜,原是专门为鉴别真假祖母绿设计制造的,在查尔斯滤色镜下祖母绿显红色或暗红色。但是也有例外,如南非、坦桑尼亚、印度、巴基斯坦等地产的祖母绿,在查尔斯滤色镜下仍呈绿色。所以用查尔斯滤色镜鉴别祖母绿的真伪并不可靠。

由于合成的祖母绿与天然祖母绿极为相似,凭常规鉴定仪器测出的密度和折射率,难以将它们分开。然而通过观察其内部的包裹体特征,并配合其他辅助手段,还是能够鉴别它们的。

10.4.1 祖母绿与相似宝石的鉴别

与祖母绿相似的宝石有铬透辉石、翠榴石、钙铝榴石、钙铬榴石、绿色碧玺、绿

色蓝宝石、绿色磷灰石、绿色萤石、绿柱石熔融玻璃等。主要鉴别特征见表 10－1。

表 10－1 祖母绿与绿色相似宝石的主要鉴别特征

名 称	摩氏硬度	密度 (g/cm³)	折射率	光 性	多色性
祖母绿	7～8	2.72	1.564～1.602	一轴晶负光性	具多色性
铬透辉石	5.5～6.5	3.27～3.38	1.664～1.729	二轴晶正光性	具多色性
翠榴石	6.5～7.5	3.84	1.888	均质体	无
钙铝榴石	6.5～7.5	3.61	1.740	均质体	无
钙铬榴石	6.5～7.5	3.75	1.85	均质体	无
绿色碧玺	7～8	3.06	1.615～1.655	一轴晶负光性	具多色性
绿色蓝宝石	9	4.00	1.760～1.768	一轴晶负光性	具多色性
绿色磷灰石	5	3.18	1.624～1.667	一轴晶负光性	具多色性
绿色萤石	4	3.18	1.434	均质体	无
绿柱石熔融玻璃	7	2.47	1.52	均质体	无

10.4.2 天然祖母绿中的包裹体及鉴别特征

天然祖母绿是在复杂的地质环境中形成的，晶体中常含有不同种类的矿物包裹体，气、液两相或气、液、固三相包裹体以及管状包裹体和负晶。

常见的矿物包裹体有云母、透闪石、阳起石、方解石、黄铁矿、赤铁矿、长石、石英、石榴石、电气石、石盐、氟碳钙铈矿、硅铍石等。而且，不同产地的祖母绿，所含的包裹体种类往往不同。哥伦比亚木佐(Muzo)矿区和奇沃尔(Chivor)矿区的祖母绿，主要特征是含有三相包裹体，由气体、盐水和立方体石盐组成，整体轮廓呈锯齿状(见图 10－2)。木佐矿区的祖母绿包裹体还见有菱面体方解石，有时也见氟碳钙铈矿。奇沃尔矿区的祖母绿还见有长石、石英和黄铁矿。巴西祖母绿中的两相包裹体多呈管状，并见有黑云母、黄铁矿、赤铁矿等矿物包裹体。俄罗斯祖母绿的特征，是含有细长柱状淡绿色阳起石包裹体，看上去犹如竹节一般(见图 10－3)。此外尚有片状云母和方解石、石英等。巴基斯坦祖母绿中曾发现有云母和硅铍石包裹体，此时应注意与合成祖母绿的区别，因为在合成祖母绿中也会出现硅铍石。津巴布韦的祖母绿，含有针柱状透闪石、片状云母以及石榴石、针铁矿、电气石等矿物包裹体。

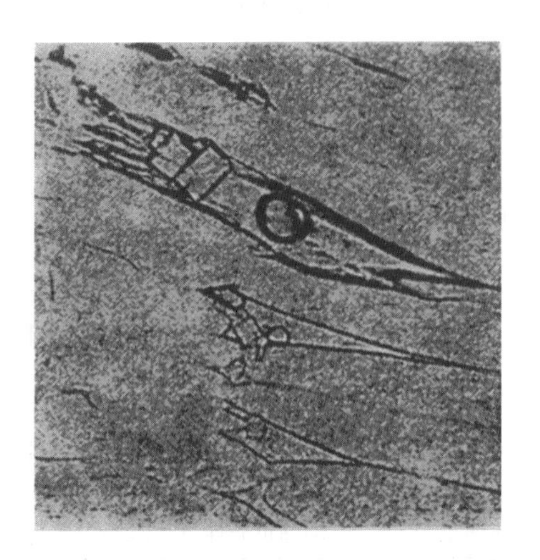

图 10－2　哥伦比亚祖母绿中的三相包裹体外形呈锯齿状，由盐水、气泡和石盐（方形）组成（据李兆聪）

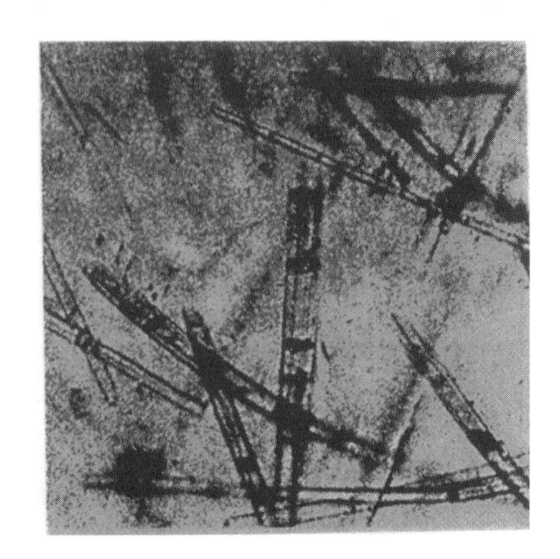

图 10－3　俄罗斯祖母绿中的“竹节”状阳起石包裹体（据李兆聪）

10.4.3　合成祖母绿的鉴别特征

合成祖母绿与天然祖母绿最显著的不同是合成祖母绿中不含多种矿物包裹体，尤其是不含三相包裹体。但是含有硅铍石和脱落的铂金片，后者与金属矿物相似；也有资料称，在水热法合成祖母绿的液体包裹体中同时存在石英。此外，加了铁元素的合成祖母绿，在其吸收光谱中427 nm处会出现铁的吸收带。而这条吸收带，在天然祖母绿吸收光谱中未出现过。

水热法合成的祖母绿，除含有种晶片、硅铍石和铂金片外，常含有大头针状包裹体和指纹状、细纱状、絮状或絮团状包裹体。大头针状包裹体的针头，由硅铍石晶体构成，针体为细长管状物。此外，具有三角形齿状生长纹、波浪状生长纹以及波浪状裂纹等。

助熔剂法合成的祖母绿中，除硅铍石、铂金片包裹体外，最常见的是絮状、管柱状助熔剂包裹体以及由微细滴状助熔剂、气液等组成的指纹状、网状、细纱状包裹体。

经注油或染色处理的宝石，油液或染料多沿裂隙分布，放大检查可发现。缓慢加热宝石，油液会渗出，这种现象称为“出汗”。用镜头纸擦拭，油液或染料会污染镜头纸。

10.5 地质成因与产状

祖母绿、海蓝宝石和绿柱石，虽为同一种矿物，但是祖母绿的产状，与海蓝宝石和绿柱石(宝石)的产状不尽相同。祖母绿的成因类型和产状主要有两种：① 形成于低温卤水热液(有学者认为是远源低温热液)；② 在花岗伟晶岩与超基性蚀变岩的接触带，由气化—高温热液交代作用形成。此外，也形成于伟晶岩晶洞中。作为碎屑矿物在残—坡积砂矿中也能见到。

海蓝宝石和绿柱石具有相同的成因类型和产状，常共生于一处。这两种宝石基本上都产于花岗伟晶岩中，且优质晶体多产于晶洞中。此外，也产于结晶片岩和各种热液作用形成的矿脉或蚀变岩(如云英岩)中。作为碎屑矿物在残—坡积砂矿中也能见到。

11 变石、猫眼和金绿宝石

11.1 概述

金绿宝石(Chrysoberyl)是一种铍铝氧化物宝石。这一名称出自希腊语，是"金黄色绿柱石"的意思。而绿柱石是铍铝硅酸盐宝石，早期将绿柱石宝石称为"绿宝石"(现在仍有人这样称呼)，将金黄色绿柱石称为"金绿宝石"。那时被称为金绿宝石的，实际上既包括金黄色绿柱石，也包括铍铝氧化物宝石在内。因为后者也含稀有金属元素铍，常与绿柱石共生在一起，并且也常呈金黄色，以至将两者混为一谈。现在"金绿宝石"一词，专门用来称呼铍铝氧化物宝石，而金黄色绿柱石只能称为绿柱石，并加颜色描述。

具有变色效应的金绿宝石，称为变石(Alexandrite)；具有猫眼效应的金绿宝石，称为猫眼(Chrysoberyl Cat's-eye)；同时具有变色效应和猫眼效应的金绿宝石，称为变石猫眼(Alexandrite Cat's-eye)；不具变色效应，也不具猫眼效应的金绿宝石，直接使用"金绿宝石"这一名称。

变石之所以能变色，是其自身对可见光的选择性吸收和光源不同造成的。它对红光和绿光的吸收很少，对其他色光则强烈吸收。日光或日光灯发出的光，绿光成分偏多，照射变石，变石呈绿色；烛光或白炽灯发出的光，红光成分偏多，照到变石上，变石呈红色。因此，变石被誉为"白天的祖母绿，晚上的红宝石"。变石的主要产出国有俄罗斯、巴西、斯里兰卡、津巴布韦等。早在1830年，俄罗斯乌拉尔的一个祖母绿矿山上发现了变石，并将它献给了沙皇亚历山大二世，在亚历山大二世生日的时候，命名这颗宝石，叫作"亚历山大石"(国家标准上给出的名称为变石)。

猫眼,是具有猫眼效应的金绿宝石的专用名称,其他任何具有猫眼效应的宝石,都不得称为猫眼,只能在其基本宝石名称后加“猫眼”二字来称呼,如月光石猫眼、矽线石猫眼等。在所有具猫眼效应的宝石中,猫眼是最为贵重的一种宝石。当金绿宝石晶体中,含有大量平行分布的针状或丝状金红石包裹体时,即可产生猫眼效应。其亮线(或称眼线)以细长、标准、清晰、明亮、灵活为佳。因锡兰(今斯里兰卡)盛产优质猫眼,故有“锡兰猫眼”之称。世界上猫眼的产出国主要有斯里兰卡、巴西、津巴布韦、赞比亚、印度、缅甸等。

变石和猫眼都属于稀有品种,变石猫眼则更为罕见,而变色效应和猫眼效应俱佳的宝石,实属稀世珍品。

至于不具变色效应,也不具猫眼效应的普通金绿宝石,如果颜色好,透明度高,也属优质高档宝石。

11.2 基本特征

11.2.1 化学成分

金绿宝石一词,既是宝石名称,又是矿物名称。属于氧化物类,其化学式为 $BeAl_2O_4$,常含有微量的 Fe、Cr、Ti、V 等元素,不同的微量元素,可产生不同的颜色。变石的化学成分中就含有微量 Cr 元素,由 Cr 致色。

11.2.2 晶体结构

金绿宝石属斜方晶系(也称正交晶系),氧成六方紧密堆积,铍位于四面体配位中心,铝位于八面体配位中心。

11.2.3 晶体形态

单晶体呈板状或短柱状,在{100}和{010}单形面上可见晶面条纹。常见接触双晶或轮式三连晶(见图 11-1)。

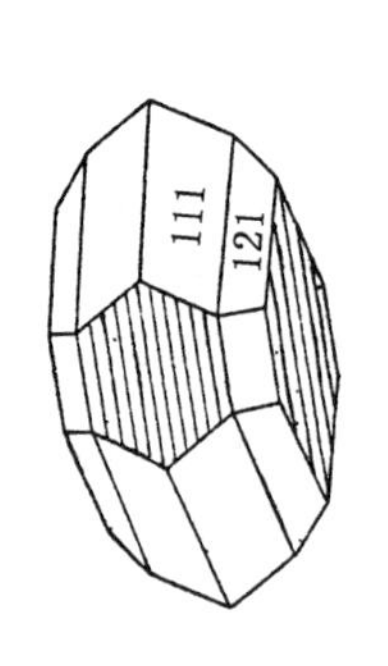

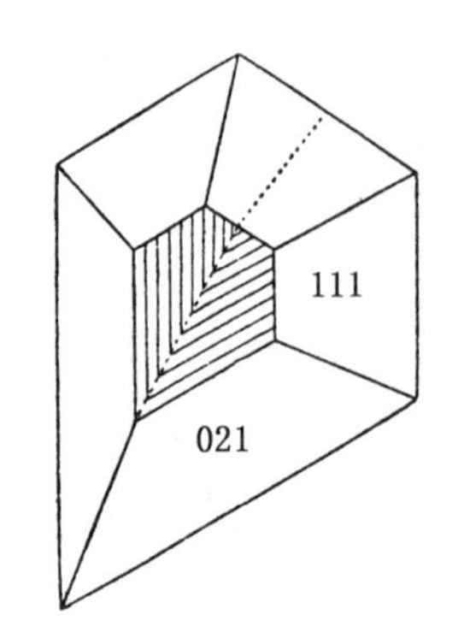

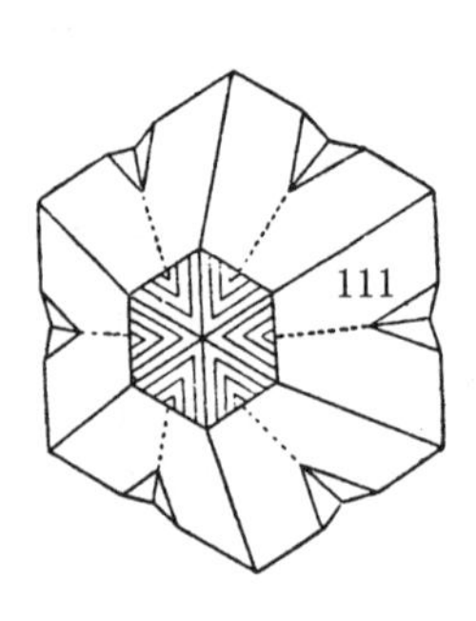

图 11-1 金绿宝石的晶形和双晶

左：单晶；中：接触双晶；右：轮式三连晶

11.2.4 基本性质

(1) 摩氏硬度：8.5。

(2) 韧性：韧性好。

(3) 解理：沿{011}中等，沿{010}和{100}不完全。

(4) 密度：3.73 g/cm^3。

(5) 光性：非均质体，二轴晶，正光性。

(6) 折射率：1.744～1.758，双折射率 0.009～0.011。

(7) 光泽：玻璃光泽。

(8) 颜色：常见黄色、绿色、黄绿色、褐色等，偶见浅蓝色。不同产地的变石，在日光下所呈现的绿色不尽相同，最好的颜色为翠绿色，其次为绿色；在烛光或白炽灯光下，最好的颜色是浓红色。猫眼多呈黄色、褐黄色、褐色等，以蜜黄色为最佳色，其次是葵花黄色。不具特殊光学效应的金绿宝石以绿色为最好。

(9) 多色性：与颜色深浅有关，浅色者弱至中等，深色者中等至强。

(10) 透明度：透明，含包裹体多者如猫眼为半透明。

(11) 发光性：紫外线照射下，猫眼无荧光；变石无荧光或具中等紫红色荧光；黄色和黄绿色金绿宝石，在短波紫外线照射下，有的具黄绿色荧光。

(12) 特殊光学效应：可具变色效应、猫眼效应、星光效应(稀少)。

(13) 吸收光谱：见 7.7 中的表 7-5。

11.3 人工合成变石

由于变石的稀少、珍贵和供不应求，促使人们对合成变石的研究，1973年已有用助熔剂法合成的变石问世。现在虽然也有用其他方法（如拉晶法）合成的变石，但市场上见到的合成变石，主要还是助熔剂法合成的产品。用助熔剂法合成的变石，品质优良，只是合成过程复杂，所需时间较长，价格也较贵。

11.4 变石、猫眼、金绿宝石的鉴别

11.4.1 与相似宝石的鉴别

自然界中具有变色效应的宝石，不只是变石一种，还有蓝宝石、尖晶石、钙铁榴石、萤石等（见表11－1）；具猫眼效应的宝石则更多（见表11－2）。各种宝石所固有的物化性质，是鉴别它们的可靠依据。

表11－1　变石与其他变色宝石主要鉴别特征

名　称	摩氏硬度	密度（g/cm^3）	折射率	光　性	多色性
变　石	8.5	3.73	1.744～1.758	二轴晶正光性	具多色性
蓝宝石	9	4.00	1.760～1.768	一轴晶负光性	具多色性
尖晶石	8	3.60	1.718	均质体	无
钙铁榴石	6.5～7.5	3.84	1.888	均质体	无
萤　石	4	3.18	1.434	均质体	无

表 11－2　猫眼与其他具猫眼效应的宝石主要鉴别特征

名　称	摩氏硬度	密度（g/cm³）	折射率（点测法）	其　他
猫　眼	8.5	3.73	1.75±	含针状、丝状包裹体
矽线石猫眼	6.5～7.5	3.25	1.66±	平行排列的纤维状集合体
虎睛石	6～7	2.64～2.71	1.53±	具石棉的平行纤维假象
月光石猫眼	6	2.55～2.76	1.52～1.58	含针状包裹体
透闪石猫眼	6～6.5	3.00	1.62±	平行排列的纤维状集合体
阳起石猫眼	6～6.5	3.00	1.63±	平行排列的纤维状集合体
碧玺猫眼	7～8	3.06	1.62±	含针状、丝状、管状包裹体
磷灰石猫眼	5	3.18	1.63±	含针状、丝状包裹体
透辉石猫眼	5.5～6.5	3.27～3.38	1.68±	含丝状包裹体
海蓝宝石猫眼	7～8	2.72	1.58±	含管状包裹体
方柱石猫眼	5～6	2.50～2.78	1.55±	含针状、管状包裹体
石英猫眼	7	2.66	1.54±	含针状、丝状包裹体
玻璃猫眼	5～6	变化较大	1.50±	平行排列的玻璃纤维

11.4.2　合成变石的鉴别

合成变石在化学成分、晶体结构、物化性质等方面均与天然变石基本相同，无法利用硬度、密度、折射率、光性等将它们区别开来。由于合成变石与天然变石的生成环境存在差异，表现在包裹体上有明显不同，因此，包裹体成了鉴别合成变石的可靠依据。

助熔剂法合成的变石，不含天然矿物包裹体。经常见到的包裹体是残留的助熔剂，有时可见到三角形或六边形铂金片（来自铂金坩埚）。

应当注意的是，残留的助熔剂包裹体，也常呈指纹状或羽状，与天然变石中的指纹状、羽状气液包裹体非常相似，须仔细观察辨别。

11.5

地质成因与产状

金绿宝石是一种比较稀少的矿物，能够作为宝石的就更少了。多产于花岗伟晶岩与超基性岩的接触带中及气化热液铍矿床中，原岩(矿)风化后，金绿宝石可转入残—坡积砂矿中。

12.1 石榴石

石榴石(Garnet)是矿物族的名称,全称为石榴子石,因其晶体形态颇似石榴籽,故名石榴子石。石榴石族包括六个不同的品种。作为宝石曾被称为紫牙乌,根据国标,这一名称已停止使用,现以石榴石或具体种属的名称作为宝石名称使用。深红色石榴石作为1月生辰石,象征忠实和友爱。

12.1.1 化学成分及品种

石榴石的一般化学式可用 $X_3Y_2[SiO_4]_3$ 表示,其中 X 代表二价阳离子,主要是 Ca^{2+}、Mg^{2+}、Mn^{2+}、Fe^{2+};Y 代表三价阳离子,主要为 Al^{3+}、Fe^{3+}、Cr^{3+}。

根据二价阳离子和三价阳离子的特征,将石榴石分为两类:一类是二价阳离子不同,三价阳离子均为 Al^{3+},称为铝系石榴石;另一类是二价阳离子均为 Ca^{2+},三价阳离子不同,称为钙系石榴石。具体种属如下:

铝系石榴石
- 镁铝榴石 $Mg_3Al_2[SiO_4]_3$
- 铁铝榴石 $Fe_3Al_2[SiO_4]_3$
- 锰铝榴石 $Mn_3Al_2[SiO_4]_3$

钙系石榴石
- 钙铝榴石 $Ca_3Al_2[SiO_4]_3$
- 钙铁榴石 $Ca_3Fe_2[SiO_4]_3$
- 钙铬榴石 $Ca_3Cr_2[SiO_4]_3$

石榴石的类质同像非常广泛,在同一系列内部可形成以任意比例替代的完全类质同像,在两个系列之间也能形成有限替代的不完全类质同像。所以自然界产出的石榴石，无论哪一个种属，其化学成分都不是纯的。

此外，石榴石中还可以含有 Ti、V、P、Y 等元素。当 SiO_2 不足时，还可以出现 $4(OH)^-$，替代$[SiO_4]^{4-}$，形成水榴石。

翠榴石是含铬的绿色钙铁榴石变种，黑榴石是富含钛的褐黑色钙铁榴石变种，贵榴石是褐黄色的钙铝榴石，红榴石是铁铝榴石与镁铝榴石之间的过渡品种。

沙弗莱石（Tsavolite，欧洲）或称察沃石（Tsavorite，美国），是含铬、钒的宝石级钙铝榴石变种。颜色为绿色、翠绿色和深绿色，其颜色之美丽，可与祖母绿相媲美，因主要产于非洲东部的肯尼亚、坦桑尼亚和马达加斯加，被誉为“非洲宝石之王”，是宝石市场上一种新兴的宝石品种。

12.1.2 晶系和晶体形态

石榴石为岛状结构的硅酸盐，属等轴晶系。常有完好的晶形，多呈菱形十二面体和四角三八面体，或两者的聚形（见图 12－1）。

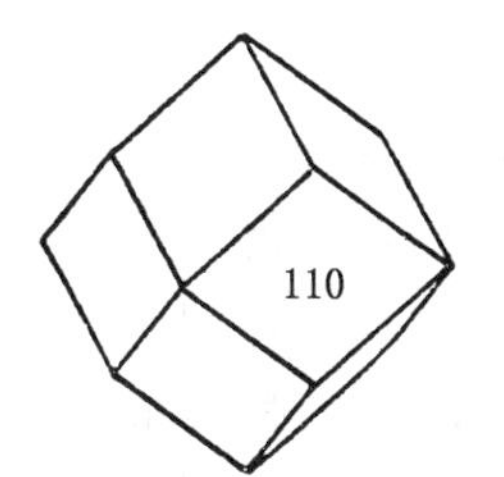

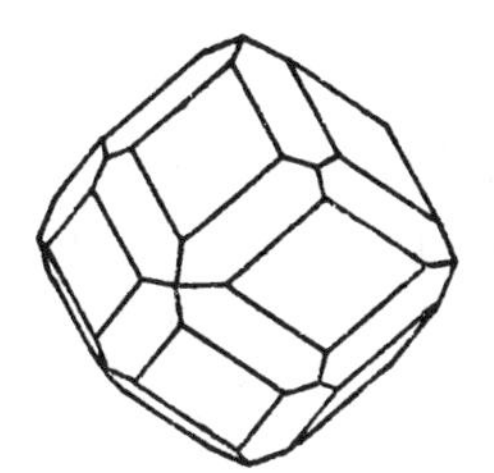
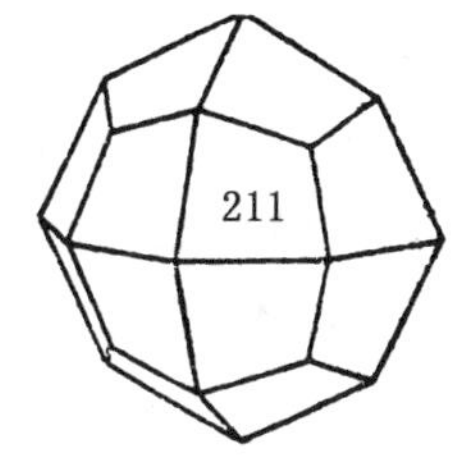

图 12－1 石榴石的晶形

12.1.3 基本性质

（1）摩氏硬度：6.5～7.5。

（2）解理和裂理：无解理，可有{110}裂理。

（3）密度：镁铝榴石为3.78 g/cm³；铁铝榴石为4.05 g/cm³；锰铝榴石为4.15 g/cm³；钙铝榴石为3.61 g/cm³；钙铁榴石（含翠榴石、黑榴石）为3.84 g/cm³；钙铬榴石为3.75 g/cm³。

（4）光性：铝系石榴石一般为均质体，而钙系石榴石往往有异常消光，表现为弱的双折射，并常见双晶及环带构造。

（5）折射率：镁铝榴石为1.714～1.742，常见为1.740；铁铝榴石为1.760～1.820；锰铝榴石为1.790～1.814；钙铝榴石为1.730～1.760；钙铁榴石（含翠榴石、黑榴石)为 1.855～2.010；钙铬榴石为 1.820～1.880。

(6) 光泽：玻璃光泽。

(7) 颜色：除蓝色外，石榴石可有各种颜色。镁铝榴石呈粉红色、血红色、玫瑰红色等；铁铝榴石呈暗红色、紫红色、橙红色等；锰铝榴石呈暗红色、橙红色、黄色等；钙铝榴石呈黄绿色、绿色、黄色、橙红色、无色等；钙铁榴石(含翠榴石)呈绿色、黄色、褐色等；钙铬榴石呈绿色。

(8) 多色性：无。

(9) 透明度：大多数宝石为透明，颜色深会影响透明度；含包裹体较多者呈半透明。

(10) 特殊光学效应：可具变色效应(稀少)和星光效应(为四射星光，偶有六射星光)。

12.1.4 鉴别特征

石榴石的化学成分复杂，反映在密度和折射率上，变化范围也大，密度 3.61～4.15 g/cm^3，折射率 1.714～1.880(黑榴石高达 1.94～2.01)。许多与石榴石相似的宝石，依据密度和折射率来鉴别它们，有时难以奏效。

在与石榴石相似的宝石中，只有尖晶石和石榴石同为均质体，其他的相似宝石都是非均质体，根据光性不同这一特征，可将它们与石榴石区别开来。但应注意，石榴石尤其是钙系石榴石，常有异常消光现象。与相似宝石的鉴别，实际上主要是与尖晶石之间的鉴别。一般说来，尖晶石的折射率在 1.72 左右，很少能达到或超过 1.73；而石榴石的折射率大都在 1.74 以上，很少有低于 1.73 者。此外，两者的内部包裹体也有差异。尖晶石常含有细小的八面体负晶包裹体，单个或呈指纹状分布。石榴石中常见的包裹体有针状、浑圆状、不规则状矿物晶体，有时可见马尾丝状包裹体。

12.1.5 地质成因、产状及产地

石榴石是多成因矿物，在岩浆岩和变质岩中都可形成，分布较为广泛。不同的种属，成因和产状也不相同。镁铝榴石产于金伯利岩、榴辉岩、橄榄岩及由橄榄岩变来的蛇纹岩。铁铝榴石产于花岗岩的内接触带及结晶片岩、片麻岩、榴辉岩、变粒岩和某些角闪岩。锰铝榴石产于花岗岩的内接触带及伟晶岩、结晶片岩、石英岩，这种石榴石较少见。钙铝榴石产于矽卡岩，在区域变质的钙质岩石中也有产出。钙铁榴石产于矽卡岩，黑榴石主要产于碱性岩。钙铬榴石常与铬铁矿共生于蛇纹岩中，也产于接触变质的石灰岩(大理岩)，是一种罕见的石榴石。

含有石榴石的各种岩石风化后，石榴石可转入砂矿中。

世界上产石榴石的国家很多，如巴西、美国、墨西哥、加拿大、俄罗斯、中国、斯里兰卡、缅甸、印度、巴基斯坦、澳大利亚、南非、坦桑尼亚、马达加斯加、肯尼亚、津巴布韦等。

12.2 尖晶石

尖晶石(Spinel)是矿物名称。过去曾将红色尖晶石称为大红宝石，根据国标，现在以矿物名称尖晶石，作为宝石名称使用。优质的红色尖晶石，可与红宝石媲美。

人们对尖晶石的利用已有很久的历史，古代的阿富汗是出产尖晶石的主要国家，尤以出产大颗粒的红色尖晶石著称。1415年，镶嵌在英国王冠上的一粒质量约170克拉、被称为“黑太子红宝石”的宝石，就是一粒红色尖晶石。

12.2.1 化学成分及品种

尖晶石属于氧化物类矿物，由于类质同像比较常见，所以成分较复杂。按化学成分尖晶石可分为：镁尖晶石 $MgAl_2O_4$；镁铁尖晶石 $(Mg,Fe)(Al,Fe)_2O_4$；铬尖晶石 $MgCr_2O_4$；铁尖晶石 $FeAl_2O_4$；锌尖晶石 $ZnAl_2O_4$；锰尖晶石 $MnAl_2O_4$。

市面上常见的主要是镁尖晶石 $MgAl_2O_4$，其成分中常含有 Cr、Fe、Zn、Mn 等元素。

12.2.2 晶系和晶体形态

尖晶石为等轴晶系。单晶体常呈八面体，有时八面体和菱形十二面体组成聚形；双晶常见，双晶面依(111)成接触双晶(见图12-2)。

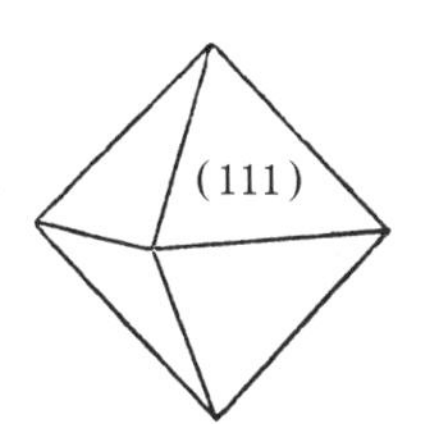

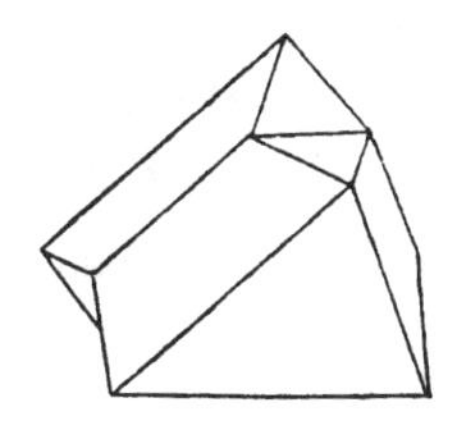

图12-2 尖晶石的晶形(左)和双晶(右)

12.2.3 基本性质

(1) 摩氏硬度：8。

(2) 解理：{111}解理不完全。

（3）密度：3.60 g/cm^3，富含 Fe、Zn、Mn、Cr 者密度会高些。

（4）光性：均质体，个别变种有微弱的双折射。

（5）折射率：1.718，富含 Fe、Zn、Mn、Cr 者可略高些。

（6）光泽：玻璃光泽。

（7）颜色：尖晶石的颜色丰富，有红色、橙红色、粉红色、紫红色、蓝色、绿色、黄色、褐色、变色、无色等。其中以近似红宝石的红色为最好，其他颜色以纯正为好。

（8）多色性：无。

（9）透明度：透明，颜色过深会影响透明度。包裹体多者为半透明。

（10）特殊光学效应：可具变色效应(稀少)、星光效应。

12.2.4 鉴别特征

尖晶石与石榴石的鉴别见 12.1.4。与其他相似宝石的鉴别是尖晶石为均质体。

与合成尖晶石的鉴别是，天然尖晶石常含有天然矿物的包裹体，如石英、磷灰石、锆石、石墨等，并常见八面体负晶(有时为小八面体尖晶石)。合成尖晶石不含天然矿物包裹体，可见原料粉末、弧形生长纹及气泡。

12.2.5 地质成因、产状及产地

尖晶石为多成因矿物，主要形成于白云岩或白云质石灰岩与火成岩的接触带中，是一种高温接触变质矿物。此外也形成于区域变质岩中(如某些结晶片岩、片麻岩和角闪岩)。在缺少 SiO_2 的岩浆岩中，作为岩浆矿物出现，形成镁铁尖晶石；在超基性岩特别是橄榄岩中，形成铬尖晶石。但真正达到宝石级的尖晶石，主要产于镁质矽卡岩和镁质大理岩中。含尖晶石的岩石或矿石风化后，尖晶石则转入砂矿中。

世界上产尖晶石宝石的国家有缅甸、泰国、阿富汗、柬埔寨、巴基斯坦、斯里兰卡等。

12.3 碧玺

电气石(Tourmaline)是矿物名称，宝石界习惯上将宝石级的电气石称为碧玺。

粉红色碧玺作为10月生辰石，象征美好希望和幸福的到来。

过去，碧玺还有许多别的称呼，如砒硒、碧洗、披耶西、碧霞玺、辟邪玺等。从这些名称看，可能是外来语译音。

碧玺是一种古老的宝石品种，在古代它相当贵重。据资料记载，慈禧太后的墓葬中有一朵碧玺莲花，重三十六两八钱，价值75万两白银。现在，碧玺虽算不上珍贵宝石，但仍属中高档宝石，价格较高。

12.3.1 化学成分及品种

电气石是一种含硼的硅酸盐矿物，由于类质同像常见，化学成分比较复杂，其化学式为$(Na, K, Ca)(Mg, Fe, Mn, Li, Al)_3(Al, Fe, Cr, V)_6[Si_6O_{18}](BO_3)_3(OH, F)_4$。常见的电气石可分为以下三种：

(1) 镁电气石 $NaMg_3Al_6[Si_6O_{18}](BO_3)_3(OH, F)_4$；

(2) 黑电气石 $NaFe_3Al_6[Si_6O_{18}](BO_3)_3(OH, F)_4$；

(3) 锂电气石 $Na(Li, Al)_3Al_6[Si_6O_{18}](BO_3)_3(OH, F)_4$。

在黑电气石与镁电气石之间以及黑电气石与锂电气石之间，可形成完全类质同像；而镁电气石与锂电气石之间为不完全类质同像。此外还常含有K、Ca、Mn、Cr、Ti、Cu、V、Cl等，并可形成锰电气石 $NaMn_3Al_6[Si_6O_{18}](BO_3)_3(OH, F)_4$ 和钙镁电气石 $CaMg_4Al_5[Si_6O_{18}](BO_3)_3(OH, F)_4$。

12.3.2 晶系和晶体形态

电气石为环状结构的硅酸盐，属三方晶系。单晶体呈柱状，柱面上常有纵纹(见图12-3)，晶体的横断面呈三角形或弧线三角形。

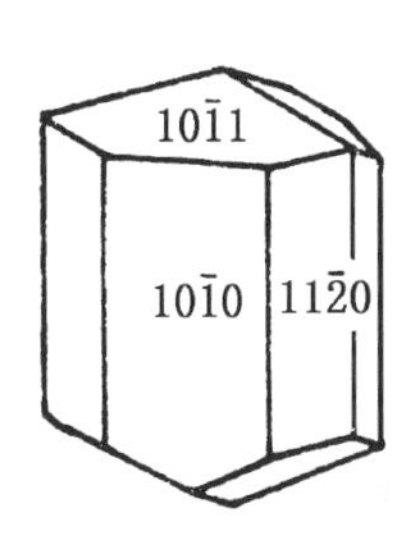

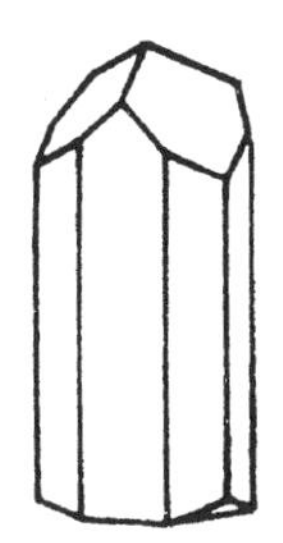

图12-3 电气石(碧玺)的晶形

12.3.3 基本性质

(1) 摩氏硬度：7～8。

(2) 解理和裂理：无解理，但垂直C轴的横裂理相当发育。

(3) 密度：3.06 g/cm^3，黑电气石可高达3.25 g/cm^3。

(4) 光性：非均质体，一轴晶，负光性。

(5) 折射率：1.615～1.655，黑电气石可高达1.698，双折射率0.015～0.040，通常为0.020。

(6) 光泽：玻璃光泽。

(7) 颜色：电气石的颜色非常丰富，凡是宝石中出现的颜色，电气石中都可以出现。而且有的电气石颜色分布非常奇特，在柱状晶体的一端为红色或粉红色，另一端为绿色或黄绿色，中间为过渡色，这种电气石被称为双色(或多色)碧玺。也有的电气石颜色呈同心环带状分布，外层为绿色，内部为红色，这种电气石被称为西瓜碧玺。其丰富多彩的颜色，与复杂的化学成分有关，一般说来，含铬者呈绿色，含锰者呈红色，含铜者呈蓝色或蓝绿色，含铁者呈暗绿色、深蓝色、暗褐色或黑色。

(8) 多色性：浅色者多色性中等，深色者多色性强。

(9) 透明度：透明。含包裹体多、具猫眼效应者为半透明，黑色者几乎不透明。

(10) 特殊光学效应：可具猫眼效应和变色效应(稀少)。

12.3.4 鉴别特征

由于电气石的颜色多种多样，外观上有很多宝石都可与其相似，因此，鉴别它们的可靠依据是密度、折射率和光性。此外，电气石的颜色分布不均匀(双色或环带)，多色性显著，双折射率大，可见刻面棱线呈双影，用丝绸摩擦或在电灯泡旁加热可产生静电并吸附灰尘、纸屑等特征，也是辅助鉴别依据。

12.3.5 地质成因、产状及产地

电气石主要是气化热液作用的产物，它的大量出现意味着硼和氟的作用强烈。可形成于花岗伟晶岩和气化高温热液矿脉中，也见于云英岩、高温石英脉、大理岩和结晶片岩中。但宝石级的电气石(碧玺)，主要产于花岗伟晶岩和气化高温热液矿脉中，作为碎屑矿物也见于砂矿中。

世界上产碧玺的国家很多，如巴西、美国、意大利、中国（主要在新疆）、斯里兰卡、缅甸、印度、巴基斯坦、俄罗斯、英国、德国、肯尼亚、坦桑尼亚、津巴布韦、马达加斯加等。

12.4 托帕石

英文名称 Topaz，在我国地质学上是指矿物黄玉（也叫黄晶）。如果将矿物名称黄玉或黄晶，作为宝石名称使用，前者与软玉中的黄色品种黄玉同名，后者与水晶中的黄色品种黄晶同名，就会造成同名不同物的混乱现象，因此，我国宝石界以 Topaz 的译音托帕石作为宝石名称使用，专指那些宝石级的黄玉（黄晶）矿物晶体。托帕石作为 11 月生辰石，象征真挚的爱。

12.4.1 化学成分

托帕石是一种含氟和氢氧根的铝的硅酸盐，化学式为 $Al_2[SiO_4](F, OH)_2$，F 和 OH 的比值是变化的，从 3∶1 到 1∶1。成分中还常含有铬、锂、铍、镓、锗、铊等微量元素。

12.4.2 晶系和晶体形态

托帕石为岛状结构，属斜方晶系（正交晶系）。

晶体大多呈柱状（见图 12－4），往往由多个菱方柱和菱方锥相聚而成，柱面常有纵纹。也呈不规则粒状。

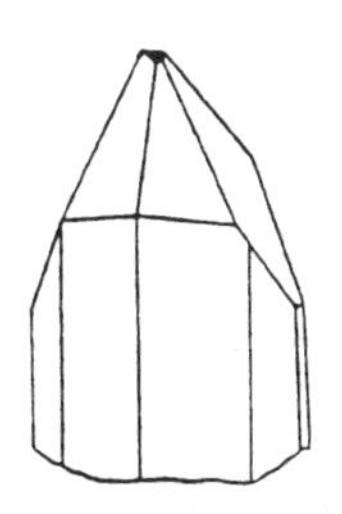
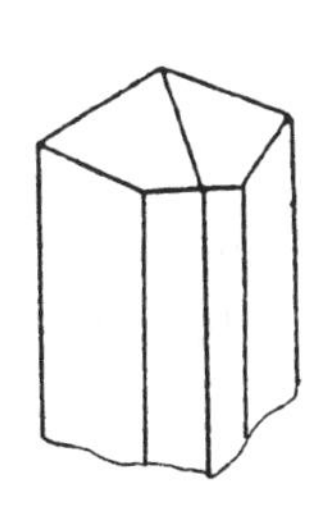
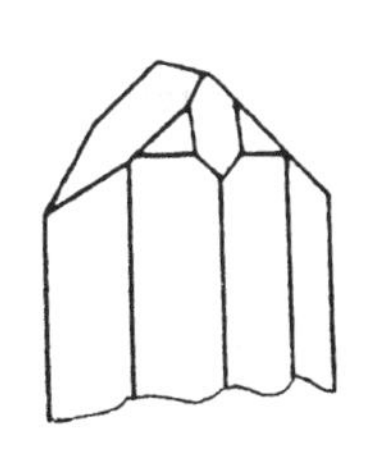
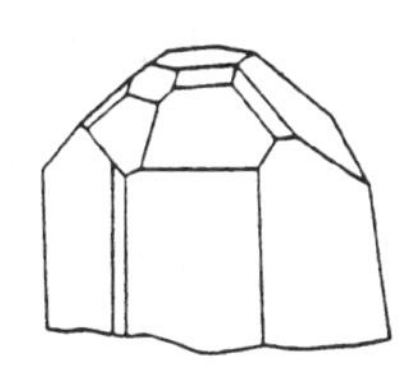

图 12－4 托帕石的晶形

12.4.3 基本性质

(1) 摩氏硬度：8。

(2) 解理：{001}解理完全。

(3) 密度：3.53 g/cm^3。

(4) 光性：非均质体，二轴晶正光性。

(5) 折射率：1.619～1.627；双折射率 0.008～0.010。

(6) 光泽：玻璃光泽。

(7) 颜色：托帕石的颜色多种多样，有红色、黄色、蓝色、绿色、紫色、褐色、无色等等。以红色为最佳色，品质优良的红色及粉红色托帕石，是中档宝石中较为珍贵的品种。黄色中，价值高的是金黄色和酒黄色(黄色带红)。蓝色也深受人们喜爱，蓝色托帕石是市场上常见和畅销的品种。

现在市场上出售的托帕石，有些是经过辐照和热处理改色的。尤其是蓝色托帕石，改色技术已相当成功，改成的蓝色不但漂亮，而且稳定。

(8) 多色性：弱至中等。

(9) 透明度：透明。含包裹体多会影响透明度，具猫眼效应者为半透明。

(10) 特殊光学效应：可具猫眼效应(稀少)。

12.4.4 鉴别特征

托帕石与相似宝石鉴别的主要依据是密度、折射率和光性特征等。水晶、碧玺、海蓝宝石、磷灰石与托帕石相似，区别在于它们都为一轴晶，托帕石为二轴晶；尖晶石也与托帕石相似，区别在于尖晶石为均质体，用偏光镜或二色镜，很容易将两者区别开。

12.4.5 地质成因、产状及产地

托帕石是典型的气化热液成因。主要产于花岗伟晶岩、高温气化热液矿脉以及与花岗岩有关的云英岩中。含托帕石的原岩或矿脉风化后，托帕石则转入砂矿中。

有资料显示，世界上95%以上的托帕石产在巴西。此外，美国、俄罗斯、中国、缅甸、巴基斯坦、非洲、澳大利亚等，也产托帕石。

12.5 橄榄石

橄榄石(Peridot, Olivine)是一种造岩矿物,也是一种常见宝石,因其颜色近似橄榄绿色而得名。作为8月生辰石,象征夫妻幸福、美满与和谐。

12.5.1 化学成分

常见的橄榄石,是两个端员组分镁橄榄石 $Mg_2[SiO_4]$和铁橄榄石 $Fe_2[SiO_4]$形成的完全类质同像混晶,其化学式为$(Mg, Fe)_2[SiO_4]$。成分中常含有 Na、Ca、Al、Ni、Mn、Cr、Ti 等元素。

12.5.2 晶系和晶体形态

橄榄石是一种岛状结构的硅酸盐,属斜方晶系。晶体呈厚板状、短柱状(见图12-5),为{110}、{010}、{100}、{001}、{021}等的聚形。完好的晶体形态少见,常呈等轴粒状产出。依(011)、(012)、(013)成双晶,但少见。

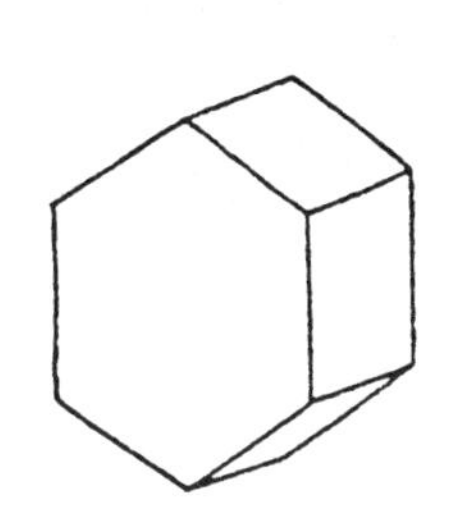
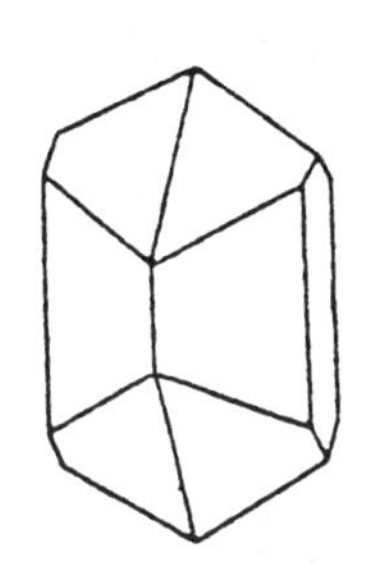
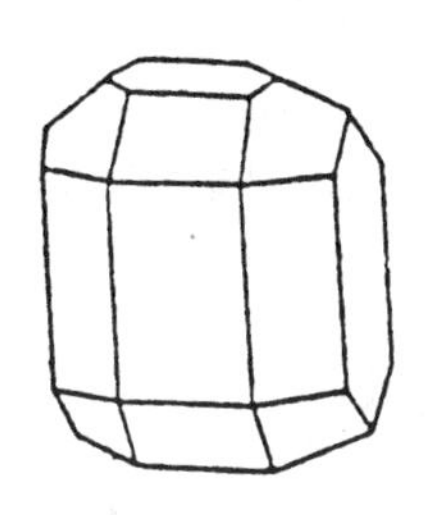
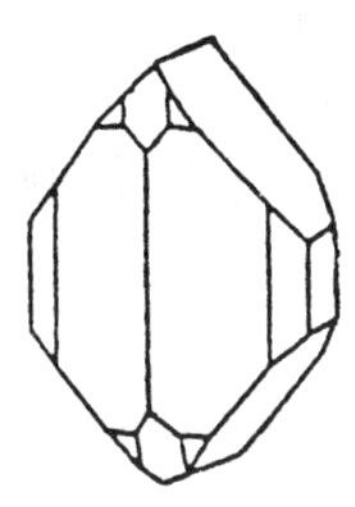

图 12-5 橄榄石的晶形

12.5.3 基本性质

(1) 摩氏硬度:6~7。

(2) 解理:{010}解理不完全。

(3) 密度:3.27~3.34 g/cm^3。

(4) 光性：非均质体，二轴晶，正光性或负光性。

(5) 折射率：1.654～1.690，双折射率 0.035～0.040，刻面宝石可见棱线呈双影。

(6) 光泽：玻璃光泽。

(7) 颜色：常见橄榄绿色、黄绿色、褐绿色。颜色深浅与含铁量多少密切相关，含铁越多，颜色越深。

(8) 多色性：较弱。

(9) 透明度：透明。

(10) 特殊光学效应：猫眼效应和星光效应，但均罕见。

12.5.4 鉴别特征

橄榄石与相似宝石鉴别的主要依据是密度、折射率和光性特征。此外，橄榄石是自色矿物，颜色相对固定，其特有的橄榄绿色或黄绿色，也可作为鉴定依据。

从外观看，绿色尖晶石、黄绿色钙铝榴石、翠榴石、绿色碧玺、绿色绿柱石等，易与橄榄石相混。区别在于尖晶石、钙铝榴石和翠榴石为均质体，橄榄石为非均质体；碧玺和绿柱石为一轴晶，橄榄石为二轴晶。

12.5.5 地质成因、产状及产地

橄榄石主要产于基性、超基性岩，如辉长岩、苏长岩、橄榄岩、玄武岩、金伯利岩等岩石中。但世界上大部分宝石级橄榄石，都产在碱性玄武岩的幔源包体(二辉橄榄岩)中。

产橄榄石的国家有中国(河北省、吉林省)、美国、巴西、缅甸、澳大利亚、墨西哥等。

12.6 水　晶

水晶(Rock Crystal)是一种历史悠久的宝石，其矿物名称为石英(Quartz)。石英的同质多像变体很多，有 α-石英(低温，三方晶系)、β-石英(高温，六方晶系)、α-鳞石英(低温，四方晶系)、β_1-鳞石英(中温，六方晶系)、β_2-鳞石英(高温，六方晶系)、α-方石英(低温，四方晶系)、β-方石英(高温，等轴晶系)、柯石英(单斜晶系)、斯石英(四方晶系)。通常所说的水晶是指 α-石英，在常压和 573℃以下稳定，故也称低温石

英。我国古代对水晶有多种称呼，如水玉、水精、石瑛、千年冰、菩萨石等。

水晶指那些结晶较好的透明石英晶体。根据水晶的颜色和所含包裹体的不同，有以下几个品种。无色透明者称为水晶；紫色者称为紫晶；黄色者称为黄晶；绿色者称为绿晶；褐色者称为茶晶或烟晶；棕黑至黑色者称为墨晶；含毛发状、针状包裹体者称为发晶；含肉眼可见的液态包裹体者(液腔内伴有圆形气泡，摇晃可动)，称为水胆水晶；呈蔷薇红色者称为蔷薇水晶，呈浅红色块状、半透明者称为芙蓉石(商家称其为粉晶)；含有细小分散状气液包裹体，呈乳白色半透明者称为乳石英；具猫眼效应者称为石英猫眼。

紫水晶作为 2 月生辰石，象征诚实、诚挚和心地善良。

黄水晶作为 11 月生辰石，象征真挚的爱。

12.6.1 化学成分

水晶的化学成分是 SiO_2，成分中常含有微量的 Na、Al、Ca、Mg、Fe、Ti、Mn 等元素。

12.6.2 晶系和晶体形态

水晶属三方晶系，晶体多呈六方柱和菱面体所组成的聚形，柱面上常具有横纹。有时还出现三方双锥和三方偏方面体单形的小面。晶体有左形晶和右形晶之分(见图 12－6)，识别标志是：三方偏方面体的小面位于柱面的左上角为左形晶；位于柱面的右上角为右形晶。

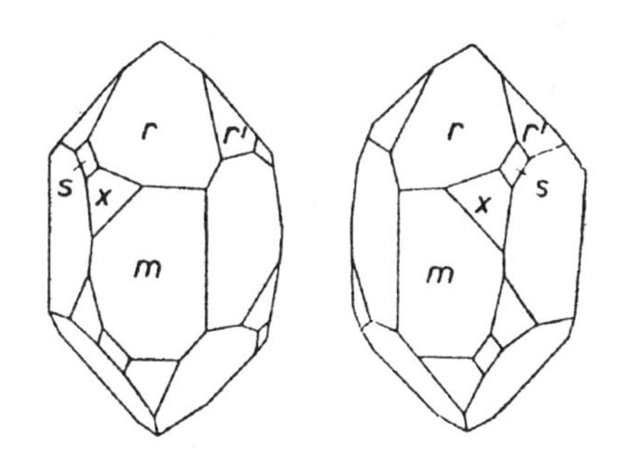

图 12－6 水晶的左形(左)和右形(右)

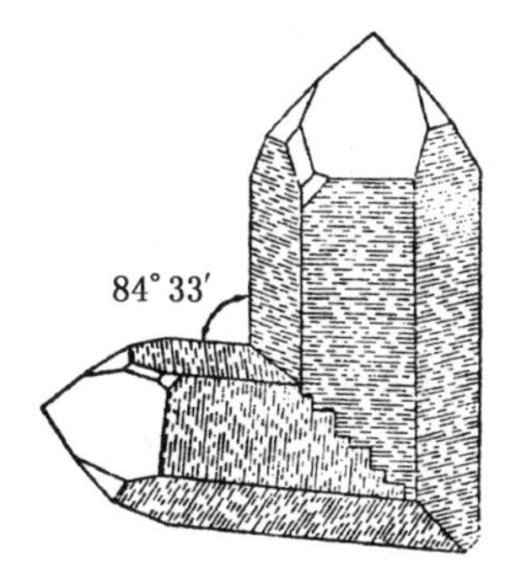

图 12－7 水晶的日本双晶

常见双晶有以 C 轴为双晶轴的道芬双晶和以$(11\bar{2}0)$为双晶面的巴西双晶。这两种双晶都是贯穿双晶，从外形上看，与单晶体极为相似，即使在正交偏光镜间，也看不出它们是双晶，因为两个单体具有一致的消光位和相同的干涉色。但是，两个单体上的晶面条纹（柱面上的横纹）是断开的、不连续的，据此可知双晶的存在。此外，偶尔也可见有以$(11\bar{2}2)$为双晶面，两单体 C 轴成 84°33′斜交的日本双晶（见图 12-7）。

12.6.3 基本性质

(1) 摩氏硬度：7。

(2) 解理：无解理。

(3) 密度：2.66 g/cm^3。

(4) 光性：非均质体，一轴晶正光性。

(5) 折射率：1.544～1.553。双折射率 0.009。

(6) 光泽：玻璃光泽。断口呈油脂光泽。

(7) 颜色：纯净者无色透明，常因含杂质或存在晶体结构缺陷（色心），而呈紫色、黄色、绿色、褐色、棕黑色、浅红色等。

(8) 多色性：与颜色有关，有色者一般多色性也较弱。

(9) 透明度：大多数透明。颜色过深如墨晶，则影响透明度。芙蓉石、乳石英为半透明。

(10) 特殊光学效应：可具猫眼效应、星光效应（六射）。

12.6.4 鉴别特征

根据水晶的密度、折射率和光性特征，不难将水晶与其他相似宝石区别开来。重要的是天然水晶与合成水晶、玻璃或石英玻璃（由石英熔化而成的玻璃）的鉴别。常有人以合成水晶甚至以玻璃或石英玻璃，冒充天然水晶。

天然水晶与合成水晶具有相同的光性特征和极其相近的密度、折射率，鉴别两者主要是根据内部的包裹体。天然水晶常含有气态、液态和固态包裹体，气、液包裹体多呈星点状、云雾状分布。合成水晶的包裹体相对较少，包裹体为原料粉末，常粘连成面包渣状，有时还可见到片状种晶晶核。另外，天然有色水晶的颜色往往不均匀，而合成水晶（以及改色的天然水晶）颜色均一。

天然水晶与玻璃及石英玻璃的区别，在于前者是非均质体，后两者是均质体，并且常有圆形、椭圆形气泡。

水晶球与玻璃球或石英玻璃球的鉴别方法是，在一张白纸上放一根头发，用球压住头发从上方观察，能看到头发呈双影，为水晶球；看不到头发呈双影，就转动球，换个方向观察，如果始终都不能看到双影，则为玻璃球或石英玻璃球。水晶的最大双折射率只有 0.009，水晶球至少应有乒乓球般大小，才能看到头发呈双影。

12.6.5 地质成因、产状及产地

石英是主要的造岩矿物之一，在地壳中分布很广，约占整个大陆地壳的 11%，可形成于岩浆岩、变质岩和沉积岩中，是一种多成因矿物。但是作为宝石的水晶，主要产于热液型矿脉及伟晶岩中，也见于花岗岩晶洞中。含有水晶的矿体或岩石风化后，水晶则转入砂矿。

世界上产水晶的国家很多，几乎每个国家都有产出，主要的产出国有巴西、美国、墨西哥、俄罗斯、马达加斯加、乌拉圭、斯里兰卡、印度、中国等。我国江苏省东海县是著名的“水晶之乡”，此外，海南、新疆、青海、甘肃、内蒙等二十几个省区都有水晶产出。

12.7 长石(月光石、日光石、拉长石、天河石)

自然界的长石(Feldspar)主要是钾、钠、钙的铝硅酸盐类矿物，矿物学上将长石族分为碱性长石和斜长石两个亚族(由于钡长石 $Ba[Al_2Si_2O_8]$ 十分罕见，往往不予考虑)。碱性长石包括透长石、正长石、微斜长石、歪长石、冰长石等，它们往往由钾长石分子和钠长石分子两部分构成，当两种长石分子不能混溶时，便形成两种相的混合物，称为条纹长石，为主者称为主晶，量少者称为嵌晶。条纹状、叶片状嵌晶大小不一，从 0.001 mm 以下(需借助仪器分析才可发现)，到 0.1 mm 以上(标本上肉眼可见)。斜长石包括钠长石、更长石、中长石、拉长石、培长石、钙长石等，斜长石常具有聚片双晶，其双晶叶片的宽度随成分不同而异，更长石中的双晶叶片最为细密，向钠长石方向或向中长石、拉长石方向双晶叶片变宽。有时在拉长石中，可见到由析离作用产生的更长石叶片，这是一种罕见的条纹长石。

长石族的宝石品种，主要有月光石、日光石、拉长石和天河石四种。月光石作为 6 月生辰石，象征健康、长寿和富有。

长石中的条纹状、叶片状嵌晶或聚片双晶，都可产生月光效应，具有月光效应的长石称为月光石(Moonstone)。显然，月光石可以是碱性长石，也可以是斜长石。月光效应通常表现为月白色的闪光。当长石中的嵌晶或聚片双晶层厚与可见光波长接近时，如微纹长石(显微镜下才能看到条纹)、隐纹长石(电子显微镜下才能分辨出条纹)和斜长石中的钠长石、更长石等。月光效应表现为淡雅的蓝色或绿

色闪光，这种月光石属于珍品，也有人将这种月光石称为晕长石(Peristerite)。

呈橙红色或金黄色并具有砂金效应的长石称为日光石(Sunstone)。产生砂金效应的原因是长石中含有星点状或定向分布的橙红色、金黄色片状包裹体所致，如镜铁矿、云母等包裹体。凡是含有这类包裹体并具砂金效应的长石，都可称为日光石，并非只限于某种长石。

天河石(Amazonite)是微斜长石或正长石的变种，因含铷(Rb)铯(Cs)元素而呈绿色、蓝绿色。

拉长石(Labradorite)属于斜长石，呈灰至深灰色，具有蓝色或绿色或橙红色的晕彩效应。有的学者认为是由于拉长石中含有定向排列的微细铁矿物薄片所致。单从特殊光学效应看，也可将拉长石划归到月光石中。拉长石常被称为"光谱石"。

12.7.1 化学成分

长石主要由三种简单的长石分子组合而成：

钾长石分子(Or)　$K[AlSi_3O_8]$

钠长石分子(Ab)　$Na[AlSi_3O_8]$

钙长石分子(An)　$Ca[Al_2Si_2O_8]$

钾长石分子与钠长石分子的组合称为钾钠长石系列，构成碱性长石亚族。它们在高温时能以任意比例混溶，为完全类质同像，随着温度降低，互溶性逐渐减小，便分离成钾长石和钠长石两个相，形成条纹长石。

钠长石分子与钙长石分子的组合称为钠钙长石系列，构成斜长石亚族。各种属的 Ab 和 An 百分含量如下：

钠长石　Ab100～90，An0～10

更长石　Ab90～70，An10～30

中长石　Ab70～50，An30～50

拉长石　Ab50～30，An50～70

培长石　Ab30～10，An70～90

钙长石　Ab10～0，An90～100

钾长石分子与钙长石分子几乎在任何温度下都是不混溶的。而钡长石分子 $Ba[Al_2Si_2O_8]$可与钾长石分子形成不完全类质同像，不过钡长石在自然界很少见，此处不予介绍。

碱性长石和斜长石它们主要是二组分系列，但自然界产出的长石一般还含有第三种长石组分，即碱性长石中含有钙长石分子，斜长石中含有钾长石分子，其含量一般不超过5%，当超过5%时，称为三元长石，如钙质歪长石、钾质钠长石等。此外还可含少量其他元素，如天河石中的Rb、Cs，以及Ba、Fe、Pb、Ti、Mn、Mg、Sr等。

12.7.2 晶系和晶体形态

透长石和正长石为单斜晶系；微斜长石和歪长石为三斜晶系；冰长石有单斜晶系，也有三斜晶系；而斜长石全部为三斜晶系。

长石虽有单斜晶系和三斜晶系之分，但它们的晶体形态都很相似，常呈柱状、短柱状和板状。碱性长石中常见卡斯巴律双晶（见图1－12b）和格子双晶（见图12－8），斜长石中常见聚片双晶（见图1－12c）。

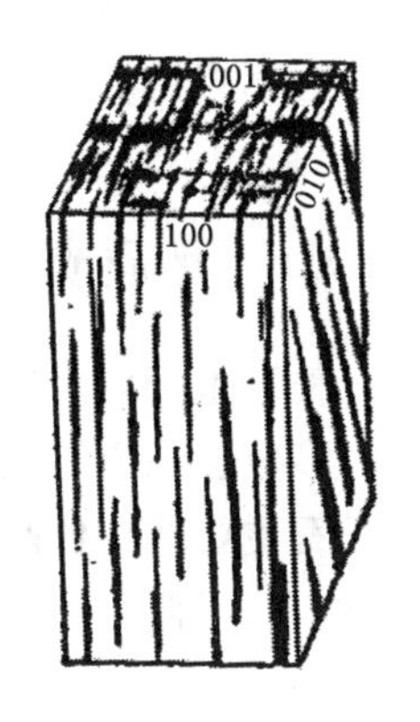

图12－8 微斜长石中的格子双晶

12.7.3 基本性质

（1）摩氏硬度：6。

（2）解理：{010}、{001}两组完全解理。所谓的“蜈蚣状”包裹体，指的就是这两组近于垂直的解理缝。

（3）密度：2.55～2.76 g/cm^3。

（4）光性：非均质体，二轴晶，碱性长石和钙长石为负光性；钠长石和拉长石为正光性；更长石、中长石和培长石有正光性，也有负光性。

（5）折射率：1.52～1.58；双折射率0.005～0.009。

（6）光泽：玻璃光泽。

（7）颜色：一般为浅色，有灰白色、无色、浅红色、浅黄色、浅绿色、橙色、褐色等，拉长石因含微细片状铁矿物而呈深灰色至灰黑色。

（8）多色性：通常无多色性。

（9）透明度：多为半透明，常加工成弧面宝石。少数透明，可加工成刻面宝石。

（10）特殊光学效应：可具月光效应、砂金效应、猫眼效应、星光效应等。

12.7.4 鉴别特征

鉴别长石类宝石，主要是依据密度、折射率、光性特征等。与长石密度和折射率相近的宝石，主要有绿柱石、水晶(石英)、方柱石、鱼眼石、堇青石等。前四种宝石都是一轴晶，而且透明度都较好；长石为二轴晶，常为半透明，特殊光学效应尤其是月光效应较普遍。堇青石和长石，不但密度和折射率相近，而且都是二轴晶。它们的区别在于，堇青石的特殊光学效应很少见；颜色为淡蓝色、紫蓝色、深蓝色、灰色等，受到风化后颜色变浅，呈黄白色、褐色。此外，在自然界长石十分常见，而堇青石不多见。

12.7.5 地质成因、产状及产地

长石是分布广泛而重要的造岩矿物，约占整个大陆地壳体积的58%，可以在绝大多数岩浆岩和变质岩中形成，而在沉积岩中则以碎屑矿物存在。但是宝石级的长石主要产在伟晶岩、斜长岩及热液矿脉中。长石类宝石的产地很多，如斯里兰卡、中国、巴西、美国、俄罗斯、缅甸、印度、澳大利亚、芬兰等。

13 其他单晶体宝石

13.1 锆石

13.1.1 化学成分

锆石(Zircon)是锆的硅酸盐矿物,化学式为 $Zr[SiO_4]$,成分中常含有微量的Ca、Mg、Mn、Fe、Al、Hf、U、Th、Nb、Ta、TR(稀土)等元素。放射性元素的存在,可使锆石的晶体结构遭到破坏,逐渐变成非晶质。根据非晶质化程度的轻重,将锆石分为高型、中型和低型。作为宝石的主要是那些基本不含放射性元素的高型锆石。锆石作为12月生辰石,象征成功和必胜。

13.1.2 晶系和晶体形态

属四方晶系,单晶体常呈带双锥的长柱状或短柱状,少数呈柱面不发育的双锥状。

13.1.3 基本性质

(1) 摩氏硬度:6.5~7.5。

(2) 解理:{110}柱面解理不完全。

(3) 密度:高型4.65 g/cm^3;中型和低型密度降低。

(4) 光性:非均质体,一轴晶,正光性。

(5) 折射率:高型1.926~2.020;中型和低型折射率降低。双折射率为0.059(刻面宝石可见棱线双影)。

(6) 色散:色散值为0.038,属于强色散。

(7) 光泽:玻璃光泽至金刚光泽。

(8) 颜色：有红色、橙色、黄色、绿色、蓝色、褐色、无色等。

(9) 多色性：弱至强。

(10) 透明度：透明至半透明。

(11) 特殊光学效应：可具猫眼效应(稀少)。

13.1.4 地质成因、产状及产地

锆石是岩浆岩中常见的副矿物，由岩浆结晶形成。在变质岩中一般作为残留矿物存在，但在高级变质岩中，锆石可次生加大，长成自形程度良好的晶体。当含有锆石的岩石或矿石风化后，锆石转入砂矿中。

宝石级锆石主要产于伟晶岩、玄武岩及砂矿中。产宝石级锆石的国家有：斯里兰卡、泰国、加拿大、缅甸、法国、澳大利亚、中国(福建省明溪县、海南省文昌市)、俄罗斯等。

13.2 磷灰石

13.2.1 化学成分

磷灰石(Apatite)是一种钙的磷酸盐矿物，其化学式为 $Ca_5[PO_4]_3(F, Cl, OH)$。常含有 K、Na、Mg、Mn、Sr、TR 以及 AsO_4、SO_4、CO_3 等成分。

13.2.2 晶系和晶体形态

属六方晶系，晶体呈长短不一的六方柱和六方锥柱体。呈集合体产出时多为粒状。

13.2.3 基本性质

(1) 摩氏硬度：5。

(2) 解理：{0001}和$\{10\bar{1}0\}$两组不完全解理。

(3) 密度：3.18 g/cm^3。

(4) 光性：非均质体，一轴晶，负光性。
(5) 折射率：1.624～1.667；双折射率为 0.001～0.007。
(6) 光泽：玻璃光泽。
(7) 颜色：有红色、紫色、黄色、绿色、蓝色、褐色、无色等。
(8) 多色性：蓝色者多色性明显，其他颜色者，多色性弱至无。
(9) 透明度：透明。包裹体多者半透明。
(10) 特殊光学效应：可具猫眼效应。
(11) 发光性：极少数晶体可发磷光，称为夜明石。

13.2.4 地质成因、产状及产地

磷灰石是岩浆岩和变质岩中常见的一种副矿物，在沉积岩中细晶磷灰石可由沉积作用和外生作用形成，是一种多成因矿物。但宝石级磷灰石主要产于伟晶岩及热液型矿床中。世界上产宝石级磷灰石的国家有印度、斯里兰卡、缅甸、巴西、美国、墨西哥、马达加斯加、肯尼亚、中国等。

13.3 方柱石

13.3.1 化学成分

方柱石(Scapolite)是钠和钙的铝硅酸盐矿物，是以钠柱石 $Na_4[AlSi_3O_8]_3Cl$ 与钙柱石 $Ca_4[Al_2Si_2O_8]_3(CO_3, SO_4)$ 为端员组分，所形成的完全类质同像矿物的总称，其化学式通常写作 $(Na, Ca)_4[Al(Si, Al)Si_2O_8]_3(Cl, CO_3, SO_4)$。

13.3.2 晶系和晶体形态

属四方晶系，晶体呈柱状，有时呈锥柱状。呈集合体产出时多为粒状。

13.3.3 基本性质

(1) 摩氏硬度：5～6。

(2) 解理：{100}解理中等，{110}解理不完全。

(3) 密度：2.50～2.78 g/cm^3。

(4) 光性：非均质体，一轴晶，负光性。

(5) 折射率：1.533～1.607；双折射率为0.002～0.039。

(6) 光泽：玻璃光泽。

(7) 颜色：常见紫红色、粉红色、橙色、黄色、绿色、蓝色、无色等。

(8) 多色性：中等至强。

(9) 透明度：透明，包裹体多者半透明。

(10) 特殊光学效应：可具猫眼效应。

13.3.4 地质成因、产状及产地

方柱石主要形成于富钙的变质岩中，常见于接触交代变质岩（矽卡岩）和气化热液（方柱石化）蚀变岩中。含方柱石的岩石风化后，方柱石转入砂矿中。

宝石级方柱石的产出国有缅甸、印度、斯里兰卡、巴西、马达加斯加等。我国的新疆也有方柱石产出。

13.4 堇青石

13.4.1 化学成分

堇青石(Iolite)是镁和铝的铝硅酸盐矿物，化学式为$Mg_2Al_3[AlSi_5O_{18}]$。成分中常含有Fe、Ti、Mn、Ca、Na、K、H_2O等，其中Na、K、H_2O存在于其环状结构的通道中。含铁多者称为铁堇青石，含水多者称为水堇青石。高温条件下形成的六方晶系的堇青石称为印度石。

13.4.2 晶系和晶体形态

属斜方晶系，晶体呈柱状，通常为不规则形粒状。双晶很普遍，依(110)或(130)而成的双晶最常见，形成简单的接触双晶，或聚片双晶，或三连晶、六连晶。

13.4.3 基本性质

(1) 摩氏硬度：7～8。
(2) 解理：{010}解理中等，{001}和{100}解理不完全。
(3) 密度：2.60～2.66 g/cm^3。
(4) 光性：非均质体，二轴晶，正光性或负光性。
(5) 折射率：1.532～1.570；双折射率为 0.007～0.011。
(6) 光泽：玻璃光泽。
(7) 颜色：常见蓝色、紫色、绿色、黄白色、褐色、无色等。
(8) 多色性：有色者多色性强。
(9) 透明度：透明至半透明。
(10) 特殊光学效应：偶见猫眼效应、星光效应、砂金效应。

13.4.4 地质成因、产状及产地

堇青石主要是变质成因矿物。当富含 Al_2O_3 和 MgO 的岩石受到热变质时，往往形成堇青石。在一些变质程度较深的片麻岩中，以及岩浆岩发生混染作用的内接触带，也可形成堇青石。产宝石级堇青石的国家有巴西、印度、斯里兰卡等。

13.5 透辉石

13.5.1 化学成分

透辉石(Diopside)是钙和镁的硅酸盐矿物，化学式为 $CaMg[Si_2O_6]$。成分中常含有 Cr、Fe、V、Ni、Mn、Al、Zn 等。含 Cr_2O_3 达 0.5%～2%者称为铬透辉石，具有美丽的浓绿色。

13.5.2 晶系和晶体形态

属单斜晶系，晶体常呈短柱状或粒状。

13.5.3 基本性质

(1) 摩氏硬度：5.5～6.5。

(2) 解理：两个方向近于正交的{110}解理中等至完全。

(3) 密度：3.27～3.38 g/cm^3。

(4) 光性：非均质体，二轴晶，正光性。

(5) 折射率：1.664～1.729，双折射率 0.024～0.031。

(6) 光泽：玻璃光泽。

(7) 颜色：纯净的透辉石为无色，常呈不同色调的绿色、紫色、褐色等。

(8) 多色性：弱至强。

(9) 透明度：透明至半透明。

(10) 特殊光学效应：可具猫眼效应、星光效应（多为四射星光，也见六射星光）。

13.5.4 地质成因、产状及产地

透辉石主要以变质矿物产出，常见于各种矽卡岩、不纯的镁质大理岩、辉石角岩及某些区域变质岩中。也见于某些岩浆岩中。铬透辉石主要产于金伯利岩、古铜辉岩及某些玄武岩中。

世界上产宝石级透辉石的国家有缅甸、斯里兰卡、俄罗斯、印度、美国、南非、澳大利亚等。铬透辉石主要产于俄罗斯，不仅储量大，品质好，而且易于开采。此外铬透辉石在缅甸、印度、南非、意大利、美国等，也有产出。

13.6 锂辉石

13.6.1 化学成分和晶体形态

锂辉石（Spodumene）的化学式为 $LiAl[Si_2O_6]$，成分中常含有 Na、K、Ca、Mg、Mn、Fe、Cr 等元素。属单斜晶系，晶体常呈短柱状和板状。

13.6.2 基本性质、成因和产状

(1) 摩氏硬度：6～7。

(2) 解理：{110}解理完全，(110)和($1\bar{1}0$)夹角近于垂直，为87°。

(3) 密度：3.13～3.20 g/cm^3。

(4) 光性：非均质体，二轴晶，正光性。

(5) 折射率：1.651～1.679，双折射率为0.016。

(6) 光泽：玻璃光泽。

(7) 颜色：有黄色、绿色、紫色、蓝色、粉红色、无色等。呈翠绿色(铬元素致色)者称为翠绿锂辉石，呈紫色(锰元素致色)者称为紫锂辉石。

(8) 多色性：中等至强。

(9) 透明度：透明至半透明。

(10) 成因和产状：锂辉石几乎全都产于花岗伟晶岩中，是花岗伟晶岩锂矿化阶段形成的矿物。

13.7 黝帘石(坦桑石)

13.7.1 化学成分和晶体形态

黝帘石(Zoisite)的化学式为 $Ca_2Al_3[SiO_4][Si_2O_7]O(OH)$，成分中可含有少量 Fe、Cr、Mn、V 等元素。属斜方晶系，晶体呈柱状或板状。坦桑石(Tanzanite)是黝帘石的变种，因发现于坦桑尼亚而得名，优质者为名贵的上等宝石。

13.7.2 基本性质、成因和产状

(1) 摩氏硬度：6～7。

(2) 解理：沿{010}完全。

(3) 密度：3.25～3.37 g/cm^3。

(4) 光性：非均质体，二轴晶，正光性。

(5) 折射率：1.691～1.718，双折射率为0.006～0.018。

(6) 光泽：玻璃光泽。

(7) 颜色：坦桑石呈蓝色、紫蓝色，其他呈粉红色、黄绿色、褐色等。

(8) 多色性：强。

(9) 透明度：多为透明，包裹体多者为半透明。

(10) 特殊光学效应：可具猫眼效应。

(11) 成因和产状：主要由热液蚀变作用和区域变质作用形成，也见于接触变质岩、伟晶岩和石英脉中。

13.8 绿帘石

13.8.1 化学成分和晶体形态

绿帘石(Epidote)的化学式为 $Ca_2(Al, Fe)Al_2[SiO_4][Si_2O_7]O(OH)$，成分中常含少量的 Mg、Mn、Sr、Na 等元素。属单斜晶系，晶体呈柱状或厚板状，也常呈粒状。绿帘石与斜黝帘石之间可形成完全类质同像系列。

13.8.2 基本性质、成因和产状

(1) 摩氏硬度：6～7。

(2) 解理：{001}完全，{100}不完全。

(3) 密度：3.37～3.50 g/cm^3。

(4) 光性：非均质体，二轴晶，负光性。

(5) 折射率：1.723～1.797，双折射率为0.013～0.046。

(6) 光泽：玻璃光泽至油脂光泽。

(7) 颜色：通常呈各种不同色调的绿色，也有黄色、棕色和黑色。

(8) 多色性：强。

(9) 透明度：透明至半透明。

(10) 成因和产状：是常见的变质矿物之一，可由热液蚀变作用、接触变质作用和区域变质作用形成。由于性质较稳定，也出现在砂矿中。

13.9 柱 晶 石

13.9.1 化学成分和晶体形态

柱晶石(Kornerupine)的化学式为 $Mg_3Al_6(Si, Al, B)_5O_{21}(OH)$,属斜方晶系,晶体呈柱状。

13.9.2 基本性质、成因和产状

(1) 摩氏硬度：6～7。

(2) 解理：两组完全解理。

(3) 密度：3.28～3.45 g/cm^3。

(4) 光性：非均质体,二轴晶,负光性。光轴角 3°～48°,当光轴角很小时,显示近于一轴晶的光性,呈现类似于一轴晶的干涉图。

(5) 折射率：1.661～1.699,双折射率为 0.013～0.017。

(6) 光泽：玻璃光泽。

(7) 颜色：黄绿色、蓝绿色、褐绿色、黄色、褐色、无色等。

(8) 多色性：有色者多色性中等至强。

(9) 透明度：透明至半透明。

(10) 成因和产状：可形成于伟晶岩、结晶片岩、麻粒岩中。原岩风化后,柱晶石转入砂矿中。

13.10 红 柱 石

13.10.1 化学成分和晶体形态

红柱石(Andalusite)的化学式为 $Al_2[SiO_4]O$,成分中的 Al 可以部分地被 Fe、

Mn替代,Si可以少量地被Ti替代。当Mn_2O_3含量较多(约7%～10%)时,称为锰红柱石,是一个变种。红柱石属斜方晶系,晶体呈沿C轴延伸的斜方柱,其柱面夹角89°12′,看上去与四方柱无异,横断面近于正方形;集合体可呈放射状。晶体中常含有黑色碳质包裹体,沿延长方向呈带状分布,在晶体横断面上观察,包裹体沿对角线方向呈十字形分布,这种红柱石称为空晶石,是红柱石的又一个变种。

13.10.2 基本性质、成因和产状

(1) 摩氏硬度:6.5～7.5。

(2) 解理:{110}柱面解理完全。

(3) 密度:3.1～3.2 g/cm^3。

(4) 光性:非均质体,二轴晶,负光性。

(5) 折射率:1.629～1.647,双折射率为0.007～0.011。

(6) 光泽:玻璃光泽。

(7) 颜色:有肉红色、绿色、蓝色、黄色、褐色、紫色、无色等。

(8) 多色性:有色者多色性中等至强。

(9) 透明度:透明至半透明。

(10) 成因和产状:红柱石是典型的中低级热变质矿物,常见于角岩中,也见于结晶片岩和片麻岩中。

13.11 蓝晶石

13.11.1 化学成分和晶体形态

蓝晶石(Kyanite)的化学式为$Al_2[SiO_4]O$,与红柱石、矽线石是同质多像变体。其成分中可含有少量Fe、Cr、Ca、Mg、Ti等元素。属三斜晶系,晶体呈沿C轴延伸的板柱状。

13.11.2 基本性质、成因和产状

(1) 摩氏硬度:平行C轴方向为4～5,垂直C轴方向为6～7。因硬度随方向

不同有显著差异，故有二硬石之称。

(2) 解理和裂理：{100}解理完全，{010}解理中等，并具有{001}裂理。

(3) 密度：3.56～3.68 g/cm^3。

(4) 光性：非均质体，二轴晶，负光性。

(5) 折射率：1.713～1.729，双折射率为 0.012～0.016。

(6) 光泽：玻璃光泽，解理面上有时呈珍珠光泽。

(7) 颜色：一般呈蓝色、浅蓝色，也有浅绿色、黄色、褐色、无色等。

(8) 多色性：有色者多色性中等。

(9) 透明度：透明至半透明。

(10) 成因和产状：蓝晶石是典型的变质矿物，见于结晶片岩、片麻岩、变粒岩、榴辉岩等岩石中。

13.12 矽线石

13.12.1 化学成分和晶体形态

矽线石(Sillimanite)又名夕线石、硅线石，化学式为 $Al[AlSiO_5]$，成分中的 Al 可被 Fe 置换，Fe_2O_3 的含量可达 2%～3%。属斜方晶系，晶体常呈沿 C 轴延伸的长柱状、针状。单晶体少见，多呈集合体产出，平行排列的针状、纤维状矽线石集合体，加工成弧面形宝石，具有猫眼效应。

13.12.2 基本性质、成因和产状

(1) 摩氏硬度：6.5～7.5。

(2) 解理：{010}解理完全。

(3) 密度：3.25 g/cm^3。

(4) 光性：非均质体，二轴晶，正光性。

(5) 折射率：1.657～1.684，双折射率为 0.020～0.023。

(6) 光泽：玻璃光泽，丝绢光泽。

(7) 颜色：常见褐色、棕色、白色、灰白色，也有粉红色、绿色、蓝色、黄色等。

(8) 多色性：有色者多色性中等至强。集合体者多色性不可测。

(9) 透明度：单晶体透明，集合体半透明至微透明。

(10) 特殊光学效应：猫眼效应。

(11) 成因和产状：矽线石是典型的高温变质矿物，形成温度高于红柱石，总是出现在靠近岩浆岩的内接触带和中高级区域变质岩中。

13.13 鱼眼石

13.13.1 化学成分和晶体形态

鱼眼石(Apophyllite)的化学式为 $KCa_4[Si_4O_{10}]_2(F, OH) \cdot 8H_2O$，成分中 K 可部分地被 Na 替代。属四方晶系，单晶体呈柱状、短柱状、假立方体状、板状，以及四方柱与四方双锥组成的聚形等形态。四方柱与四方双锥以 L^4 为轴错开 45°，外观形态为，四方柱顶面四条边的下方，各有一个倒三角形的晶面，朝下的角正对着四方柱的棱。当四方柱与四方双锥反复交替生长，可形成完整的双锥柱状晶体，晶体的外观呈尖锥状，由一系列规则分布的柱面和锥面组成。

13.13.2 基本性质、成因和产状

(1) 摩氏硬度：4～5。

(2) 解理：{001}解理完全，{110}解理中等。

(3) 密度：2.3～2.4 g/cm³。

(4) 光性：非均质体，多数为一轴晶正光性，少数为一轴晶负光性，有时也呈二轴晶。

(5) 折射率：1.531～1.537，双折射率为 0.001～0.002；少数负光性鱼眼石的折射率略高些，在 1.535～1.545 之间。

(6) 光泽：玻璃光泽，解理面上呈珍珠光泽。

(7) 颜色：有绿色、黄色、粉红色、灰白色、无色等。

(8) 多色性：有色者多色性弱。

(9) 透明度：透明至半透明。

(10) 成因和产状：鱼眼石见于玄武岩、辉绿岩以及其他岩石的孔洞中。

13.14 金红石

13.14.1 化学成分和晶体形态

金红石(Rutile)是钛的氧化物,化学式为 TiO_2,成分中常含有 Fe、Nb、Ta、Cr、Sn 等元素。属四方晶系,晶体呈柱状、针状。

13.14.2 基本性质、成因和产状

(1) 摩氏硬度:6～7。

(2) 解理:{110}解理完全。

(3) 密度:4.26～4.30 g/cm^3。

(4) 光性:非均质体,一轴晶,正光性。

(5) 折射率:2.616～2.903,双折射率为 0.287。

(6) 色散:0.30。

(7) 光泽:金刚光泽。

(8) 颜色:有红褐色、紫色、黄色、绿色、黑色等。

(9) 多色性:中等至强。

(10) 透明度:透明至半透明。

(11) 成因和产状:金红石可形成于许多岩石中,在酸性岩浆岩、伟晶岩、结晶片岩、片麻岩、角闪岩、榴辉岩等岩石中都可见到,粗大的晶体主要产于伟晶岩中。当原岩风化后,金红石则转入砂矿中。

13.15 锡石

13.15.1 化学成分和晶体形态

锡石(Cassiterite)的化学式为 SnO_2,常含 Fe、Ti、Nb、Ta 等元素。属四方晶

系，晶体呈双锥状或双锥柱状，常见膝状双晶。

13.15.2 基本性质、成因和产状

(1) 摩氏硬度：6～7。

(2) 解理：{110}解理不完全。

(3) 密度：6.8～7.0 g/cm^3。

(4) 光性：非均质体，一轴晶，正光性。

(5) 折射率：1.996～2.093，双折射率为0.097。

(6) 色散：0.071。

(7) 光泽：金刚光泽。

(8) 颜色：有红褐色、黄色、黄褐色、黑色、无色等。

(9) 多色性：有色者多色性中等至强。

(10) 透明度：透明至半透明。

(11) 成因和产状：主要产于酸性岩浆岩，例如花岗岩、石英斑岩、花岗伟晶岩，以及与之有关的气化热液蚀变岩和热液矿脉中。锡石性质稳定，原岩风化后，则转入砂矿中。

13.16 赛黄晶

13.16.1 化学成分和晶体形态

赛黄晶(Danburite)的化学式为 $CaB_2[SiO_4]_2$，属斜方晶系，晶体呈短柱状、粒状。

13.16.2 基本性质、成因和产状

(1) 摩氏硬度：7。

(2) 解理：{001}解理不完全。

(3) 密度：3.0 g/cm^3。

(4) 光性：非均质体，二轴晶，正光性或负光性。

(5) 折射率：1.630～1.636，双折射率为0.006。

(6) 光泽：玻璃光泽。

(7) 颜色：常见黄色、褐色、无色等，偶见粉红色。

(8) 多色性：有色者多色性弱。

(9) 透明度：透明至半透明。

(10) 成因和产状：赛黄晶产于变质石灰岩、花岗岩、伟晶岩或热液型矿脉中。原岩风化后，则转入砂矿中。

13.17 蓝锥矿

13.17.1 化学成分和晶体形态

蓝锥矿(Benitoite)的化学式为 $BaTi[Si_3O_9]$，是一种硅酸盐矿物，属六方晶系，晶体呈锥状或板状。

13.17.2 基本性质、成因和产状

(1) 摩氏硬度：6～7。

(2) 解理：一组不完全解理。

(3) 密度：3.65～3.68 g/cm^3。

(4) 光性：非均质体，一轴晶，正光性。

(5) 折射率：1.757～1.804，双折射率为0.047。

(6) 色散：0.046。

(7) 光泽：玻璃光泽。

(8) 颜色：以蓝色为多，也有紫色、粉红色、无色等。

(9) 多色性：有色者多色性中等至强。

(10) 透明度：透明。

(11) 成因和产状：蓝锥矿产于蓝闪片岩中，与钠沸石伴生，是一种罕见的矿物，1906年发现于美国加州。目前，宝石级蓝锥矿仅产于美国。

13.18 蓝柱石

13.18.1 化学成分和晶体形态

蓝柱石(Euclase)的化学式为 $BeAl[SiO_4](OH)$，属单斜晶系，晶体呈沿 C 轴伸长的柱状。

13.18.2 基本性质、成因和产状

(1) 摩氏硬度：7～8。
(2) 解理：{010}解理完全，{100}和{001}解理不完全。
(3) 密度：3.08 g/cm^3。
(4) 光性：非均质体，二轴晶，正光性。
(5) 折射率：1.652～1.671，双折射率为 0.019～0.020。
(6) 光泽：玻璃光泽，解理面上呈珍珠光泽。
(7) 颜色：常见浅蓝色、浅绿色，也有浅黄色、无色等。
(8) 多色性：有色者多色性中等至强。
(9) 透明度：透明。
(10) 成因和产状：产于去硅伟晶岩和绿泥石片岩中。

13.19 硅铍石

13.19.1 化学成分和晶体形态

硅铍石(Phenakite)又名似晶石，化学式为 $Be_2[SiO_4]$，成分中常含少量 Ca、Mg、Fe、Al 等元素。属三方晶系，晶体呈菱面体，或菱面体与柱面聚成的短锥柱

状，常呈细粒状集合体产出。

13.19.2 基本性质、成因和产状

(1) 摩氏硬度：7～8。

(2) 解理：一组中等解理和一组不完全解理。

(3) 密度：2.96～3.00 g/cm^3。

(4) 光性：非均质体，一轴晶，正光性。

(5) 折射率：1.654～1.670，双折射率为0.016。

(6) 光泽：玻璃光泽。

(7) 颜色：有玫瑰色、黄色、褐色、无色等。

(8) 多色性：有色者多色性弱至中等。

(9) 透明度：透明。

(10) 成因和产状：硅铍石是典型的气化热液矿物，多产于交代式伟晶岩及含铍花岗岩与石灰岩的接触带中。在通常的花岗伟晶岩中，产于晶洞内。

13.20 符山石

13.20.1 化学成分和晶体形态

符山石(Idocrase，Vesuvianite)的化学成分较复杂，其化学式为$Ca_{10}(Mg,Fe)_2Al_4[SiO_4]_5[Si_2O_7]_2(OH,F)_4$，且常含有Cu、Ti、Be、B、Na等元素。属四方晶系，晶体呈四方柱状，或带双锥的四方柱状，也呈不规则粒状。

13.20.2 基本性质、成因和产状

(1) 摩氏硬度：6～7。

(2) 解理：{110}解理不完全。

(3) 密度：3.34～3.44 g/cm^3。

(4) 光性：非均质体，一轴晶，负光性，少数为正光性。

(5) 折射率：1.701～1.736，双折射率为 0.001～0.006。
(6) 光泽：玻璃光泽。
(7) 颜色：有黄色、绿色、褐色、浅蓝色、玫瑰色等。
(8) 多色性：弱。
(9) 透明度：透明。
(10) 成因和产状：产于岩浆岩与石灰岩的接触带中，是组成矽卡岩的矿物之一。

13.21 天蓝石

13.21.1 化学成分和晶体形态

天蓝石(Lazulite)的化学式为 $MgAl_2[PO_4]_2(OH)_2$，成分中常含有 Fe、Mn、Ca 等元素。属单斜晶系，晶体呈尖锥状、板状、粒状，集合体呈块状。

13.21.2 基本性质、成因和产状

(1) 摩氏硬度：5.5～6。
(2) 解理：{110}和{101}解理不完全。
(3) 密度：3.08～3.38 g/cm^3。
(4) 光性：非均质体，二轴晶，负光性。
(5) 折射率：1.612～1.663，双折射率为 0.031～0.037。
(6) 光泽：玻璃光泽。
(7) 颜色：呈不同色调的蓝色。
(8) 多色性：强。
(9) 透明度：半透明。
(10) 成因和产状：天蓝石产于富含石英的铝质高级变质岩中，也产于石英岩(脉)和花岗伟晶岩中。

13.22 透视石

13.22.1 化学成分和晶体形态

透视石(Dioptase)又名绿铜矿,化学式为$Cu_6[Si_6O_{18}]\cdot 6H_2O$,成分中可含有Fe、Ca等元素。属三方晶系,晶体呈菱面体和柱状,集合体呈块状。

13.22.2 基本性质、成因和产状

(1) 摩氏硬度:5。

(2) 解理:$\{10\bar{1}1\}$解理完全。

(3) 密度:3.5 g/cm³。

(4) 光性:非均质体,一轴晶,正光性。

(5) 折射率:1.655～1.708,双折射率为0.053。

(6) 光泽:玻璃光泽。

(7) 颜色:常见翠绿色、蓝绿色。

(8) 多色性:弱。

(9) 透明度:透明至半透明。

(10) 成因和产状:产于铜矿床中,是一种少见矿物。

13.23 塔菲石

13.23.1 化学成分和晶体形态

塔菲石(Taaffeite)又名铍镁晶石,是一种氧化物矿物,化学式为$BeMgAl_4O_8$,可含有Ca、Fe、Mn、Cr等元素。属六方晶系,晶体呈柱状、桶状或双锥状。

13.23.2 基本性质、成因和产状

(1) 摩氏硬度：8～8.5。

(2) 密度：3.60～3.68 g/cm^3。

(3) 光性：非均质体，一轴晶，负光性。

(4) 折射率：1.718～1.723，双折射率为 0.005。

(5) 光泽：玻璃光泽。

(6) 颜色：常见绿色、红色、粉红色、紫色、无色等。

(7) 多色性：有色者多色性弱。

(8) 透明度：透明。

(9) 成因和产状：塔菲石产于接触交代矽卡岩中。

13.24 斧石

13.24.1 化学成分和晶体形态

斧石(Axinite)是一种成分较复杂的硅酸盐矿物，化学式为$(Ca, Mn, Fe)_3Al_2[Si_4O_{12}](BO_3)(OH)$，且常含有 Mg、Na、K 等元素。属三斜晶系，因晶体常呈尖劈状，形如劈斧而得名。

13.24.2 基本性质、成因和产状

(1) 摩氏硬度：6～7。

(2) 解理：{100}解理中等，{001}、{110}和{011}解理不完全。

(3) 密度：3.25～3.36 g/cm^3。

(4) 光性：非均质体，二轴晶，负光性。

(5) 折射率：1.668～1.695，双折射率为 0.010～0.012。

(6) 光泽：玻璃光泽。

(7) 颜色：黄色、蓝色、紫色、褐色等。

(8) 多色性：强。

(9) 透明度：透明至半透明。

(10) 成因和产状：常产于接触交代成因的岩石中，也产于伟晶岩和富含铝质的片岩中。

13.25 榍石

13.25.1 化学成分和晶体形态

榍石(Sphene)的化学式为 $CaTi[SiO_4]O$，成分中还常含有 Fe、Mg、Mn、Al、Ce、Y、OH、Cl、F 等。属单斜晶系，晶体常呈信封状，有时也呈板状和柱状。

13.25.2 基本性质、成因和产状

(1) 摩氏硬度：5～6。

(2) 解理和裂理：{110}解理中等，并具{221}裂理。

(3) 密度：3.29～3.56 g/cm^3。

(4) 光性：非均质体，二轴晶，正光性。

(5) 折射率：1.90～2.034，双折射率为 0.134。

(6) 色散：0.051。

(7) 光泽：金刚光泽或玻璃光泽。

(8) 颜色：黄色、黄绿色、褐色、玫瑰红色、无色等。

(9) 多色性：有色者多色性中等至强。

(10) 透明度：透明至半透明。

(11) 成因和产状：榍石是岩浆岩中分布很广的一种副矿物，在正长岩和碱性岩及与之相当的伟晶岩中结晶较粗大，且数量较多。也见于矽卡岩、结晶片岩和片麻岩中。原岩风化后，则转入砂矿中。

14 翡翠

14.1 概述

翡翠(Jadeite,Feicui)是一种最为珍贵的玉石,被誉为玉石之王,深受人们喜爱。绿色翡翠作为5月生辰石,象征幸福、幸运和长久。

翡翠原本是小鸟名,翡指红色羽毛的鸟,翠指绿色羽毛的鸟。那么从何时起"翡翠"一词就用作玉石名称了呢?据章鸿钊先生考证,汉代班固的《西都赋》有"翡翠火齐,含耀流英",张衡的《西京赋》有"翡翠火齐,饰以美玉",火齐为水晶的古称,翡翠与火齐并举,故以为这时的翡翠可能指的就是玉石了。

但是到目前为止,我国考古出土和宫廷珍藏的文物中,还没有发现明朝末年以前有翡翠制品。汉代的翡翠可能是红色和绿色的其他玉石,并非现在意义上的翡翠。

1863年,一位法国矿物学家对我国的玉器样品进行了研究,发现传统的中国玉石包括两种,这两种玉石的矿物成分不同,一种主要由闪石类矿物组成(摩氏硬度6～6.5),另一种主要由单斜辉石类矿物组成(摩氏硬度6.5～7)。日本人把前一种译成日文汉字"软玉"(Nephrite),把后一种译成"硬玉"(Jadeite,翡翠)。中国人照搬日文译名,并沿用至今。

长期以来,不少人总是把硬玉和翡翠等同起来,认为硬玉即翡翠,翡翠即硬玉,实际上两者是有区别的。硬玉既是玉石名称,又是矿物名称,作为矿物名称,硬玉是单斜辉石亚族中的一种矿物;作为玉石名称,硬玉是指以硬玉矿物为主要成分或以其他单斜辉石矿物(如透辉石、绿辉石等)为主要成分的集合体,也就是我们通常讲的翡翠,此时硬玉即翡翠,翡翠即硬玉。

在颜色上，翡翠可以呈多种颜色，但是人们至今仍习惯地将翡翠中的红色部分称为翡或红翡，将绿色部分称为翠。

2000年前后，缅甸开发出两个翡翠新品种，铁龙生和墨翠。

铁龙生(Tie Long Sheng)是缅语译音，其意思是"一块玉石满绿"。这种翡翠较致密，矿物成分为富铬硬玉、铬硬玉、硬玉和钠铬辉石等。正是因为矿物晶体中含铬太多，使得绿色太浓反而偏暗(含铬适中者呈鲜绿色)。总的来看，铁龙生的透明度差或较差，故铁龙生多被加工成厚度或直径较小的饰品，以提高透明度。

墨翠(Mocui, Omphacite Jade)是商业上的俗称，因其主要矿物成分是绿辉石，含量可达90%以上，也有人将墨翠称为绿辉石质翡翠或绿辉石玉。颜色呈黑色或黑绿色，透射光下呈墨绿色，半透明，致密细腻，密度略偏高，可达3.44 g/cm^3。

关于合成翡翠，2002年美国宝石学院(GIA)首次对美国通用电气公司(GE)合成的宝石级翡翠作了简要报道。亓利剑等2006年对这种合成翡翠的宝石学特征进行了研究，得出如下结论：GE合成翡翠的宝石学特征与天然翡翠基本相同，在常规检测条件下，两者不易区分。可利用红外吸收光谱等检测手段加以鉴别。

世界上的翡翠，尤其是优质翡翠，主要产自缅甸，此外，俄罗斯、美国、日本等国也有产出。我国历史上记载有"翡翠产于云南永昌府"，据有关人士考证，产翡翠的缅甸密支那地区，在明朝万历年间(1573—1620)，属于我国云南永昌府管辖。迄今为止，我国尚未发现有价值的翡翠矿床，仅在青海、云南、甘肃等地，发现有矿化现象。

缅甸的原生翡翠矿床发现于1871年，其砂矿型翡翠(砾石)早在13世纪已有开采。究竟从什么时候起，翡翠由缅甸产地经云南输入我国，是一个尚待探讨的问题。但是，直到清代翡翠制品才盛行于世，是一个不争的事实，我们现在所能见到的翡翠古旧制品，大都是清代的产物。翡翠的开发和利用，虽然历史比软玉晚得多，却是玉石中的后起之秀，优质翡翠的价格十分昂贵。

20世纪80年代，由北京玉器厂四十余位技术人员历时七年，精心制作完成的四件翡翠珍品："岱岳奇观"山子、"含香聚瑞"花薰、"四海腾欢"插屏和"群芳揽胜"花篮，堪称国宝，现存于中国工艺美术馆。

14.2 翡翠的矿物成分

翡翠的矿物成分主要是单斜辉石，此外，常含有钠长石和角闪石类矿物以及铬铁矿、氧化铁(Fe_2O_3)等。

14.2.1 单斜辉石

辉石族矿物是链状结构的硅酸盐，按照所属晶系，分为单斜辉石和斜方辉石两个亚族，每个亚族可按化学组成分出类质同像系列，每一系列包含若干种矿物。

辉石族矿物的一般化学式可以用 $W_{1-P}(X, Y)_{1+P}Z_2O_6$ 表示，式中，$W=Ca^{2+}$、Na^+；$X=Mg^{2+}$、Fe^{2+}、Mn^{2+}、Ni^{2+}、Li^+；$Y=Al^{3+}$、Fe^{3+}、Cr^{3+}、Ti^{4+}；$Z=Si^{4+}$、Al^{3+}。

辉石族矿物的类质同像普遍存在，尤其是单斜辉石亚族，类质同像十分广泛。从类质同像关系上分析，可把辉石族矿物大体上划分为九个端员组分：

(1) $Mg_2[Si_2O_6]$，顽辉石或斜顽辉石；

(2) $Fe_2[Si_2O_6]$，铁辉石或斜铁辉石；

(3) $CaMg[Si_2O_6]$，透辉石；

(4) $CaMn[Si_2O_6]$，钙锰辉石；

(5) $CaFe[Si_2O_6]$，钙铁辉石；

(6) $LiAl[Si_2O_6]$，锂辉石；

(7) $NaAl[Si_2O_6]$，硬玉；

(8) $NaFe[Si_2O_6]$，霓石；

(9) $NaCr[Si_2O_6]$，钠铬辉石。

斜方辉石亚族是由顽辉石 $Mg_2[Si_2O_6]$——铁辉石 $Fe_2[Si_2O_6]$两个端员组分构成的完全类质同像系列。

上述九个端员组分都可结晶成单斜晶系，多数端员与端员之间又可形成类质同像。单斜辉石亚族可划分为以下类质同像系列：斜顽辉石 $Mg_2[Si_2O_6]$——透辉石 $CaMg[Si_2O_6]$系列，透辉石 $CaMg[Si_2O_6]$——钙铁辉石 $CaFe[Si_2O_6]$系列，以及透辉石 $CaMg[Si_2O_6]$——霓石 $NaFe[Si_2O_6]$——硬玉 $NaAl[Si_2O_6]$系列(或透辉石 $CaMg[Si_2O_6]$——钠铬辉石 $NaCr[Si_2O_6]$——硬玉 $NaAl[Si_2O_6]$系列)。

翡翠中的单斜辉石，主要有以下几种：

1. 硬玉

硬玉是九个端员组分之一，作为一种矿物，硬玉很少是纯净的 $NaAl[Si_2O_6]$，常含有 Ca、Mg、Fe、Cr，即含有透辉石 $CaMg[Si_2O_6]$分子、霓石 $NaFe[Si_2O_6]$分子和钠铬辉石 $NaCr[Si_2O_6]$分子。

在翡翠中，硬玉常呈柱状、纤维状和细粒状，具有辉石式解理(解理夹角 87°)。摩氏硬度 6.5～7，密度 3.24～3.43 g/cm³。二轴晶正光性；折射率 1.655～1.688，双折射率 0.012～0.023。颜色为无色、绿色、紫色、蓝紫色等。

2. 绿辉石

绿辉石是透辉石的变种，成分中含有硬玉分子、钠铬辉石分子、霓石分子，其化学式为(Ca, Na)(Mg, Cr, Fe, Al)[Si_2O_6]。

在翡翠中，绿辉石呈短柱状、粒状，具有辉石式解理。摩氏硬度约6，密度3.27～3.38 g/cm^3。二轴晶正光性；折射率1.664～1.729，双折射率0.020～0.024。颜色为翠绿色、蓝绿色、暗绿色。

3. 钠铬辉石

钠铬辉石也是九个端员组分之一，作为一种矿物，称为钠铬辉石并非是纯净的NaCr[Si_2O_6]，只是成分中的NaCr[Si_2O_6]分子占50%以上，其余主要是硬玉NaAl[Si_2O_6]分子、霓石NaFe[Si_2O_6]分子、透辉石CaMg[Si_2O_6]分子。在翡翠中，钠铬辉石呈柱状、纤维状或粒状，具有辉石式解理。二轴晶负光性，折射率1.720～1.745。颜色为翠绿色、暗绿色。

4. 透辉石

透辉石的类质同像非常广泛，翡翠中的透辉石，其成分以CaMg[Si_2O_6]分子为主，其次是硬玉NaAl[Si_2O_6]分子、钙铁辉石CaFe[Si_2O_6]分子，此外尚含有少量其他单斜辉石分子。透辉石的物理性质与上述的绿辉石基本相同。颜色为无色、浅绿色、暗绿色等。在翡翠中呈柱状、粒状、纤维状。

5. 霓石、锥辉石和霓辉石

霓石是一种端员组分，作为一种矿物并不是纯净的NaFe[Si_2O_6]，成分中含有透辉石CaMg[Si_2O_6]分子、钙铁辉石CaFe[Si_2O_6]分子、硬玉NaAl[Si_2O_6]分子等。

锥辉石是霓石的变种，成分与霓石相似，但含较多的Mn。主要区别在晶形上，锥辉石因具有锥状尖顶而得名。作为翡翠中的矿物成分，可将锥辉石并入霓石。

霓石常呈沿C轴延伸的长柱状至针状，有时也呈板状，具有辉石式解理。摩氏硬度6～6.5，密度3.4～3.6 g/cm^3。二轴晶负光性，折射率1.745～1.814，双折射率0.037～0.060。颜色为深绿色、暗绿色(锥辉石除绿色外，也呈黄色、褐色)。

霓辉石是霓石与透辉石类质同像系列中的过渡矿物，其化学式为(Na, Ca)(Fe, Mg, Al)[Si_2O_6]。常呈柱状、针状，具有辉石式解理。摩氏硬度约6，密度3.5 g/cm^3左右。二轴晶正光性，折射率1.680～1.782，双折射率0.029～0.037。颜色为深绿色、暗绿色。

不少专家学者通过偏光显微镜下薄片观察，并结合电子探针分析、X射线衍射分析、红外光谱分析等手段，对翡翠中的单斜辉石进行了深入详细的研究，查明了单斜辉石的具体种属或变种。从科学研究的角度出发，借助大型仪器设备，甚至破坏样品，都是必要的，也是有效的。但是，将由此得出的矿物成分用于翡翠的分类和命名，并按相应的矿物成分，分别称为硬玉玉、绿辉石玉、钠铬辉石玉、透辉石玉、霓石玉、霓辉石玉等，这种分类和命名，虽然有其科学性，却难以操作，不实用。

在宝石的常规鉴定工作中，这种分类和命名是无法实施的。单斜辉石广泛发育的类质同像，决定了它们具有非常近似的物理性质和相同的结晶习性，即使将翡翠磨制成薄片，在偏光显微镜下，也不易将它们区别开来，何况是无损鉴定，也不可能对每件翡翠制品都用大型仪器进行测试。客观地讲，常规鉴定无法鉴别出翡翠中是哪一种或哪几种单斜辉石，更不可能确定其具体含量。单斜辉石具有近似的物理性质，没有必要进行如此详细的划分，因为影响翡翠品级的主要因素是颜色、透明度、结构、净度和加工工艺，至于由哪一种单斜辉石组成，不是影响翡翠品级的主要因素。所以，无论以哪一种单斜辉石为主要矿物成分，只要符合工艺要求，都可称其为翡翠。

再则，"翡翠"一词早已为广大消费者熟知，如果改称为硬玉玉、绿辉石玉、钠铬辉石玉等，反而使消费者不知所云。

另一个问题是，以单斜辉石为主，其含量至少应在50%以上，具体是多少，各说不一，有待进一步探讨。能否将单斜辉石含量≥70%者称为翡翠；含量在50%～70%之间者称为××翡翠(如钠长翡翠)；含量在50%以下者，名称中不应再出现翡翠字样。

八三玉是1983年在缅甸首次发现的一种近似于翡翠的玉石，当初被称为八三种、巴山玉等，至20世纪90年代后期才被称为八三玉。有研究资料表明，这种玉石以单斜辉石为主(含量在50%～80%)，含有较多的钠长石(含量在20%～50%)，及少量闪石类矿物。就矿物成分和含量来看，单斜辉石含量≥70%，钠长石含量≤30%，应属翡翠范畴。单斜辉石含量在50%～70%之间，钠长石含量在30%～50%之间，可称其为钠长翡翠。也就是说，被称为八三玉的，大都属于钠长翡翠。因钠长石含量较多，故密度比翡翠略低。

当钠长石含量在50%以上时，即为钠长石玉，也就是俗称为水沫子的玉石。

14.2.2 其他矿物成分

1. 钠长石

钠长石是斜长石亚族中的一种，化学式为 $Na[AlSi_3O_8]$，成分中的 $Na[AlSi_3O_8]$ 分子占90%～100%。属三斜晶系，晶体常呈板状、叶片状，在集合体中多呈糖粒状，具有{010}和{001}中等解理。摩氏硬度6～6.5，密度2.61 g/cm^3 左右。二轴晶正光性，折射率1.528～1.542，双折射率0.009～0.010。颜色为白色、灰白色、浅红色、浅绿色等。

有些学者认为，钠长石 $Na[AlSi_3O_8]$ 通过去硅(SiO_2)作用可形成硬玉 $NaAl[Si_2O_6]$。

2. 角闪石类矿物

角闪石类矿物也是链状结构的硅酸盐。辉石类矿物是单链结构的典型代表，角闪石类矿物是双链结构的典型代表。在翡翠中角闪石类矿物作为次要矿物或微量矿物普遍存在，主要有：透闪石、阳起石、钠铁闪石、浅闪石、氟镁钠闪石等。角闪石类矿物的化学成分复杂，成分之间的类质同像置换现象极其复杂多样，使得本类矿物在晶体结构、化学成分以及物理性质等方面均有许多相似之处。

透闪石 $Ca_2Mg_5[Si_4O_{11}]_2(OH)_2$ 和阳起石 $Ca_2(Mg, Fe)_5[Si_4O_{11}]_2(OH)_2$ 是类质同像矿物。透闪石和阳起石多呈长柱状、针状、纤维状；透闪石为白色、灰白色，阳起石为浅绿至鲜绿色。

钠铁闪石 $Na_3Fe_4^{2+}(Al, Fe^{3+})[Si_4O_{11}]_2(OH)_2$，晶体呈柱状、板状，颜色为蓝绿、灰绿色。

浅闪石是普通角闪石的变种，是不含铁的普通角闪石，其化学式为 $NaCa_2Mg_5[(Si, Al)_4O_{11}]_2(OH, F)_2$，多呈长柱状至针状、纤维状，颜色为浅褐绿色。

氟镁钠闪石 $Na_3(Mg, Fe)_4(Al, Fe)[Si_4O_{11}]_2(OH, F)_2$，呈柱状，颜色为蓝绿色。

3. 铬铁矿和氧化铁质

铬铁矿是一种金属矿物，化学式为 $FeCr_2O_4$，成分中常含有 Mg、Al、Ni、Ti 等元素。属等轴晶系，晶体呈八面体，通常呈等轴粒状，不透明，在翡翠中呈黑色星点或斑点状分布，可被钠铬辉石交代。

氧化铁质包括铁的氧化物 Fe_2O_3 和铁的氢氧化物 $FeO(OH)$，是翡翠原石在风化过程中形成的，呈微粒状、粉末状，或无定形高度分散状，可使翡翠局部致色成棕红色、褐红色或黄色等。

14.3 翡翠的结构

翡翠是矿物的集合体，按照地质学的观点，翡翠属岩石类工艺美术原料，其结构是指组成翡翠的矿物颗粒大小、晶体形态以及彼此间的相互关系。应当注意的是，不要把这里的结构同矿物的晶体结构混淆起来。

14.3.1 按矿物的晶体形态划分

1. 粒状变晶结构

也称花岗变晶结构，主要由大致呈等轴粒状的矿物组成。具这种结构的翡翠，单斜辉石多呈他形粒状或半自形短柱状。

2. 柱状变晶结构

翡翠中的单斜辉石，在垂直C轴的两个方向上近于等长，而在平行C轴的方向上明显伸长，呈半自形柱状或呈细长柱状。

3. 纤维状变晶结构

单斜辉石呈纤维状、针状，常交织在一起，所以也称纤维交织变晶结构。矿物粒度细小，有时在低倍显微镜下也难以分辨清楚个体。具有这种结构的翡翠，质地细腻致密。

14.3.2 按矿物颗粒大小划分

1. 按矿物颗粒绝对大小划分

(1) 粗粒变晶结构：粒度大于3 mm；

(2) 中粒变晶结构：粒度1～3 mm；

(3) 细粒变晶结构：粒度0.1～1 mm；

(4) 微粒变晶结构：粒度小于0.1 mm。

2. 按矿物颗粒相对大小划分

(1) 等粒变晶结构：粒度大致相等。

(2) 不等粒变晶结构：也称似斑状变晶结构，矿物粒度大小连续递变，从粗到细没有明显界限。

(3) 斑状变晶结构：在粒度较细小的矿物集合体(基质)中，分布有相对较粗大的斑状晶体，斑晶与基质粒度相差悬殊，粗细界限明显。

14.3.3 交代结构与碎裂结构

1. 交代结构

交代是指先形成的矿物，被后形成的矿物所取代，随着交代作用的加强，先形成的矿物可以完全消失。

翡翠的结构，主要是上面讲的各种变晶结构，但在局部也可形成交代结构，常见的交代结构有以下几种：

(1) 交代蚕食(蚀)结构：以交代关系相接触的矿物，它们的接触界线呈港湾状或锯齿状，称为交代蚕食结构。

(2) 交代环边结构：交代作用围绕先形成的矿物边缘进行，在被交代矿物的边部形成一个交代矿物的环圈。

（3）交代网状结构：在被交代矿物的颗粒中，由交代作用形成的矿物呈网状分布。

（4）交代残留结构：当交代网状结构或交代蚕食结构进一步发展，被交代矿物呈零星孤岛状，分布在交代形成的矿物中，孤岛状残留体的外形极不规则，同一颗粒残留下来的几个孤岛具有一致的光性方位。

（5）交代假像结构：原来的矿物颗粒被彻底交代，但仍保留原来矿物的晶形轮廓。

2. 碎裂结构

碎裂结构是指翡翠形成之后，在刚性状态下受到动力作用，使翡翠中的矿物颗粒发生破碎和错动。具有这种结构的翡翠，通常分布在构造破碎带中。这里需要说明的是，具有碎裂结构，仅说明其在地质历史上曾发生过破碎，通过后来的愈合固结，如重结晶和新生矿物的形成，仍可以是坚固的块体。

根据矿物颗粒碎裂的程度有以下三种结构：

（1）碎裂结构：或称压碎结构。翡翠受轻度定向压力挤压而破碎，其特征是矿物颗粒发生破裂并伴有错动或位移，在颗粒接触处碎裂成带棱角的细碎屑或碎粉。

（2）碎斑结构：由碎裂结构进一步发展而成。此时的定向压力较强，棱角状细碎屑或碎粉增多（占10%～50%）。保留下来的较大的颗粒或碎块称为残碎斑晶，它们分布在细碎屑和碎粉中，构成碎斑结构。

（3）糜棱结构：定向压力强烈，翡翠中的矿物颗粒大都破碎成细碎屑或碎粉。由于强烈挤压，大小不等的残碎斑晶往往呈眼球状或扁豆状，其长轴方向大致平行；细碎屑和碎粉，可构成像流纹构造那样的纹理。

14.4 有关翡翠的术（俗）语

14.4.1 水头

水头指翡翠的透明度。水头长或水头足表示透明度好。也常用一分水、二分水来形容翡翠的透明度，一分水是指可看到约 3 mm 深处的矿物，二分水是指可看到约 6 mm 深处的矿物，能达到二分水的翡翠，其透明度就非常好了。水头长、水头足或一分水、二分水都只是一个定性的描述，而且观察时光线的强弱，对透明度有明显影响。水头短、水头差是指透明度不好，也称为干。

14.4.2 翠性

翡翠中单斜辉石的解理面或晶面，对光的反射(有时反射光可发生干涉并形成干涉色)，看上去呈片状、针状或星点状闪光，这种现象称为翠性。业内人士常形象地描述为蚊子翅、苍蝇翅。一般说来，单斜辉石颗粒越粗大，翠性越容易观察到。

14.4.3 地子

地子也称底子，指翡翠的质地，主要由结构、透明度及颜色等因素决定。例如结构致密细腻，透明度很好，似玻璃一般，称为玻璃地；透明度很差，呈白色者称为干白地；透明度较好，像熟藕粉一样，常带有粉色或紫色的地子，称为藕粉地，等等。

14.4.4 皮

皮，也称璞，指翡翠在风化过程中形成的外部风化层。皮的厚度有薄有厚，颜色有深有浅，主要颜色有黄褐色、棕红色、灰白色、黑绿色、黑色等。

14.4.5 籽料

籽料，也称老坑料，指原生翡翠经大自然机械破碎，搬运滚磨，在山坡、河床等处堆积的砾石，一般呈浑圆形至圆形，俗称鹅卵石。籽料表层有风化作用形成的皮壳。由于经过漫长时期的磨蚀和水浸，其透明度较好，质地温润，一般优于山料。

14.4.6 山料

山料，也称新坑料，指从矿山开采出来的原生翡翠矿石。山料表面新鲜，无风化皮壳，多呈带棱角的块状，透明度一般不如籽料。

14.4.7 石花

石花，指翡翠中的白色絮状物斑块，其透明度差。

14.4.8 翡翠A货

翡翠A货指仅经过机械加工，其颜色、结构、透明度等均保持天然状态的翡翠，即天然翡翠。

14.4.9 翡翠B货

有些含杂质较多品质欠佳的翡翠，需用强酸清洗漂白以去除杂质，这样做，会使翡翠的结构遭到不同程度的破坏，为了填平缝隙，增强其坚固性，再进行注胶处理，这种翡翠称为B货。

那些经过酸洗漂白，结构破坏轻微，不必注胶，只需用蜡浸泡就可以弥补的，称为漂白浸蜡翡翠，这种翡翠既非A货，又非B货，市场上称为"洗澡翡翠"。

14.4.10 翡翠C货

翡翠C货指那些天然颜色较差，通过人工方法增色，如染色，使翡翠产生理想的颜色，这种翡翠称为C货。利用人工方法使翡翠增色是较为常见的一种方法。有些翡翠经过酸洗后，在注胶固结前，还要增色处理，这种翡翠称为"B+C货"。

此外还有一种覆膜翡翠，即在一些浅色翡翠戒面或小挂件上覆着绿色薄膜以改善颜色。市场上称其为"穿衣翡翠"。

国家标准规定，B货、C货、漂白浸蜡、覆膜，都属于处理翡翠。

14.4.11 种

种，也称种份，是一个模糊的概念，种的使用比较混乱，具体称呼更是五花八门。如，按透明度划分，"透明度高，则种好"，反之则种差，透明度很好者称为老种，透明度差者称为新种，透明度介于两者之间的，称为新老种；也有玻璃种（透明度很好）、冰种（透明度较好）等称呼；按矿床类型，有老坑种（即籽料）和新坑种（即山料）之分。按颜色和透明度的好坏，有花青种、油青种之分；等等。

14.5 翡翠的基本性质

(1) 摩氏硬度：6.5～7，或略低。

(2) 韧性：翡翠韧性好，是韧性最大的玉石之一，不易破碎。

(3) 断口：呈锯齿状或参差状。

(4) 密度：3.34 g/cm^3 左右。

(5) 光泽：玻璃光泽至油脂光泽。

(6) 光性：翡翠是非均质矿物的集合体，因此翡翠在正交偏光镜间整体表现为不消光，始终呈全亮。

(7) 折射率：1.654～1.680，点测法 1.65～1.67。

(8) 透明度：半透明。透明度是定性描述，半透明的范围很宽，同为半透明，也存在较大差别。

(9) 颜色：常见颜色有白色、翠绿色、绿色、灰绿色、红色、黄褐色、紫色、蓝紫色等，颜色变化大。红色为翡，绿色为翠，紫色又称紫罗兰。如果在白色地子上同时有绿色、红色和紫色，称作“福禄寿”，也称“桃园结义”。

(10) 多色性：有色的单斜辉石晶体是有多色性的，因为它们在翡翠中杂乱分布，且粒度细小，所以翡翠显示不出多色性，故不可测。

(11) 滤色镜检验：天然绿色翡翠在查尔斯滤色镜下不变色，仍为绿色。

(12) 吸收光谱：见 7.7 中的表 7-5。

14.6 翡翠的鉴别与品质优劣评价

14.6.1 翡翠的鉴别

1. 与相似玉石的鉴别

外观与翡翠相似的玉石主要有：澳玉、东陵玉、染色石英岩、马来西亚玉(脱玻化玻璃)、岫玉、软玉、独山玉、水钙铝榴石等，鉴别它们的主要依据是硬度、密度、折射率以及颜色分布等特征(见表14-1)。

表14-1 翡翠与相似玉石的鉴别特征

玉石名称	摩氏硬度	密度(g/cm³)	折射率(点测)	颜色分布及其他特征
翡　翠	6.5～7	3.34	1.65～1.67	绿色来自单斜辉石,可见色根,有色形。常分布不均匀
澳　玉	6～7	2.60	1.53～1.54	是一种含镍的绿玉髓,颜色非常均匀
东陵玉	7	2.64～2.71	1.54	是一种含铬云母的石英岩,绿色来自鳞片状铬云母,绿色呈片状、丝缕状分布
染色石英岩	7	2.64～2.71	1.54	绿色在颗粒间隙富集,呈网状分布
马来西亚玉	7	2.64～2.71	1.54	是一种脱玻化玻璃,或称合成石英岩。绿色非常均匀。底面有光滑收缩凹坑
软　玉	6～6.5	2.95	1.60～1.61	软玉中的矿物非常细小,质地十分细腻,颜色均匀
绿色独山玉	6～6.5	3.09	1.70	是一种蚀变岩,由黝帘石和铬云母组成,绿色主要来自铬云母,颜色不均匀,呈片状、丝缕状分布
岫　玉	2.5～5	2.44～2.80	1.56～1.57	由蛇纹石矿物组成,颜色分布均匀,看不到色根,也无色形
水钙铝榴石	7	3.4～3.5	1.72	显著特征是"点状绿",颜色不均匀,绿点呈圆形、水滴形

2. A货、B货、C货的鉴别

(1) A货:即天然翡翠,结构完整,表面光滑,有时可见抛光留下的细微麻点,见不到酸蚀作用形成的沟纹;颜色分布自然流畅,可见色根(颜色的根源)。

(2) B货:看上去很漂亮,往往没有不协调的杂质。但由于结构遭到不同程度的破坏,表面可见酸蚀作用形成的沟纹,利用斜照光的反射,还可见像橘皮一样的表面特征。有时还可见到注胶时产生的气泡。颜色分布不自然。

(3) C货:染上的颜色,在矿物颗粒间隙、解理缝以及裂隙中富集,甚至呈网状分布。有时,做假者为了防止被人识破,再做一次处理,使裂隙处的颜色变浅,但裂隙两侧的颜色深浅对称。从宏观上看,染色翡翠的绿色,给人一种呈无定形飘散状的感觉。B+C货同时具有B货和C货的鉴别特征。

另外,覆膜翡翠,用针可将胶质薄膜划出一条划痕,过一段时间,划痕会自行消失,胶膜恢复原状。有时胶膜会破裂脱落。洗澡翡翠(也称漂白注蜡翡翠)表面常可见到酸蚀作用形成的沟纹。

14.6.2 翡翠品质优劣评价

翡翠的品质优劣,可从以下几个方面来评价:

1. 颜色

在翡翠的各种颜色中,最为重要的是绿色,其次是红色和紫色。

有无绿色、绿色多少,以及绿色是否纯正、浓艳,分布是否均匀,是评价翡翠的重要依据。最佳的颜色应该是绿色纯正,不带其他色调,色浓而鲜艳,且分布均匀。

按色调不同,绿色大致分以下几种,依次为:

翠绿色:也称宝石绿色或祖母绿色(另外还有多种叫法)。其色纯正、浓艳,是最高档次的绿色。

微带黄或蓝的绿色:也称苹果绿色、黄阳绿色、葱心绿色等。

微带灰的绿色:也称菜绿色或菠菜绿色等。

明显带其他色调的绿色:如油青色、灰绿色、墨绿色等。

就绿色而言,有绿胜于无绿,绿多优于绿少。

除绿色外,红色和紫色也是人们喜爱的颜色,尤其是绿色、红色和紫色同出现在一块翡翠上,非常美丽,也非常少见,被视为珍品。

2. 结构

组成翡翠的矿物颗粒大小,与翡翠质地的好坏有直接关系。粗粒结构中,矿物颗粒粗大,地子粗糙,颜色显得不均匀,同时因为粗粒矿物的解理面也大,翠性明显,会影响翡翠的透明度。反之,矿物颗粒越细小,地子就越细腻,且透明度好,颜色也均匀,看上去质地致密、细腻、温润。

玻璃地翡翠中的矿物粒度细小(<0.1 mm),属于显微变晶结构。有资料显示,玻璃地翡翠中的矿物粒度平均为0.015~0.15 mm。但是以肉眼或借助10倍放大镜观察,难以根据具体粒度值进行评价。一般情况下,肉眼无法分辨矿物个体轮廓的结构为佳;借助10倍放大镜仍无法分辨矿物个体轮廓的结构为最佳。

3. 透明度

在这里是一个定性的描述。透明度的好与差,对翡翠品质影响很大,尤其是对那些绿色欠佳或无绿色的中低档翡翠,透明度显得更为重要。透明度很好的翡翠,看上去晶莹剔透，非常水灵，给人以美感。透明度差的翡翠则不然，看起来发干、呆板，缺乏美感。

4. 净度与裂隙

净度指翡翠中瑕疵的多少。这里的瑕疵主要包括黑色斑点和白色石花，黑色斑点常为不透明矿物，或颜色很深的暗色矿物。一块优质翡翠应无瑕疵或极少瑕疵，瑕疵越多，品质越差。另外还要看有无裂隙，及裂隙的大小和多少等。裂隙是指现存于翡翠上的破裂缝隙，不包括矿物颗粒上的解理面，裂隙的存在大大降低了翡翠的坚固程度，最忌讳的是成品上有通裂。应当注意的是，不要把翡翠中的天然纹理，即俗称的"玉筋"，当成裂隙。

5. 加工工艺

是对成品翡翠而言的，指加工是否精细，各种雕件的图案是否逼真，利用巧色（俏色）是否得当，等等。一件完美无缺的翡翠制品，才能算得上精致的工艺品。

14.7 翡翠的地质成因、产状及产地

世界上已知的翡翠矿床，都产在蛇纹石化的超基性岩中，矿体呈脉状、透镜状或扁豆状。关于翡翠的地质成因，至今存在不同的认识，一是变质成因说，二是岩浆成因说。在变质成因说中，又有区域变质成因和热液交代成因两种不同的观点。在岩浆成因说中，有人认为是花岗岩浆经脱硅作用形成的；也有人认为形成翡翠的岩浆，可能是来源于地幔的硬玉质硅酸盐熔融体。

翡翠的产状有原生矿和砂矿两种类型，前者即山料，后者即籽料。

翡翠的产地很少，仅发现于缅甸、俄罗斯、美国、日本、哈萨克斯坦、危地马拉等，其中，缅甸是翡翠的主要产出国，其他产地的产量都很少，品质也不如缅甸翡翠好。

15 软玉(和田玉)

15.1 概述

软玉(Nephrite)即和田玉(Hetian Yu),在我国是有着悠久历史的传统玉石。据出土文物考证,早在新石器时代就有了软玉制品,如辽宁阜新查海出土的玉器(约八千年至七千年前),浙江余姚河姆渡出土的玉器(约七千年前),湖北屈家岭出土的玉鱼(约五千年前),等等。

在我国,习惯上将软玉和翡翠一并称为“玉”,至今仍有人这样称呼。软玉并非很软,它的摩氏硬度为6～6.5,只是相对于翡翠(6.5～7,也称硬玉)稍低些,故称其为软玉。

由于我国新疆和田产出的软玉品质最佳,且开采历史久远,故又称软玉为和田玉;国外也有人将软玉称为中国玉。

青海产的昆仑玉(Kunlun Yu)以山料为主,少量山流水料,未见籽料。和新疆产的和田玉,都产于昆仑山矿带,属于同一类玉石,即都是软玉,或者说都是闪石玉。2008年北京奥运会奖牌“金镶玉”,所用玉料就是昆仑玉中的白玉、青白玉和青玉。之所以用昆仑玉制作奖牌,一是它与和田玉的矿物成分、结构、外观特征、物化性质等基本相同。二是昆仑玉量大,品质均匀,可以保证制作同类奖牌的玉料品质相同。三是昆仑玉的库存量充足,可直接按要求选料,工期有保证。四是昆仑玉的价格较低,可大幅度降低成本,符合节约办奥运的精神,而且全部玉料是青海省人民政府无偿捐赠的。

15.2 软玉的矿物成分与结构

15.2.1 软玉的矿物成分

软玉中的矿物成分主要是透闪石和阳起石，此外可含有少量或微量的蛇纹石、滑石、透辉石、斜黝帘石、磷灰石、磁铁矿、石墨等。

透闪石 $Ca_2Mg_5[Si_4O_{11}]_2(OH)_2$ 和阳起石 $Ca_2(Mg, Fe)_5[Si_4O_{11}]_2(OH)_2$ 是类质同像矿物。根据 $Mg/(Mg+Fe^{2+})$ 的比值进行命名，比值≥0.90 为透闪石；比值<0.90，≥0.50 为阳起石；比值<0.50 为铁阳起石。透闪石呈白色、灰白色；阳起石呈浅绿至鲜绿色，也有黄色和褐绿色。

15.2.2 软玉的结构

软玉具有纤维变晶结构。透闪石、阳起石呈纤维状，常交织在一起，而且大都非常细小。当在显微镜下也无法分辨矿物个体轮廓时，称其为毛毡状显微隐晶质变晶结构，这种结构在和田软玉中最为典型。矿物颗粒越细小，软玉的质地越细腻，越温润。

15.3 软玉的品种

15.3.1 按矿床类型划分

(1) 山料：即从矿山开采出来的原生软玉，呈棱角状块体，新鲜，无风化形成的皮，属于原生矿。

(2) 籽料：经长距离搬运、滚磨，在河床中堆积的软玉砾石，呈浑圆形至圆形，俗称鹅卵石，外层有风化形成的皮，有的籽料无皮。还有一种被称为“山流水”的软玉，是搬运距离较近(原地或原地附近)的残积、坡积砾石。它们都属于砂砾矿。

15.3.2 按颜色划分

(1) 白玉：指颜色呈白色的软玉，几乎全部由含铁量很低的透闪石组成。白色细分有羊脂白、梨花白、雪花白、象牙白、糙米白、鸡骨白等等，其中以羊脂白玉最为名贵。2010年有资料显示，1 kg羊脂白玉籽料，售价为50万～100万元人民币，这是因为羊脂白玉不仅白度好，状如凝脂，而且非常稀少，迄今为止，仅在我国新疆有产出。

(2) 青玉和青白玉：青玉是一种呈淡青绿色或淡灰绿色的软玉。青白玉的颜色介于白玉和青玉之间，是一种似白非白、似青非青的软玉，或者说是一种带淡绿色调的白玉。

(3) 碧玉：指呈绿色至暗绿色的软玉。在岩石学上有一种叫做碧玉岩的硅质岩，主要由自生石英和玉髓矿物组成。碧玉不同于碧玉岩，要注意二者的区别。

(4) 黄玉：指呈黄色、米黄色的软玉。颜色细分有蜜蜡黄、栗色黄、秋葵黄、黄花黄、鸡蛋黄、米色黄等，其中以蜜蜡黄和栗色黄为最佳色。

在矿物学上有一种叫做黄玉或黄晶的矿物(宝石名称叫做托帕石)，不要把软玉中的黄玉同矿物黄玉混淆起来。

(5) 墨玉：指呈黑色、灰黑色的软玉。其颜色是由软玉中含的细微石墨鳞片所致，颜色不均匀，往往在一块黑色为主的软玉上会夹杂有青色或白色条带。

(6) 糖玉：指颜色像红糖一样的红色、褐红色或紫红色软玉。

(7) 花玉：指一块软玉上具有多种颜色、构成一定花纹的软玉。如虎皮玉、花斑玉、巧色玉等。

15.4 软玉的基本性质

(1) 摩氏硬度：6～6.5。

(2) 韧性：韧性好，是韧性最大的玉石之一(与翡翠的韧性相同)，不易碎裂。

(3) 断口：呈锯齿状或参差状。

(4) 密度：2.95 g/cm^3 左右。

(5) 光泽：玻璃光泽至油脂光泽或蜡状光泽。

(6) 光性：软玉是非均质矿物的集合体，因此软玉在正交偏光镜间不消光，始终明亮。但纤维状矿物呈平行排列、具猫眼效应的软玉(或称透闪石猫眼、阳起石猫眼),在正交偏光镜间会有消光现象。

(7) 折射率:1.606~1.632,点测法 1.60~1.61。

(8) 透明度:半透明,黑色的墨玉微透明至不透明。

(9) 颜色:有多种颜色,如白色、青色、黄色、绿色、褐红色、黑色等,可按颜色分出不同品种。

(10) 多色性:带色的闪石类矿物是有多色性的,因软玉中的闪石大都是随机杂乱分布,且粒度细小,故显示不出多色性。

(11) 特殊光学效应:可具猫眼效应(应称其为透闪石猫眼)。

15.5 软玉的鉴别与品质优劣评价

15.5.1 软玉的鉴别

软玉的鉴别主要是依据物化性质,尤其是稳定的物理常数测定。与相似玉石的鉴别见翡翠一章中的表 14-1。

从外观特征看,软玉常与相似玉石有显著差别。由于软玉中的矿物非常细小,结构十分细腻均一,如膏似脂,温润柔和。而其他相似玉石,凭肉眼或借助 10 倍放大镜,即可观察到颗粒状或纤维状的矿物。因为它们的质地一般比不上软玉那样细腻。

不同产地的软玉,在矿物成分、百分含量和结构上往往不尽相同,表现在物化性质上也会存在差异。这里介绍国内几种不同产地的软玉,供鉴别时参考。

(1) 新疆和田软玉:主要由透闪石组成,含量一般在 95%以上(羊脂白玉中的透闪石含量可达 99%以上)。杂质矿物很少,见有磷灰石、磁铁矿、斜黝帘石、榍石、石墨等。和田软玉中的矿物粒度大都非常细小,呈显微隐晶质变晶结构,即在显微镜下也无法分辨透闪石个体的轮廓和大小。质地细腻,温润柔和,如膏似脂,品质最佳。

(2) 台湾花莲软玉:产于台湾东部的花莲县丰田地区,也称台湾玉或丰田玉,主要由透闪石组成。具蜡状光泽的软玉,其透闪石粒径通常在 0.015 mm 以下;具玻璃光泽的软玉,透闪石在 0.04~0.15 mm 间;具有猫眼效应时,纤维状透闪石长度达 20 mm 以上,称为透闪石猫眼。

除透闪石外,含有微量或少量铬尖晶石、铬铁矿、石榴石、绿泥石等。这些矿物在软玉中形成肉眼可见的黑点。

(3) 辽宁岫岩软玉:是开采岫玉的副产品,其透闪石含量为 40%~50%左右,蛇纹石含量为50%～60%左右,此外有微量的白云石、金云母等。由于蛇纹石的含量很高,使得这种软玉的摩氏硬度和韧性明显降低。也有文献称,岫岩软玉中的透闪石含量大于75%。从透闪石的含量看,在50%以下者,能否称其为软玉,以及如何命名,值得进一步探讨。

(4) 四川汶川软玉:产于汶川县的龙溪,也称龙溪玉。主要矿物成分为透闪石,含量为90%～98%,可含少量白云母、方解石等。呈浅绿色、暗绿色。

(5) 新疆玛纳斯软玉:透闪石和阳起石含量为75%～90%,有少量透辉石、绿泥石等。质地较细腻,呈绿色,被称为玛纳斯碧玉(玛纳斯是碧玉的主要产地)。

15.5.2 品质优劣评价

软玉品质优劣的评价,主要从颜色、质地(结构)、块度及有无裂隙等方面综合考虑,对于成品还必须考察其雕琢工艺是否精细。软玉原石的评价标准见表15-1。另据报道,1998年在新疆玛纳斯发现一块约9 100 kg的大碧玉。

表15-1 软玉原石的评价标准

品种	等级	评价标准
白玉籽料	特级	色白,质地细腻温润,无裂,无杂质,块度在10 kg以上
	一级	色白,质地细腻温润,无裂,无杂质,块度在2～10 kg
	二级	色白,质地细腻温润,无裂,无杂质,块度在0.5～2 kg
	三级	色灰白,质地细腻,无裂,无杂质,块度在3 kg以上
白玉山料	一级	色润白,质地细腻,无裂,无杂质,块度在5 kg以上
	二级	色较白,质地细腻,无裂,无杂质,块度在3 kg以上
	三级	色青白,质地较细,无裂,稍有杂质,块度在3 kg以上
青玉籽料	一级	色青绿,质地细腻,无裂,无杂质,块度在10 kg以上
	二级	青色,质地细腻,无裂,无杂质,块度在5 kg以上
碧玉	特级	碧绿色,质地细腻,无裂,无杂质,块度在50 kg以上
	一级	深绿色,质地细腻,无裂,无杂质,块度在5 kg以上
	二级	绿色,质地细腻,无裂,无杂质,块度在2 kg以上
	三级	浅绿色,质地细腻,无裂,稍有杂质,块度在2 kg以上

注:据栾秉璈《宝石》,略有改动。

15.6

软玉的地质成因、产状及产地

组成软玉的透闪石和阳起石，是变质矿物，对软玉的变质成因没有争议。有的软玉矿床是花岗闪长岩侵入体与镁质碳酸盐岩接触交代形成的；有的是与超基性岩有关的热液交代型矿床；还有的属于区域变质成因，软玉矿体与片岩、片麻岩和镁质大理岩共生一处。

当原生的软玉矿床经风化破碎并被水流搬运、分选、沉积后，软玉块体可形成砂矿(即籽料)。

世界上产软玉的国家很多，如中国、俄罗斯、澳大利亚、加拿大、美国、新西兰、朝鲜、巴西等。

我国的软玉产地，除了前面提到的新疆、青海、台湾花莲、辽宁岫岩、四川汶川以外，还有甘肃、西藏等地。新疆是我国软玉的主要产区，分布于天山、昆仑山和阿尔金山地区，尤其是南疆的昆仑山和阿尔金山一线，西起帕米尔高原的塔什库尔干，向东经莎车、叶城、墨玉、和田、于田、且末，直到若羌，绵延一千多公里，矿点二十余处。

16 岫　玉

16.1 概　述

岫玉(Serpentine, Xiu Yu)因产于辽宁岫岩县而得名。它是一种主要由蛇纹石矿物组成的玉石,岩石学上称作蛇纹岩,宝石学上也称作蛇纹石玉。又因为岫玉是我国蛇纹石玉中品质最好,且产量大,利用历史悠久,故将岫玉作为蛇纹石玉的统称。

我国对岫玉的利用,早于软玉,已有万余年的历史(关子川,2001 年)。考古出土的新石器时代的玉器,多是由岫玉制成的。在河北满城出土的西汉中山靖王刘胜和他妻子的金缕玉衣,所用玉片一部分也是用岫玉制作的。时至今日,岫玉仍以数量多、分布广,而在我国占有重要地位,是利用最为广泛的玉石品种。

不同产地的岫玉(蛇纹石玉),有不同的称呼,其名称多达二三十种,如产于广东信宜的称为信宜玉或南方玉;产于四川会理的称为会理玉;产于广西陆川的称为陆川玉;产于新疆阿尔泰的称为蛇绿玉;产于青海乐都的称为乐都玉;产于河南淅川、西峡等地的称为黑绿玉;产于安徽凤阳和天长的,分别称为凤阳玉和天长玉;产于江西弋阳的称为弋阳玉;产于山东日照的称为日照玉,产于莱阳的称为莱阳玉,产于泰山的称为泰山玉;等等。产于国外的蛇纹石玉有鲍文玉、威廉斯玉、塔克索石、雷科石、朝鲜玉(又称高丽玉)等名称。

如此之多的名称,实在太纷杂,统一使用“岫玉”一名,已为广大宝石界人士认同。

此外,尚有一类为蛇纹石化大理岩,如山东莒南县产的莒南玉,陕西蓝田县产的蓝田玉,以及制作夜光杯的酒泉玉(其中一部分是蛇纹石化大理岩),是否也属岫玉之列,有待进一步探讨。

市场上常见一种染红色的岫玉制品,红色染料在裂隙(裂纹)中富集,很像“血丝”,有的商家称其为“鸡血石”或“鸡血玉”,这是一种鸡血石的假冒品。

16.2 岫玉的矿物成分和结构

16.2.1 岫玉的矿物成分

岫玉主要由蛇纹石矿物组成。蛇纹石是含氢氧根的镁质层状结构的硅酸盐矿物,化学式为 $Mg_6[Si_4O_{10}](OH)_8$,成分中常含有 Ca、Al、Fe、Mn、Ni、Cr 等元素。蛇纹石包括三个主要的同质多像变体,分别称为纤蛇纹石、叶蛇纹石和利蛇纹石,它们的晶体形态呈纤维状、叶片状。岫玉中常含有少量白云石、透闪石、透辉石、水镁石、菱镁矿、绿泥石、滑石等。

16.2.2 岫玉的结构

岫玉具有纤维状变晶结构、叶片状变晶结构、毛毡状变晶结构、隐晶质结构等。由于矿物粒度细小,岫玉的质地致密细腻。但常有白色絮状物团块或斑块。

16.3 岫玉的基本性质

(1) 摩氏硬度:2.5～5。

(2) 韧性:一般。虽然纤维状、叶片状蛇纹石交织在一起,但蛇纹石的晶体结构为层状,故岫玉的韧性远不如翡翠和软玉。

(3) 密度:2.44～2.80 g/cm^3。

(4) 光性:非均质矿物集合体。蛇纹石随机杂乱分布时,岫玉在正交偏光镜间不消光；当蛇纹石平行排列具猫眼效应时，在正交偏光镜间则有消光现象。

(5) 折射率：1.56～1.57。

(6) 光泽：玻璃光泽至蜡状光泽。

(7) 颜色：绿色、浅绿色、黄绿色、黄色、褐红色、白色、黑色、杂色等。

(8) 透明度：半透明。黑色者微透明。

(9) 特殊光学效应：可有猫眼效应，称蛇纹石猫眼，但稀少。

16.4 岫玉的鉴别与品质优劣评价

16.4.1 岫玉的鉴别

岫玉同相似玉石的鉴别，可依据其基本性质加以鉴别。岫玉的特点是摩氏硬度低于翡翠和软玉。在结构方面，岫玉中的矿物粒度常介于翡翠和软玉之间，即用肉眼或10倍放大镜观察，翡翠中可见粗粒的斑晶和长纤维状矿物，岫玉中常见短的絮状物，而软玉中的矿物则不可见(呈隐晶质或显微隐晶质)。岫玉同玻璃仿制品的区别，在于玻璃仿制品的颜色十分均一，透明度高于岫玉，见不到短的絮状物，可见圆形和椭圆形气泡。

16.4.2 岫玉的品质优劣评价

评价岫玉品质优劣，主要是根据颜色、透明度、质地、块度、有无裂隙和杂质及成品的加工工艺等方面综合考虑。

(1) 颜色：以分布均匀的纯正深绿色为最佳色，其次是浅绿色、黄绿色、浅黄绿色、黄色、白色、浅褐色、褐色、黑色。

(2) 透明度：透明度越高越好。但应注意同玻璃假冒品的区别。

(3) 质地：质地越致密细腻越好，白色絮状物团块越少越好。

(4) 块度：岫玉原料块度越大、裂隙和杂质越少越好。

(5) 加工工艺：成品玉件不应有裂隙，瑕疵应尽可能少，加工工艺应精细，对巧色的利用要独具匠心，恰到好处。

16.5 岫玉的地质成因、产状及产地

组成岫玉的蛇纹石是一种热液蚀变成因的矿物，故岫玉矿床属于变质矿床。其产状有两种：一是由超基性岩如橄榄岩、辉岩，经热液交代作用（即蛇纹石化作用）蚀变成岫玉；另一种是富镁碳酸盐岩受到热液交代作用蚀变成岫玉（当交代作用不彻底时，则形成蛇纹石化大理岩）。

国内外的岫玉产地很多，国外如美国、新西兰、阿富汗、墨西哥、朝鲜等；国内许多省区也都有岫玉产出。最著名的是辽宁岫岩县，据 1984 年资料，岫岩玉矿采得一块 260.76 吨的"岫玉王"。

17 独山玉

17.1 概述

独山玉(Dushan Yu)又称南阳玉,因产于河南省南阳市郊的独山而得名。我国对独山玉的认识和利用历史悠久,如在南阳黄山出土的约六千年前的独山玉铲;在河南安阳殷墟妇好墓出土的玉器中,有用独山玉制成的玉器。位于独山脚下的“玉街寺”旧址,是汉代生产和销售玉器的地方。北魏郦道元的《水经注》称:“南阳有豫山,……山出碧玉。”《南阳县志》称:“豫山在县东北十五里,又曰独山。”据不完全统计,独山玉矿的老坑老硐有一千多个,足见古代玉业之兴盛。现今独山玉仍是我国主要的玉雕原料之一。1999年澳门回归时,河南省政府赠送澳门特区的礼品《九龙晷》就是用优质独山玉制作的。

17.2 独山玉的矿物成分、结构与品种

17.2.1 独山玉的矿物成分

独山玉的矿物成分复杂,矿物成分有:斜长石、黝帘石、斜黝帘石、绿帘石、铬云母、金云母、黑云母、绢云母以及透闪石、阳起石、透辉石、沸石、方解石、榍石、磷灰石、电气石、黄铁矿、磁铁矿等。不同品种的独山玉,其矿物成分及含量变化较大。

17.2.2 独山玉的结构

独山玉的结构主要为细粒、微粒变晶结构，局部见交代结构。矿物粒度多在0.05 mm以下，少数可达1 mm左右。质地细腻，致密。

17.2.3 独山玉的品种

独山玉按颜色划分为五大品种：

(1) 白独山玉：基本色调为白色，可带有浅粉红色、浅苹果绿色和灰色。当地所称呼的透水白、细白、干白、水红白、乳白、乌白等，都属于白独山玉。

(2) 绿独山玉：呈绿色、蓝绿色，是一种含铬云母的蚀变岩，外观特征很像翡翠。当地称为天蓝玉或老蓝、老绿、绿天蓝、油绿、豆绿、麦青等。

(3) 黄独山玉：呈黄色、黄绿色。含有较多的斜黝帘石和绿帘石，这两种矿物之间存在连续的类质同像关系。

(4) 紫独山玉：呈紫色、浅紫色。

(5) 杂色独山玉：是独山玉中数量最多的一个品种。在一块玉石上同时具有两种或多种颜色，是一种“巧色”玉料。

17.3 独山玉的基本性质

(1) 摩氏硬度：6～6.5。

(2) 密度：2.7～3.18 g/cm^3。

(3) 光性：非均质矿物集合体，正交偏光镜间不消光，始终全亮。

(4) 折射率：1.56～1.70。

(5) 光泽：玻璃光泽。

(6) 颜色：常见白色、绿色、紫色、黄色、粉红色、棕色、黑色、杂色等。单一颜色的独山玉不多，往往在同一块玉石上，出现不同的色调，甚至出现多种颜色。

(7) 透明度：半透明至微透明。

17.4 独山玉的鉴别与品质优劣评价

17.4.1 独山玉的鉴别

根据独山玉的基本特征，可将独山玉和相似玉石区别开来。由于独山玉的矿物成分和含量变化较大，其密度、折射率变化范围相对也较大，这给凭借物理常数鉴别增加了难度。但另一方面，也正是矿物成分及含量的复杂多变，使独山玉具有不同于其他玉石的一些特征。有一定宝石知识和经验的人，凭肉眼或借助10倍放大镜观察，就可以将独山玉鉴别出来。独山玉颜色较杂，往往在一块玉料或玉件上有多种颜色；独山玉虽然也含有细柱状、纤维状矿物，但含量少，主要为细粒微粒状矿物。因此不像翡翠和岫玉那样随处可见纤维状矿物，也看不到像翡翠那样所具有的翠性。与软玉相比，独山玉为玻璃光泽，软玉为蜡状光泽，软玉显得更加细腻温润。

17.4.2 独山玉品质优劣评价

独山玉以绿色、蓝绿色、粉红色、浅苹果绿色及微带粉红或浅绿的白色为好。杂色独山玉，颜色搭配得当也不失为好颜色，如独山玉雕《墨菊》，将黑褐色部位雕成花朵，白色和绿色部位雕成枝叶，堪称佳作。

此外，独山玉的质地越细腻越好，且要块度大，无裂纹。

17.5 独山玉的地质成因、产状及产地

关于独山玉的成因，有多种不同的认识，有人认为是蚀变斜长岩；有人认为是蚀变辉长岩；有人认为是基性岩体(辉长岩和斜长岩都属于基性岩)经热液蚀变作用形成的；还有人认为是岩浆期后热液，在350～430℃及低压下充填交代辉长岩和斜长岩，沿裂隙生成。

综合多家资料，及部分独山玉薄片显微镜鉴定结果和野外观察分析，独山玉应是热液成因，成矿作用的方式有两种，即充填作用和交代作用，而且成矿作用可能不止一期。

（1）充填作用：含矿热液在围岩裂隙中流动时，因物理化学条件的改变，成矿物质便从热液中结晶出来，形成的矿体与围岩界线清楚。

（2）交代作用：含矿热液与围岩发生物质成分上的交换，形成的矿体与围岩成渐变过渡关系，界线不分明。

（3）从脉状矿体的穿切关系看，成矿作用可能有多个成矿期（或成矿阶段）。

独山玉的透镜状矿体、脉状矿体受构造裂隙控制，前者呈雁行状分布，后者呈枝杈状、单脉状分布。

迄今为止，独山玉这一类型的矿床，仅发现于南阳独山，国内外还未发现第二处该类型的矿床，故有“独山独玉独此一家”之说。

18 欧泊、玉髓、木变石和石英岩

18.1 欧　　泊

欧泊(Opal)是七大珍贵宝石之一，其矿物名称为蛋白石，因具有变彩效应，不同于普通的蛋白石，矿物学上以贵蛋白石称之。宝石学上，“欧泊”一词是英文译音。欧泊俗称为澳宝，一是因为世界上95%以上的欧泊产于澳大利亚，再则澳宝与欧泊发音也相近。优质欧泊集七彩于一身，犹如画家的调色板，色彩斑斓且富于变幻，深受人们喜爱。作为10月生辰石，象征美好希望和幸福的到来。

18.1.1　欧泊的基本特征

(1) 化学成分：$SiO_2 \cdot nH_2O$，常含有各种杂质。吸附水的含量不定，通常为6%～10%，最高可达20%(应防止过分失水)。

(2) 结晶状态：经扫描电子显微镜、X射线衍射仪等大型仪器测试，证明欧泊内部主要由近于等大的非晶质二氧化硅小球组成，球体直径在150～400 nm范围内。此外还含有少量超显微大小的纤维状低温方石英和低温鳞石英。二氧化硅小球作六方最紧密堆积，构成有序畴，像光栅一样，导致可见光发生衍射和干涉，形成瑰丽的变彩色斑。扫描电子显微镜观察还发现，欧泊内部有许多不同方向的显微裂隙(见图18-1)。

(3) 摩氏硬度：5～6。

(4) 密度：1.9～2.3 g/cm^3，一般在2.15 g/cm^{3}左右。

(5) 光性：以非晶质 SiO_2 为主，故为均质体，正交偏光镜间全消光，始终黑暗。

图 18-1 欧泊的扫描电镜照片，显示等大的 SiO_2 小球规则堆积

(6) 折射率：1.45 左右。火欧泊稍低，为 1.40 左右。

(7) 光泽：玻璃光泽或树脂光泽。

(8) 颜色：体色为白色者称为白欧泊；体色为橙色、橙红色、红色者，称为火欧泊；体色为黑色、深灰色、蓝灰色、灰绿色等暗色者，称为黑欧泊。以黑欧泊为最珍贵。

(9) 透明度：半透明至微透明。

(10) 特殊光学效应：具典型变彩效应。根据色彩种类多少，有单彩、三彩、五彩、七彩之分。色彩越丰富越好，具有红、橙、黄、绿、蓝五种色彩的欧泊，就相当珍贵了。

18.1.2 欧泊的鉴别

根据欧泊特殊的变彩效应，不难将欧泊和其他天然宝石区别开来。对欧泊的鉴别，实际上是天然欧泊与合成欧泊、欧泊拼合石以及塑料假冒品之间的鉴别。

(1) 欧泊：放大数十倍观察，色斑边缘较为光滑平直，色斑呈片状，一般无立体感，内部常有类似于斜长石聚片双晶的细直平行纹带。

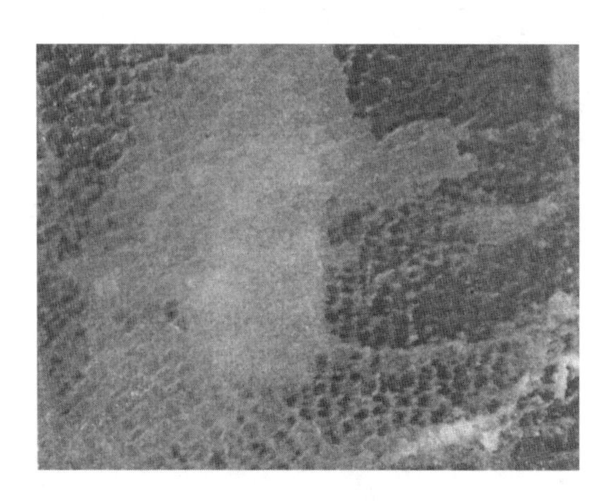

图 18-2 合成欧泊的鱼鳞状结构(据王曙)

(2) 合成欧泊：其密度和折射率，都与天然欧泊基本相同。放大二十倍以上观察，合成欧泊表面可见一种像鱼鳞一样的结构(有人称其为蜂巢状结构，或蜥蜴皮状结构，见图 18-2)。进一步放大，色斑立体感明显，边缘极不规则。

(3) 欧泊拼合石：将白欧泊薄板或黑欧泊薄板与颜色相近的蛋白石或玉髓上下粘合在一起制成，从上部观察不易被发现。鉴别的方法是在强光照明下,借助显微镜(或放大镜)透过欧泊薄层观察,寻找粘合时留下的蛛丝马迹,如能见到圆形的小气泡,或压扁的圆饼状气泡,便是拼合石的证据。此外,如能从侧面观察到拼合缝,也可确定为拼合石。不过,拼合石的侧面,尤其是拼合缝处,都被隐藏在首饰底托内,无法观察到。对于平面拼合的欧泊,拼合缝一目了然,极易识别。

(4) 塑料假冒品:塑料假冒品的鉴别特征是低硬度、低密度、高折射率。摩氏硬度为2.5左右,用缝衣针可轻易划伤,低于欧泊(5～6);密度为1.21 g/cm^{3}左右,也低于欧泊(1.9～2.3 g/cm^3);折射率为1.51左右,比欧泊(1.45左右)高。据此不难鉴别。

18.1.3 欧泊的地质成因、产状及产地

据目前世界上欧泊的产出情况看,其地质成因主要有两种类型。一种是从低温热液中沉淀生成,多呈细脉状产于火山熔岩和凝灰岩中。另一种是在外生条件下,由硅酸溶液凝聚而成,为风化淋滤沉积成因,欧泊呈脉状产于古风化壳下部,以此类矿床占多数。

欧泊的主要产地是澳大利亚,有资料显示,澳大利亚的欧泊产量,占世界总产量的95%以上。此外,巴西、墨西哥、美国等国家,也有产出。

18.2 玉髓、玛瑙、澳玉、黄龙玉、金丝玉

"玉髓"(Chalcedony)一词有两个含义。作为矿物名称时,是指隐晶质的石英(SiO_2),据X射线衍射揭示,玉髓同石英的晶体结构完全一样,只是玉髓富含微小(0.1 μm)的水泡,使得折射率和密度比石英略低。作为玉石名称时,是指主要由隐晶质玉髓矿物组成的集合体(即岩石),除玉髓矿物外,常含少量蛋白石和细微粒状石英及其他杂质。

18.2.1 基本性质

(1) 摩氏硬度:6～7。

(2) 密度:2.6 g/cm^{3}左右。

(3) 光性：非均质矿物集合体，正交偏光下不消光，始终呈现明亮。

(4) 折射率：1.535～1.539，点测法 1.53 或 1.54。

(5) 光泽：玻璃光泽或油脂光泽。

(6) 颜色：不含杂质者为白色，常因含不同的杂质而呈各种颜色，常见红色、暗红色、绿色、黄褐色、灰色等。

(7) 透明度：半透明至微透明。

18.2.2 主要品种

1. 玛瑙(Agate)

玛瑙是具有纹带或图案构造的玉髓，那些不具有纹带或图案构造的隐晶质 SiO_2 集合体称为玉髓。这对于大块原石很容易划分，但对于加工好的小件饰品，有时很难划分，因为玛瑙的纹带宽窄疏密各不相同，即使从同一块玛瑙上切割下来的小块，不一定都带有纹带。过去常将珍珠玛瑙一并称为珍宝。现在由于养殖珍珠产量很大，养殖珍珠价格很低，玛瑙也因分布广、产量大，成为中低档宝石。但是有一点不可忽视，著名的雨花石，其中有许多都是玛瑙。作为观赏石，一枚好的玛瑙雨花石，售价在万元以上；一组色泽、石质、形状、纹饰俱佳的玛瑙雨花石精品，价值高达十万元。

玛瑙多形成于空洞或裂隙中，首先沿空洞或裂隙壁开始，逐层向内沉淀堆积；也有的玛瑙是在同一基底上，围绕多个中心点逐层向外生长，形成葡萄状玛瑙或皮壳状玛瑙，可作为观赏石直接观赏。由于形成过程中物理化学条件的细微变化，使玛瑙具有同心层状或规则条带状构造(见图 18-3)。这些同心层状或条带状纹饰，多表现为颜色上的不同，且相间交替出现。纹带细密如蚕丝者称为缠丝玛瑙。缠丝玛瑙作为 8 月生辰石，象征夫妻幸福、美满与和谐。

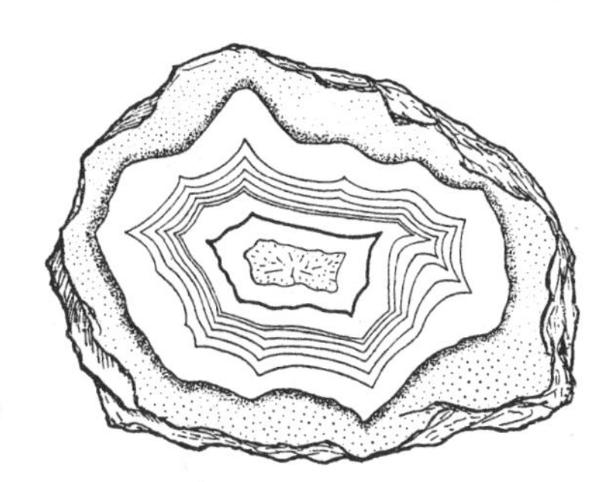

图 18-3 玛瑙的同心纹带构造

玛瑙的核部可以是实心的，也可以是空心的。实心者常为粒度较粗的自形石英所充填，俗称“砂心”。空心者有时腔内包有水，称为水胆玛瑙。

除水胆玛瑙外，还有风景玛瑙、苔藓玛瑙等。

风景玛瑙的花纹或图案，像城堡，像荒漠，像山水画。苔藓玛瑙、柏枝玛瑙、水草玛瑙，则是由于玛瑙中含有其他矿物或铁、锰氧化物等杂质，形成类似苔藓、柏树枝、水草一样的花纹图案。

南红玛瑙(简称为南红)，是对产于我国西南地区一种红色玛瑙的统称。其著名产地是云南保山，在四川凉山和甘肃南部的迭部县，也有优质南红玛瑙产出。南红玛瑙的主色调为红色，可分为锦红、柿子红、朱砂红、樱桃红、玫瑰红、紫红、黑红等。部分样品间杂白色纹带，有的可见火焰状图案。最珍贵的是锦红和柿子红，朱砂红和樱桃红也是人们喜爱的品种。南红玛瑙的致色矿物为赤铁矿(Fe_2O_3)，被称为朱砂红的品种，及俗称的朱砂点，并不含朱砂(或称辰砂、丹砂，HgS)，也都是赤铁矿致色。南红玛瑙的原石和成品均有明显的胶质感。透明度较差，红色部位多呈微透明或不透明。总的来看，南红玛瑙多呈不同色调的红色，未见艳丽的黄色；一块红白料，也是红白两色分明。纹饰相对简单，不如战国红玛瑙那样复杂多变。

战国红玛瑙(简称为战国红)，是一种具有纹带构造的红缟玛瑙，因其与战国时期古墓中出土的玛瑙饰品，材质十分近似，故民间将这种玛瑙称为战国红玛瑙。市场上的战国红玛瑙，大都产自辽宁北票，部分产自河北宣化。战国红玛瑙具有宽窄不一、变化多样的纹饰和丰富艳丽的颜色。有的纹带细密如丝，反复交替叠加、缠绕，且界限清晰。折角突出，以锐角为多。纹带的颜色有红色、黄色，间或有过渡色及紫色、白色、黑色等。红色有暗红、橙红、鲜红等。黄色有土黄、鸡油黄、杏黄、鲜黄等。总体来看，丰富艳丽的颜色和复杂多变的纹带，是战国红玛瑙的显著特征。

2. 澳玉(又称绿玉髓、英卡石)

澳玉是玉髓的一种，成分中含氧化镍，呈苹果绿色，优质者主要产于澳大利亚，故名澳玉。

3. 玉髓

按颜色可分为以下几种：

(1) 红玉髓：因含氧化铁呈红色、褐红色。其中呈血红色者称为血玉髓。血红色玉髓作为3月生辰石，象征沉着、勇敢和聪明。

(2) 蓝玉髓：成分中含铜，呈深的天蓝色至带绿的蓝色，产于我国台湾，岛内俗称台湾蓝色宝石、台湾蓝宝等。

(3) 碧玉岩(碧石)：成分不纯，含有粘土矿物和氧化铁(可大于5%)，颜色有暗绿色、灰绿色、暗红色、黄褐色等。过去有人将碧玉岩称作碧玉，这样称呼，易与软玉中的碧玉相混，还是称碧玉岩为好。

(4) 绿玉髓：商业上习惯称其为澳玉，见前述。

4. 黄龙玉

2000年前后，广西贺州一名石商，在云南龙陵县与芒市交界一带，发现了一种黄色的石头，其品质比贺州市场上出售的黄蜡石还要好，于是把这种石头贩运到贺州作为观赏石出售，并称之为云南黄蜡石。

2004年4月，芒市一名珠宝商徐卫斌，偶然看到广西石商贩运的一块云南黄蜡石，石质细腻温润，颜色金黄透红，便花30元买了下来，加工成手镯后，所有见过的人，无不惊叹世上居然有如此美丽的物件。

云南黄蜡石，经云南省观赏石协会详细考察、采样、鉴定和研究，于2004年将其中的优质者，正式命名为黄龙玉。那些品质欠佳、不符合玉石条件的，仍称黄蜡石。

黄龙玉，"黄"字代表黄龙玉的主色调；"龙"字有两个含义：其一是指主产地龙陵县，传说中龙陵是四海龙王为修成正果后的龙族选择的归隐安息之地，即吉祥之地，其二具有中华龙文化的深刻内涵；"玉"即美石为玉。

矿物成分主要为玉髓，含量可达97%，常含有三价铁、二价铁、氧化锰及微量稀土元素。按产状可将黄龙玉分为山料、籽料和山流水。颜色以黄色为主色调，有红色、白色、青白色、黑色、灰色、艾叶绿色、湖蓝色等。在一块玉石上，既可以呈单色出现，也可以呈色块色斑状杂色分布，还可以呈平行色带。此外还具有水草花、铜钱花、风景画等图案，以及哥窑纹、瓦沟纹等纹饰。黄龙玉之美丽，使其价格一路飙升，涨价速度之快，创下了玉石史上的奇迹。

5. 金丝玉

一种产自新疆克拉玛依附近戈壁滩上的黄色玉石，2003年前后出现在宝石市场。这种玉石具有很好的玉质感，又黄又润，内部可见特殊的萝卜丝纹，又因产于黄金古道——丝绸之路一带，故取名金丝玉。原石呈次棱角状、次圆状及浑圆状籽料，是沙砾矿中的砾石，即俗称的鹅卵石。主要矿物成分为隐晶质(2～5微米)的玉髓。

金丝玉颜色多种多样，有金黄色、黄色、褐黄色、红色、粉红色、褐红色、紫色、乳白色、灰绿色、黑色等。一块原石可以是一种颜色，也可以是两种或三种颜色。一般呈蜡状光泽或油脂光泽，抛光面呈玻璃光泽。半透明至微透明。

18.2.3 玛瑙、澳玉及假冒品的鉴别

目前市场上常有人用玻璃制品冒充玛瑙和澳玉。有一定宝石知识和经验的人，很容易鉴别。凭肉眼或借助10倍放大镜观察时，可注意以下特征：

玻璃假冒品中常有圆形、椭圆形气泡，有时可见类似于蜂蜜倒入水中时形成的旋涡状纹。用来冒充玛瑙的制品，见不到同心层状或平行状纹带，更见不到纹带转折形成的锐角或钝角。假玛瑙的颜色多呈不规则斑块状，色斑边界模糊。冒充澳玉的玻璃制品，绿色比澳玉更均匀，透明度也比澳玉好，除了含有气泡外，见不到任何杂质，有时可见到边缘破口，破口呈贝壳状。

玛瑙的纹带有疏有密，同一纹带的宽度一般比较均匀，有时同心层状或平行状

纹带可以靠近甚至重合。不同颜色的纹带之间界线清楚,纹带转折常成锐角或钝角。

18.2.4 地质成因和产状

本类宝石主要有两种成因：一种是由低温热液形成,另一种是在外生条件下由化学沉积形成。无论哪种成因,一般都形成于岩石空洞或裂隙中。

18.3 木变石(虎睛石、鹰睛石)

18.3.1 概述

木变石(虎睛石 Tiger's-eye, 鹰睛石 Hawk's-eye)是一种"名不副实"的宝石,因为它并不是由树木变来的,而是硅化石棉,是 SiO_2 交代石棉形成的。真正由树木变来的宝石称为硅化木(属于有机宝石)。

硅化石棉之所以称为木变石,是因为它保留了石棉的平行纤维状结构,看上去很像木质纤维,如同树木变的一般。

木变石的化学成分是 SiO_2,但矿物成分是什么,却存在不同的说法。有人说是石英(或石英质),有人说是微晶、隐晶质二氧化硅,还有人只说化学成分,并不提及矿物成分。从木变石的光性特征及具有纤维状石棉的假像来看,矿物成分可能主要是玉髓,即隐晶质的石英。

由于木变石保留了平行纤维状构造,可产生猫眼效应,但它的亮线比较宽。黄色、黄褐色木变石,出现猫眼效应时,像老虎的眼睛,称为虎睛石。蓝色、蓝灰色、蓝绿色的木变石,出现猫眼效应时,像老鹰的眼睛,称为鹰睛石,它比虎睛石还要稀少,也略贵些。此外,木变石的颜色还有棕色、棕红色等。

18.3.2 木变石的基本性质

摩氏硬度：6～7。

密度：2.64～2.71 g/cm^3。

折射率：1.53 或 1.54(点测法)。

具有玻璃光泽或丝绢光泽。

木变石多呈细脉状产出，原石块度一般较小，能够制作手镯的大块优质木变石很少，故大件制品较昂贵。

世界上木变石的主要产地有南非、巴西、斯里兰卡等。我国的木变石产于河南省淅川和陕西省商南。

18.4 石英岩（京白玉、东陵玉、密玉、贵翠、朱砂玉）

18.4.1 概述

石英岩(Quartzite)一类的玉石，主要矿物成分为细粒、微粒状石英，可含有少量其他矿物，如铬云母、蓝线石等。具有粒状结构或鳞片粒状结构。

呈致密块状。具玻璃光泽或油脂光泽。

18.4.2 石英岩的基本性质

摩氏硬度：7。

密度：2.64～2.71 g/cm^3。

折射率：1.54(点测法)。

属于非均质矿物集合体，正交偏光下不消光，始终明亮。

18.4.3 石英岩的主要品种

主要品种有京白玉、东陵玉、密玉、贵翠、朱砂玉等。

(1) 京白玉：白色石英岩块体，质地致密，抛光后类似于软玉中的白玉，又因最初发现于北京西山地区，故称京白玉。与软玉中的白玉比较，京白玉透明度更好些，但结构没有白玉细腻。京白玉性脆，韧性远不如白玉。

(2) 东陵玉：又称印度玉，是一种含少量铬云母、蓝线石、锂云母、赤铁矿等矿物的石英岩。含铬云母者呈绿色、灰绿色，含蓝线石者呈蓝灰色，含锂云母者呈淡紫色。以绿色、灰绿色东陵玉为常见，具鳞片粒状结构，借助10倍放大镜可观察到鳞片状、丝缕状铬云母。

(3) 密玉：是一种含少量绢云母的石英岩，呈绿色、浅绿色，因产于河南密县而得名。

(4) 贵翠：是一种含高岭石的绿色石英岩，因产于贵州，故称为贵翠。

(5) 朱砂玉(或称硅质鸡血石)：是一种含辰砂的石英岩(脉)，质地细腻，辰砂红如鸡血，产于吉林省、青海省。除辰砂外，朱砂玉与鸡血石的矿物成分有很大差异，不要将两者混为一谈。

19 其他玉石

19.1 孔雀石

19.1.1 孔雀石的成分和形态

孔雀石(Malachite),作为矿物名称时,指的是一种含水的碳酸铜矿物,化学式为$Cu_2[CO_3](OH)_2$,单晶体呈柱状或针状(属单斜晶系),极少见。作为玉石名称,指的是以孔雀石为主要矿物成分的集合体,隐晶质结构,集合体常呈结核状或钟乳状、皮壳状,内部具同心层状构造,有时内部具平行纤维状构造,平行分布的纤维状集合体可产生猫眼效应(但非常少见)。

19.1.2 孔雀石的基本性质、成因和产状

(1) 摩氏硬度:3～4。

(2) 韧性:韧性差,性脆。

(3) 密度:3.95 g/cm^3 左右。

(4) 光性:非均质矿物集合体。

(5) 折射率:1.66～1.91。

(6) 光泽:玻璃光泽或丝绢光泽。

(7) 颜色:呈孔雀绿色、暗绿色、鲜绿色、浅绿色。纹带构造表现为不同深浅的绿色呈同心状或平行状相间交替出现。孔雀石以其特殊的绿色及纹带构造不难鉴别。

孔雀石产于含铜硫化物矿床的氧化带中,为含铜硫化物氧化所形成的硫酸铜溶液,与碳酸盐矿物或含碳酸水溶液相互作用的产物。常与蓝铜矿共生,蓝铜矿化学式为 $Cu_3[CO_3]_2(OH)_2$,呈深蓝色、浅蓝色。

国外孔雀石的产地有很多,如赞比亚、澳大利

亚、俄罗斯、美国等国。

我国的孔雀石主要产于广东、湖北、江西、云南、甘肃、西藏、内蒙等地。

19.2 绿松石

19.2.1 绿松石的成分和形态

绿松石(Turquoise,又称土耳其石,可能是因为这种玉石最初是从土耳其运进欧洲而得名的),作为矿物名称时,指的是一种含水的铜铝磷酸盐矿物,化学式为$CuAl_6[PO_4]_4(OH)_8 \cdot 5H_2O$,三斜晶系,含铁的亚种称为铁绿松石,$Fe_2O_3$ 可达20%左右。单晶体极少见,通常呈隐晶质集合体产出。作为玉石名称,指的是以绿松石为主要矿物成分的集合体,具隐晶质结构。集合体多呈结核状、钟乳状及块状,并常有黑褐色的外皮。

绿松石是古老的玉石品种之一,在青海大通县孙家寨古墓中出土的五千年前的器物,就有绿松石制品。我国湖北产的绿松石中外闻名,故称荆州石。天蓝色绿松石作为12月生辰石,象征成功和必胜。

有人认为和氏璧是绿松石的可能性很大。① 据记载,和氏璧的产地是楚国的荆山。现在产绿松石的地方,当时为楚国的疆土。相传当地有卞和采和氏璧的玉印崖,该地距楚国故都不足200公里。② 湖北西北部荆山产的绿松石,为风化淋滤作用形成,赋存在黑色页岩中,呈结核状,外包黑皮,与和氏璧的"理其璞而得其玉"相吻合。③ 由和氏璧制成的传国玉玺最后失传,据有关人士考证,是在后唐时(公元936年)石敬瑭攻克洛阳,潞王携传国玉玺自焚后失传的。绿松石含有结晶水和结构水,很可能是潞王自焚时的高温,导致绿松石失水,从而使传国玉玺遭到破坏。

当然,这是学术上的探讨,并非定论。也有人认为和氏璧是拉长石。

19.2.2 绿松石的基本特征、成因和产状

(1) 摩氏硬度:5~6。

(2) 密度:2.6~2.85 g/cm^3。

(3) 光性:非均质矿物集合体。

(4) 折射率：1.61～1.65，点测法通常为1.62。

(5) 光泽：玻璃光泽或蜡状光泽。

(6) 颜色：天蓝色、苹果绿色、蓝绿色等。块体上常见圆形色斑和线纹状黑色杂质，线纹有铁线、泥线之分，铁线质硬，泥线质软。有的绿松石线纹较多，呈网状分布。

绿松石不够致密，多孔隙，在鉴定时，应防止浸油、重液等渗入，以免对绿松石造成污染。

绿松石以特有的天蓝色、蓝绿色、苹果绿色，以及常见的圆形色斑和黑色铁线为典型特征，凭肉眼就可以鉴别出来。需要注意的是对再造绿松石、染色绿松石、浸蜡绿松石的鉴别。

再造绿松石：是由绿松石碎屑经人工粘结在一起而成的块体，由此可知，再造绿松石颜色均匀，也不具有自然流畅的黑色铁线。当碎屑较粗时，可见碎屑结构。

染色绿松石：滴一滴氨水，染上的颜色会很快退去。对绿松石染色属于处理。

浸蜡绿松石：用一根烧烫的针靠近它，放大观察可看到，注入的蜡因受热熔化而流动。对绿松石浸蜡及充填，都属于处理。

绿松石是在外生条件下，由风化淋滤作用形成，不同地区的绿松石矿床，在地质产状和矿石类型上几乎完全一致，其形成与含铜、磷、铝的岩石(火成岩、沉积岩、变质岩)和矿床遭受风化有关。

世界上产绿松石的国家很多，如伊朗、埃及、俄罗斯、中国、美国、澳大利亚、巴西、智利、墨西哥等。

我国的绿松石主要分布于湖北，其次是陕西，在新疆、青海、甘肃、云南等地也有发现和少量产出。

19.3 青金石

19.3.1 青金石的成分和形态

青金石(Lapis Lazuli 或 Lazurite)，作为矿物名称，指的是一种钠和钙的铝硅酸盐矿物，化学式为$(Na, Ca)_8[AlSiO_4]_6(SO_4, Cl, S)_2$；属等轴晶系，晶体呈菱形十二面体，通常呈不规则粒状和致密块状。作为玉石名称时，指的是由青金石、黄铁矿、方解石，以及透辉石、方钠石、云母、角闪石等矿物组成的集合体，即以青金石为主或含青金石的玉石，常呈粒状结构。

青金石庄重而浓艳的蓝色，素有“天青”、“帝青色”之美誉；星散状分布的黄铁矿晶粒，犹如繁星点点。正如章鸿钊在《石雅》中引述 G. F. Kunz 之语：“青金石色相如天，或复金屑散乱，光辉灿灿，若众星之丽于天也。”

19.3.2 青金石的基本特征、成因和产状

(1) 摩氏硬度：5～6。

(2) 密度：2.4～2.9 g/cm^3，一般为 2.75 g/cm^3。密度大小与有无黄铁矿及黄铁矿的多少密切相关(黄铁矿为 5 g/cm^3)。

(3) 光性：青金石为均质体矿物，方解石为非均质体矿物，黄铁矿为不透明均质体矿物。作为玉石，是均质和非均质矿物集合体。

(4) 折射率：通常 1.50 或稍高(纯的青金石，N=1.50)，含方解石多者，可达 1.65(方解石 N_o=1.658，N_e=1.486)。

(5) 光泽：玻璃光泽。

(6) 颜色：深蓝色、紫蓝色、天蓝色、绿蓝色，常有黄色(黄铁矿)、白色(方解石)斑点或斑块。

(7) 多色性：无。

根据青金石中的矿物成分及含量，通常将青金石分为以下四种：

青金石：几乎全由青金石矿物组成，不含黄铁矿、方解石等杂质矿物，质纯色浓，为青金石中的佳品。因不含黄铁矿，看不到金星般的黄铁矿斑点，故行内有“青金不带金”之说。

青金：主要由青金石矿物组成，含有少量黄铁矿及其他杂质矿物，可见到稀疏的星点状黄铁矿，无白色斑点，为青金石中的上品。

金格浪：其中的青金石矿物比上述两种明显减少，含有较多的黄铁矿及其他杂质矿物，可见密集的黄铁矿斑点，并有白斑和白花。

催生石：因古代传说青金石有助产之功效而得名。其中的青金石矿物很少，一般不含黄铁矿，以方解石等杂质矿物为多。玉石块体上仅见蓝色斑点，或蓝色、白色呈斑杂状分布(即斑杂状构造)。

与青金石相似的玉石有方钠石、蓝铜矿等。区别在于方钠石不含黄铁矿，密度为 2.13～2.29 g/cm^3，明显低于青金石。蓝铜矿(又名石青，$Cu_3[CO_3]_2(OH)_2$，单斜晶系)，集合体常呈钟乳状、皮壳状；密度为 3.5～4.0 g/cm^3，高于青金石；硬度

3.5～4,低于青金石。

青金石是一种古老的玉石品种,相传早在七八千年前,阿富汗的青金石即被发现和利用。世界上产青金石的国家主要有阿富汗、俄罗斯、美国、智利、巴西、印度、巴基斯坦、加拿大等。

就目前已知的青金石矿床来看,几乎全都属于接触交代矽卡岩型矿床。根据矽卡岩矿物的不同,可进一步细分为钙质矽卡岩型和镁质矽卡岩型矿床。

19.4 钠长石玉

19.4.1 钠长石玉的矿物成分和结构

钠长石玉(Albite Jade)是一种以钠长石(化学式 $Na[AlSi_3O_8]$)为主要矿物成分的玉石,含有少量辉石类矿物和角闪石类矿物,具有粒状变晶结构或纤维粒状变晶结构。市场上将这种玉石俗称为水沫子或水磨子石,岩石学上称为钠长石岩。

飘蓝花的钠长石玉,其中的"蓝花"为角闪石。纯白色的钠长石玉,透明度很好(俗称水好),酷似玻璃种或冰种翡翠。

19.4.2 钠长石玉的基本特征

(1) 摩氏硬度:6。

(2) 韧性:韧性差,远不如翡翠的韧性好。

(3) 密度:2.60～2.63 g/cm^3。

(4) 光性:非均质集合体。

(5) 折射率:1.52～1.54,点测常为1.52～1.53。

(6) 光泽:油脂光泽至玻璃光泽。

(7) 颜色:白色、灰白色、灰绿色、无色等。

(8) 透明度:半透明,薄的地方近于透明。

钠长石是一种多成因矿物,可由岩浆作用和变质作用形成,作为钠长石玉(钠长石岩),主要由钠长石化作用形成。钠长石化是许多岩石和矿石形成过程中,钠质交代的主要形式。

19.5 查罗石(紫龙晶)和绿泥石玉(绿龙晶)

19.5.1 查罗石(紫龙晶)

1. 查罗石的矿物成分和结构

查罗石(Charoite)是前苏联于1960年发现的一种新矿物,因产地位于外贝加尔查罗河附近而得名。1973年起作为宝石(玉石)开发利用。

我国将这种矿物称为紫硅碱钙石,其化学式为$(K,Na)(Ca,Ba,Sr)_2[Si_4O_{10}](OH,F)\cdot H_2O$,而将查罗石作为玉石名称使用。

查罗石作为一种玉石,其主要矿物成分为紫硅碱钙石,可含有霓辉石、长石、硅钛钙钾石、普通辉石、方解石等。具纤维状结构。紫硅碱钙石呈火焰状、束状、乱发状、旋涡状缠绕,恰似群龙飞舞,故商业上称为紫龙晶。

2. 查罗石的基本性质

(1) 摩氏硬度:5～6。

(2) 韧性:韧性好。

(3) 密度:2.68 g/cm^3 左右,随成分不同有变化。

(4) 光性:非均质集合体。

(5) 折射率:1.550～1.559。

(6) 光泽:玻璃光泽至蜡状光泽,局部丝绢光泽。

(7) 颜色:紫色、浅紫色、紫蓝色,有白色、金黄色、黑色、褐色、棕色等色斑,间或有白色旋涡状细纹。

(8) 透明度:半透明至微透明。

19.5.2 绿泥石玉(绿龙晶)

1. 绿泥石玉的矿物成分和结构

一种产自俄罗斯贝加尔湖附近的绿泥石玉(Chlorite Jade),具鳞片状结构,其主要矿物成分为绿泥石族中的叶绿泥石,化学式为$(Mg,Fe)_5Al[AlSi_3O_{10}](OH)_8$。叶绿泥石的鳞片状、叶片状晶体,呈束状、树丛状排列。不同方向的束状、树丛状集合体交错叠加，且具有白色羽翼状斑块。

由于这种绿泥石玉同紫龙晶在产地上的联系，及形貌、结构方面的相似性，被称为绿龙晶（在俄国称为天使之石）。必须强调指出的是，紫龙晶与绿龙晶是两种不同的玉石，不仅主要矿物成分完全不同，而且硬度也相差很大。

2. 绿泥石玉的基本性质

（1）摩氏硬度：约 2.5。

（2）密度：2.61～2.63 g/cm^3。

（3）光性：非均质集合体。

（4）折射率：点测法 1.57 或 1.58。

（5）光泽：玻璃光泽，丝绢光泽。

（6）颜色：深绿色至灰绿色，有白色色斑。

（7）透明度：微透明至不透明。

19.6 菱锰矿（红纹石）

19.6.1 菱锰矿的成分和形态

菱锰矿（Rhodochrosite），英文名称来自希腊文，寓意矿物呈玫瑰色特征。具纹带构造的菱锰矿集合体，商业名称为红纹石。

菱锰矿属碳酸盐类矿物，化学式为 Mn[CO_3]，可含有 Fe、Ca、Zn、Mg 等元素。三方晶系，晶体呈菱面体，但少见。通常呈细晶隐晶质肾状、团块状集合体，有的呈钟乳状集合体。在钟乳（柱）状集合体横断面上，可见到像树木年轮一样的同心纹带构造。

19.6.2 菱锰矿的基本特征

（1）摩氏硬度：3.5～4。

（2）韧性：韧性差，易碎。

（3）密度：3.60～3.70 g/cm^3。

（4）光性：非均质体，一轴晶，负光性；常为非均质集合体。

（5）折射率：1.597～1.816。宝石折射仪上 No 不可测。

(6) 光泽：玻璃光泽。

(7) 颜色：透明晶体呈玫瑰红色，氧化后呈褐黑色，集合体呈红色、浅红色，可有白色、灰色、黄色、褐色条纹。

(8) 透明度：透明至半透明。

(9) 化学性质：遇盐酸起泡。

菱锰矿是外生沉积锰矿中的常见矿物。也见于热液矿脉中，与蔷薇辉石、石英、硫化物矿物等共生。与其他玫瑰色宝石（矿物）的区别是硬度低、遇盐酸起泡。

世界上精美的深红至浅红色菱锰矿产自美国，优质块状、条带状菱锰矿产自阿根廷，玫瑰红色菱锰矿晶体产自南非。

19.7 蔷薇辉石（京粉玉）

19.7.1 蔷薇辉石的成分和结构

蔷薇辉石（Rhodonite）不属于辉石族矿物。在辉石族矿物中有斜方（晶系）辉石和单斜（晶系）辉石两个亚族，而蔷薇辉石为三斜晶系，其化学式为 $(Mn,Fe,Ca,Mg)_5[Si_5O_{15}]$。能够作为刻面宝石的蔷薇辉石单晶体，美丽贵重，但少见。通常呈致密块状集合体产出。我国宝石界将这种玉石又称为京粉玉、京粉翠、粉翠、桃花玉、桃花石等。严格地说，称为京粉翠、粉翠并不恰当，因为这里的“翠”字，既不是指具有翠绿的颜色，又不表示是翡翠中的一个品种。称其为桃花玉或桃花石，则是由于在蔷薇辉石块体上含有白色硅化石英，呈花斑状，或红地白花，或白地红花，宛如盛开的桃花一般美丽。称为京粉玉有三层含义，一是我国的蔷薇辉石最早发现于北京昌平西湖村，产地取一个“京”字，二是玉石呈粉红色，取“粉”字表示颜色，至于“玉”字不用多讲了。

蔷薇辉石作为玉石，具有粒状结构。主要矿物成分为蔷薇辉石，含有石英、透辉石、锰铝榴石、菱锰矿等矿物。

19.7.2 蔷薇辉石的基本特征

(1) 摩氏硬度：5～6。

(2) 韧性：韧性好。

(3) 密度：3.30～3.76 g/cm,随石英含量增加而降低。

(4) 晶体形态与解理：三斜晶系,晶体呈板状、厚板状,很少呈柱状,具有两组完全解理。

(5) 光性：非均质体,二轴晶,正光性或负光性。作为玉石为非均质集合体。

(6) 折射率：1.711～1.751,玉石点测常为1.73。

(7) 光泽：玻璃光泽。

(8) 颜色：玫瑰红色、浅红色、紫红色、褐红色等。含锰矿物风化后,可有黑色氧化锰薄膜、斑点或细脉。

(9) 透明度：透明的单晶体罕见。集合体半透明。

蔷薇辉石有时易与菱锰矿相混,鉴别特征是前者硬度大,小刀划不动,遇盐酸不起泡;菱锰矿硬度低,小刀容易划动,遇盐酸起泡。

主要产于含锰热液矿脉和接触交代矽卡岩中。例如北京昌平的蔷薇辉石,就产于花岗细晶岩与含锰石灰岩接触交代形成的含锰矽卡岩中。国外产地有澳大利亚、美国、巴西、墨西哥、南非、坦桑尼亚、俄罗斯等。国内产地除北京外,还有吉林、四川、青海、新疆等省区。

19.8 苏纪石

19.8.1 苏纪石的矿物成分和结构

苏纪石(Sugilite),1944年由日本的Kenichi Sugi首次发现,故以其名字命名。直到1979年才在南非发现宝石级的苏纪石(也称舒俱来石)。苏纪石的矿物学名称为硅铁锂钠石,是一种硅酸盐矿物,化学式为$KNa_2Li_2Fe_2Al[Si_{12}O_{30}] \cdot H_2O$,属六方晶系,晶体形态呈柱状,{0001}解理不完全。单晶体罕见,多呈集合体产出。作为玉石,苏纪石是多种矿物的集合体,以硅铁锂钠石为主,含有石英、长石、绿帘石、绿泥石等矿物。具半自形粒状结构和隐晶质结构。

19.8.2 苏纪石的基本特征

(1) 摩氏硬度：5.5～6.5。

(2) 密度：2.74～2.79 g/cm^3。

(3) 光性：非均质矿物集合体。

(4) 折射率：1.61(点测)。

(5) 光泽：蜡状光泽至玻璃光泽。

(6) 颜色：常呈红紫色、蓝紫色，少见粉红色。硅铁锂钠石为苏纪石中最重要的致色矿物。由于硅铁锂钠石分布不均匀，苏纪石美丽的紫色呈条纹状、斑块状。

(7) 透明度：微透明至不透明。

硅铁锂钠石这种矿物，主要产于碱性正长岩小岩株中，共生矿物霓石、钠长石等。目前已知的产出国有日本、南非和美国。

19.9 锂云母玉(丁香紫玉)

19.9.1 锂云母玉的矿物成分和结构

锂云母(Lepidolite)是一种层状结构的硅酸盐矿物，属于云母族锂云母亚族，化学式为 $K(Li, Al)_3[AlSi_3O_{10}](F, OH)_2$。该亚族另一矿物为铁锂云母(Zinnwaldite)，化学式为 $K(Li, Fe^{2+}, Al)_3[AlSi_3O_{10}](F, OH)_2$。

锂云母玉(Lepidolite Jade)商业上称为丁香紫玉，是20世纪70年代末，在我国新疆发现的一个玉石新品种。关于丁香紫玉的矿物成分，认识不尽相同，有资料显示其主要矿物成分为锂云母，含有少量锂辉石、钠长石、石英、铯榴石等。据王亚军等研究资料，新疆丁香紫玉的主要矿物成分为云母，占90%左右(局部见有呈浸染状或脉状的褐绿色矿物，初步推断为铁锂云母)；次要矿物为钠长石(10%左右)和少量石英。具鳞片状结构。

19.9.2 锂云母玉的基本性质

(1) 摩氏硬度：2～3。

(2) 密度：2.82～2.87 g/cm^3。

(3) 光性：非均质矿物集合体。

(4) 折射率：1.55(点测)。

（5）光泽：蜡状光泽至玻璃光泽。

（6）颜色：浅紫色、玫瑰色、丁香紫色、亮紫色、暗紫色，合锰时呈桃红色。

（7）透明度：微透明。

锂云母和铁锂云母产于花岗伟晶岩及高温气成热液矿床中。

19.10 鳞镁铁矿

19.10.1 鳞镁铁矿的成分和结构

鳞镁铁矿（Pyroaurite）是一种层状结构的碳酸盐矿物，三方晶系，化学式为 $Mg_6Fe_2[CO_3](OH)_{16} \cdot 4H_2O$，属于水滑石族。据杜杉杉等研究资料，宝石市场上的鳞镁铁矿，是一种产自南非的紫色玉石新品种，以鳞片状结构为主，也见有平行纤维状结构。主要矿物成分为鳞镁铁矿，次要矿物成分为利蛇纹石 $(Mg, Fe, Ca)_6[AlSi_3O_{10}](OH)_8$。

19.10.2 鳞镁铁矿的基本性质

（1）摩氏硬度：2～3。

（2）密度：2.10～2.20 g/cm^3。

（3）光性：非均质矿物集合体。

（4）折射率：1.54（点测）。

（5）光泽：蜡状光泽至玻璃光泽，平行排列的纤维状集合体为丝绢光泽。

（6）颜色：玉石呈紫色、浅紫色，间杂少量褐绿色斑块。紫色部分主要为鳞镁铁矿，其化学成分中含的微量铬（Cr），可能是呈紫色的致色元素。褐绿色部分主要是利蛇纹石。

（7）透明度：微透明至不透明，透明度与厚度密切相关。

（8）化学性质：遇盐酸被溶解，并放出 CO_2 而起泡。

鳞镁铁矿可由水镁石 $Mg(OH)_2$ 蚀变形成；也形成于低温热液，与水镁铁石、方解石共生；还见于蛇纹岩中和白云岩洞穴中。

19.11 变红磷铁矿

19.11.1 变红磷铁矿的成分和结构

变红磷铁矿(Phosphosiderite)是一种磷酸盐矿物,化学式为 $Fe[PO_4] \cdot 2H_2O$,单斜晶系,晶体呈柱状、板状、纤维状,以集合体产出。据裴景成等 2012 年资料,对购于香港市场的一种紫红色玉石进行测试研究,结果表明,该玉石为隐晶质结构,断口呈参差状,主要矿物成分为变红磷铁矿,晶体呈短柱状,粒度 10～20 微米。

19.11.2 变红磷铁矿的基本性质

(1) 摩氏硬度：4。

(2) 密度：2.50～2.62 g/cm^3。

(3) 光性：非均质矿物集合体。

(4) 折射率：1.70(点测)。

(5) 光泽：玻璃光泽。

(6) 颜色：较均匀的紫红色,可见不明显的条纹,偶见白色斑点。

(7) 透明度：微透明至不透明。

(8) 发光性：短波紫外线下发白垩状荧光。

19.12 菱镁矿和羟硅硼钙石

菱镁矿和羟硅硼钙石这两种玉石,除颜色呈白色外,外观特征与绿松石非常相似,市场上有人将两者称为“白松石”,普通消费者顾名思义,也就误认为它们是白色绿松石。绿松石是含水的铜铝磷酸盐矿物,化学式为 $CuAl_6[PO_4]_4(OH)_8 \cdot$

$5H_2O$。Cu为色素离子，是绿松石的致色元素，绿松石属于自色宝石（矿物），而自色宝石（矿物）的颜色是较为固定的。因此，绿松石的颜色不可能是白色。将菱镁矿和羟硅硼钙石称为"白松石"，会导致在名称上产生歧义，造成混乱，应将其废除，并按国家标准上给出的名称，分别称为菱镁矿和羟硅硼钙石（或软硼钙石）。

19.12.1 菱镁矿

1. 菱镁矿的成分和结构

菱镁矿（Magnesite）是一种碳酸盐矿物，化学式为 $Mg[CO_3]$，成分中常含有Fe，可与菱铁矿 $Fe[CO_3]$ 形成完全类质同像。含镍的变种称为河西石 $(Ni, Mg)[CO_3]$，是一种颗粒极细小的翠绿色矿物，1960年由我国地质工作者发现并命名。

菱镁矿属三方晶系，单晶体呈菱面体，但极少见，通常呈集合体产出，在风化壳中呈瓷状块体。作为玉石，其主要矿物成分为菱镁矿，次要矿物为石英，微量矿物有白云石、蛇纹石、白云母等。具粒状结构。

2. 菱镁矿的基本特征

(1) 摩氏硬度：4～4.5。

(2) 密度：2.98～3.48 g/cm^3。

(3) 断口：瓷状块体具贝壳状断口。

(4) 光性：非均质矿物集合体。

(5) 折射率：1.527～1.704，点测1.68。

(6) 光泽：玻璃光泽。

(7) 颜色：晶体为无色、白色，含铁者呈黄色或褐色。玉石主体颜色为瓷白色，分布有不规则暗色细网纹或斑块。

(8) 透明度：不透明。

(9) 化学性质：遇冷的稀盐酸不起泡，加热后剧烈起泡。

菱镁矿可由含镁热液交代作用形成，也可由富镁超基性岩蚀变形成。在风化作用下，蛇纹岩受地表含碳酸水溶液作用，在风化壳中也可形成菱镁矿。

19.12.2 羟硅硼钙石

1. 羟硅硼钙石的成分和形态

羟硅硼钙石（Howlite），又名软硼钙石，是一种含羟基水的硅硼酸盐矿物（硅酸盐与硼酸盐之间的过渡盐类矿物)，化学式为 $Ca_2[SiB_5O_9](OH)_5$，单斜晶系，晶体形态呈鳞片状、板状。常呈结核状、块状集合体产出。作为玉石，羟硅硼钙石是其主要矿物成分。常被染成绿色，冒充绿松石。

2. 羟硅硼钙石的基本性质

(1) 摩氏硬度：3～4。

(2) 密度：2.45～2.58 g/cm^3。

(3) 光性：非均质矿物集合体。

(4) 折射率：1.586～1.605，点测通常为 1.59。

(5) 光泽：玻璃光泽。

(6) 颜色：白色，灰白色，常具深灰色和黑色细网纹。

(7) 透明度：微透明、不透明。

(8) 化学性质：不溶于盐酸。

19.13 针钠钙石(海纹石)

19.13.1 针钠钙石的成分和形态

针钠钙石(Pectolite)，作为矿物名称时，指的是一种硅酸盐矿物，化学式为 $NaCa_2[Si_3O_8](OH)$，可含少量 Mn。属三斜晶系，晶体形态呈针状、纤维状。作为玉石名称，指的是以针钠钙石为主要矿物成分的集合体。因其具有蓝、白色条纹，又被称为海纹石。它还有另外一个名称拉利玛石(Larymar Stone)，释义为多米尼加蓝色宝石。

据谢意红资料，通过对购于市场的一件海纹石样品，进行测试、研究，结果表明，海纹石的主要矿物成分为针钠钙石，含有少量或微量显微鳞片状蓝色矿物和尘点状黑色矿物。根据蓝色矿物和黑色矿物均含有铜、硫化学元素，且蓝色矿物中铜与硫的原子比近于 1∶1，推定蓝色矿物可能为铜蓝 CuS，黑色矿物可能为辉铜矿 Cu_2S，自然界这两种矿物常共生在一起。又根据在海纹石的无色和白色部位，未检出铜元素，进一步分析推测，铜并非以离子形式存在于针钠钙石中，而是作为海纹石中的矿物成分铜蓝和辉铜矿，与针钠钙石混杂在一起。铜蓝的颜色为靛蓝色，也是蓝色针钠钙石这种稀有玉石的致色矿物。

19.13.2 针钠钙石的基本性质和产状

(1) 摩氏硬度：4.5～5。

(2) 密度：2.74～2.90 g/cm^3。

(3) 光性：非均质矿物集合体。

(4) 折射率：1.599～1.636,点测常为 1.60。

(5) 光泽：玻璃光泽或丝绢光泽。

(6) 颜色：无色、白色、灰白色、黄白色、蓝色,有时呈浅粉红色。海纹石具有蓝、白色条纹,有的构成斑状格纹。

(7) 透明度：半透明至微透明。

针钠钙石产于玄武岩孔洞或裂隙中,与沸石共生。也偶见于富钙的变质岩中。世界上海纹石的唯一产地在多米尼加,且产量很少,是多米尼加的国石(谢意红,2010)。

19.14

硅孔雀石

19.14.1 硅孔雀石的成分和形态

硅孔雀石(Chrysocolla)是一种含水的铜的硅酸盐矿物,化学式为 $(Cu,Al)_2H_2[Si_2O_5](OH)_4 \cdot nH_2O$。单晶体极为罕见,通常呈隐晶质集合体或凝胶状块体产出,集合体形态有钟乳状、皮壳状、肾状、葡萄状、块状等。

19.14.2 硅孔雀石的基本性质和特征

(1) 摩氏硬度：2～4,有的可达 6 左右。

(2) 密度：2.0～2.4 g/cm^3。

(3) 光性：非均质集合体。

(4) 折射率：1.461～1.575,点测 1.50 左右。

(5) 光泽：蜡状光泽、玻璃光泽。

(6) 颜色：常见绿色、浅蓝绿色,含杂质时可呈褐色、黑色。

(7) 透明度：微透明至不透明。

硅孔雀石是含铜硫化物矿床氧化带中的风化产物，常与孔雀石共生。与孔雀石的区别是，硅孔雀石密度小，折射率低，遇盐酸不起泡。国外产地有墨西哥、智利、刚果(金)、美国等。我国新疆有宝石级硅孔雀石产出。

19.15 葡萄石

19.15.1 葡萄石的成分和形态

葡萄石(Prehnite)是一种钙铝的铝硅酸盐矿物，化学式为$Ca_2Al[AlSi_3O_{10}](OH)_2$，可含少量的 Fe、Mg、Mn、Na、K 等元素。属斜方晶系，单晶体呈厚板状或短柱状，但极少见。通常呈隐晶质集合体产出，集合体呈葡萄状、肾状、钟乳状、致密块状等。作为玉石具隐晶质结构，以葡萄石为主，可含有透辉石、方解石、绿帘石、绿泥石等矿物。

19.15.2 葡萄石的基本性质和产状

(1) 摩氏硬度：6～7。

(2) 密度：2.80～2.95 g/cm^3。

(3) 光性：非均质体，二轴晶，正光性；常为非均质集合体。

(4) 折射率：1.616～1.649，点测常为 1.63。

(5) 光泽：玻璃光泽。

(6) 颜色：绿色、浅绿色、黄绿色、浅黄色、肉红色、白色、无色等。

(7) 透明度：多为半透明，也有微透明。

葡萄石多是基性火成岩(岩浆岩)遭受蚀变过程中，形成的蚀变矿物。与方解石、沸石等共生，产于基性火山岩的孔穴中。此外接触交代作用、区域变质作用等，也有葡萄石形成。国外产地很多，如美国、加拿大、意大利、英国、澳大利亚、巴基斯坦等。我国云南产有浅绿色致密块状葡萄石。

19.16 萤石(软水紫晶)

19.16.1 萤石的化学成分和晶体形态

萤石(Fluorite)又名氟石,是钙的氟化物矿物,化学式为 CaF_2,成分中常含稀土元素,特别是钇组稀土,含钇多时称为钇萤石。由于萤石的颜色和外观,乍看起来颇似水晶,而硬度又比水晶低,加之古代鉴别宝石的水平不高,主要是以色辨石,故宝石界曾将宝石级的紫色萤石称为软水紫晶。自然界不乏颜色好、透明度高的萤石大晶体。

萤石属等轴晶系,晶体多呈立方体、八面体、菱形十二面体及它们的聚形。具有{111}(即八面体)完全解理。也常呈条带状、致密块状集合体产出。

19.16.2 萤石的基本性质和特征

(1) 摩氏硬度:4。

(2) 韧性:性脆,易碎裂。

(3) 密度:3.18 g/cm^3 左右。

(4) 光性:均质体或均质集合体。

(5) 折射率:1.434。

(6) 光泽:玻璃光泽。

(7) 颜色:多种多样,常见紫色、绿色、黄色、蓝色、粉色、棕色、无色等。块状集合体上常见不同颜色的平行纹带。

(8) 透明度:透明至半透明。

(9) 特殊光学效应:可具变色效应。河北阜平产的变色萤石,在日光下呈灰蓝色,在白炽灯光下呈红紫色(杨芳,2006)。

(10) 发光性:可发磷光。新疆富蕴县发现多块能发磷光的萤石,其中一块8.6 kg,夜间在15米以外可看到强烈的磷光,被称为夜明石。若磨制成圆珠,便是名副其实的夜明珠。

萤石的鉴别特征是,光性均质体,折射率低,硬度低,小刀可划动,八面体完全解理等。自然界的萤石主要由热液作用形成，且从高温热液至低温热液均可形成，分布较广。国外产地很多，如美国、哥伦比亚、加拿大、英国、意大利、瑞士、德国、俄罗斯、南非，等等。我国二十几个省区都有萤石产出，如河北、河南、湖南、江西、浙江、福建、云南、贵州、内蒙、陕西、新疆、青海、甘肃，等等。

19.17 菱锌矿

19.17.1 菱锌矿的化学成分和形态

菱锌矿(Smithsonite)是锌的碳酸盐矿物，化学式为 $Zn[CO_3]$，可含有 Fe、Mn、Ca、Mg 等元素。属三方晶系，单晶体呈菱面体或复三方偏三角面体，但极少见。通常呈钟乳状、条带状、肾状、葡萄状、皮壳状、致密块状集合体，具隐晶质结构。

19.17.2 菱锌矿的基本性质和特征

(1) 摩氏硬度：4～5。

(2) 密度：4.30～4.45 g/cm^3。

(3) 光性：非均质体，一轴晶，负光性；常为非均质集合体。

(4) 折射率：1.621～1.849，在宝石折射仪上 N_o 不可测。

(5) 光泽：玻璃光泽。

(6) 颜色：绿色、蓝色、黄色、浅黄色、粉红色、棕色、灰白色等。

(7) 透明度：半透明至微透明。

(8) 化学性质：遇盐酸起泡。

菱锌矿的鉴别特征是，小刀可将其划动，密度较大，遇盐酸起泡等。菱锌矿主要产于原生铅锌矿的氧化带中，是闪锌矿(ZnS)氧化分解后形成的次生矿物，常与孔雀石、蓝铜矿等次生矿物共生。也作为原生菱锌矿产于热液矿脉中。国外宝石级菱锌矿的产地很多，如希腊、纳米比亚、意大利、美国、西班牙、英国、法国、澳大利亚、津巴布韦，等等。我国云南产有符合工艺要求的菱锌矿，呈钟乳状集合体，内部具有同心环带构造,环带表现为黄色、浅黄色、浅黄绿色、灰白色相间交替出现,块度较大,直径可达20厘米。

19.18 方钠石(蓝纹石)

19.18.1 方钠石的成分和形态

方钠石(Sodalite,也有人按英文译音,称为苏打石)是钠的铝硅酸盐矿物,化学式为 $Na_8[AlSiO_4]_6Cl_2$,属等轴晶系,晶体呈菱形十二面体,但罕见。通常呈块状、结核状集合体。作为一种玉石,主要矿物成分为方钠石,含有霞石、磷灰石和少量钛普通辉石、黑云母等,岩石学上称其为方钠石化磷霞岩,由于块体上常有蓝色的云雾状条纹,故又称为蓝纹石。

19.18.2 方钠石的基本性质和鉴别

(1) 摩氏硬度:5~6。

(2) 密度:2.13~2.29 g/cm^3。

(3) 光性:方钠石为均质体,其他矿物为非均质体。

(4) 折射率:方钠石 1.483~1.490,霞石 1.532~1.549。

(5) 光泽:玻璃光泽至油脂光泽。

(6) 颜色:为灰白色、灰蓝色、蓝色、黄色、浅红色、绿色等。颜色分布不均匀,呈条纹状、斑块状,且界限不清楚。

(7) 透明度:半透明至微透明。

方钠石与青金石的区别在于,方钠石的蓝色和霞石的灰白色及黑云母的黑色斑点,与青金石不同,而且方钠石的蓝色不及青金石那样浓艳,也不含黄铁矿和方解石。方钠石既可以是方钠霞石正长岩中的一种主要矿物,与霞石共生,也可以作为一种岩浆期后矿物交代霞石,称为方钠石化。

19.19 水钙铝榴石

19.19.1 水钙铝榴石的成分和结构

水钙铝榴石(Hydrogrossular)是钙铝榴石的亚种(也称变种或异种),当 SiO_2 不足时,便以 4 个 $(OH)^-$ 替代 1 个 $[SiO_4]^{4-}$,形成水钙铝榴石,化学式为 $Ca_3Al_2[SiO_4]_{3-x}(OH)_{4x}$。这里讲的水钙铝榴石,指的是一种以水钙铝榴石为主要矿物成分的玉石,可含少量透辉石、方解石、符山石、绿泥石等矿物,具粒状结构。

19.19.2 水钙铝榴石的基本性质和鉴别

(1) 摩氏硬度:7。

(2) 密度:3.15～3.56 g/cm^3,一般 3.4～3.5 g/cm^3。

(3) 光性:水钙铝榴石为均质体,集合体中常含有非均质矿物。

(4) 折射率:1.670～1.734,一般为 1.720。

(5) 光泽:玻璃光泽,断口玻璃光泽至油脂光泽。

(6) 颜色:绿色、蓝绿色、黄色、粉红色、褐红色、白色等。

(7) 透明度:半透明至微透明。

水钙铝榴石的外观特征与翡翠相似,黄色者常冒充黄色翡翠出售,绿色者用来冒充绿色翡翠。水钙铝榴石的鉴别特征是,具粒状结构,断口处可见颗粒状矿物;绿色呈圆形、水滴形斑点状分布。点状绿的中心部位往往有一个或几个黑点,是水钙铝榴石遭受绿泥石化时析出的铁质所致。

矿物水钙铝榴石主要形成于矽卡岩中,也形成于区域变质的钙质岩石中。

19.20 天然玻璃(玻璃陨石、火山玻璃)

19.20.1 天然玻璃的化学成分和种类

玻璃是人们最熟悉的一种物质,但要说天然玻璃(Natural glass),可能会感到陌生。玻璃不都是人工生产制造的吗,怎么会有天然玻璃?要消除这个疑虑,就得从结晶学上给玻璃下的定义谈起。在结晶学上,凡是内部原子或离子在三维空间不呈规律性重复排列的固体,称为非晶质体,也称为玻璃质体,即玻璃。例如由火山岩浆迅速冷却以致来不及结晶便凝成固体,称为火山玻璃。火山玻璃就是一种天然玻璃。宝石学上讲的天然玻璃,包括玻璃陨石和火山玻璃。它们的化学成分主要为 SiO_2,可含多种杂质。

玻璃陨石(Tektite)也称雷公墨,是陨石的一种,通常只有核桃般大小,大的可达数千克。关于玻璃陨石的成因,有人认为它来自月球,有人认为它是地球上的岩石受到巨大冲击形成的。

火山玻璃(Volcanic glass)包括黑曜岩(俗称黑曜石)和玄武玻璃。前者由化学成分相当于花岗岩的火山岩浆冷凝而成。后者由火山喷发时的玄武岩浆冷凝而成。有的黑曜岩含有白色斑块,看上去似片片雪花,被称为雪花黑曜岩(俗称雪花黑曜石)。白色斑块是由隐晶、微晶长石聚集在一起,形成的"聚斑晶"(不同于斑状结构中的单晶体斑晶)。

19.20.2 天然玻璃的基本性质和特征

(1) 摩氏硬度:5~6。

(2) 密度:玻璃陨石 2.32~2.40 g/cm^3,火山玻璃 2.30~2.50 g/cm^3。

(3) 光性:均质体,常见异常消光。

(4) 折射率:1.480~1.520。

(5) 光泽:玻璃光泽。

(6) 颜色:玻璃陨石呈中至深的黄色、灰绿色等;火山玻璃呈黑色(常带白色斑纹)、褐色、黄褐色、橙色、红色、绿色、蓝色、紫红色(少见)。

(7) 透明度:半透明至微透明。

(8) 放大检查：可见圆形、长圆形气泡，流动构造，黑曜岩中还可见矿物晶体及毛发状雏晶。

玻璃陨石广泛分布于世界各地，比较集中分布于东南亚、澳大利亚等地。我国海南岛产有褐黑色玻璃陨石。火山玻璃产地也很多，我国及许多国家都有产出。

19.21 蓝田玉

19.21.1 蓝田玉的矿物成分

蓝田玉(Lantian Yu)是我国古代的名玉之一，因产于蓝田而得名。但是，对蓝田位于何处，有两种不同的认识。绝大多数学者、文人，认为是陕西省西安市东南方的古城蓝田。也有少数人认为是古代西域的蓝田，即现在的帕米尔高原、喀喇昆仑山、昆仑山一带。

我国对蓝田玉的开发利用，不仅有着悠久的历史，而且有着灿烂的文化。在陕西省蓝田县出土的五千年前的文物中，有用蓝田玉磨制的玉器。在此后的漫长历史时期内，蓝田玉成为我国古代的名玉。班固在《西都赋》里称“蓝田美玉”。《汉书·地理志》有“蓝田山出美玉”的记载。《后汉书·郡国志》也载有“蓝田出美玉”。唐朝诗人李商隐的七言律诗《锦瑟》里有“沧海月明珠有泪，蓝田日暖玉生烟”之名句。《明一统志》记载有“蓝田县蓝田山，在县东南三十里，山出玉英。因名蓝田，又名玉山”。

古代的蓝田玉矿早已被采空。可喜的是20世纪80年代初，地质工作者在蓝田县玉川乡又找到了蓝田玉的新产地。

蓝田玉是一种蛇纹石化大理岩，主要矿物成分为方解石、蛇纹石，有少量滑石。颜色为黄色、米黄色、绿色、苹果绿色、黑绿色、灰白色等，各色深浅不一，可组成多种不同颜色的花纹。

19.21.2 蓝田玉的基本特征

蓝田玉质地致密细腻，摩氏硬度3～4，密度在2.7 g/cm^{3}左右。人们将新发现的蓝田玉与陕西省兴平县出土的大型玉器“玉铺首”以及北京故宫收藏的汉代玉佩进行比较，确有许多相似之处。现已开发的产品有碗、杯、酒具、手镯、玉枕、健身球等，深受消费者喜爱，畅销国内外，使古老的蓝田玉焕发了青春。

19.22 酒泉玉

19.22.1 酒泉玉的矿物成分和类型

说到酒泉玉(Jiuquan Yu)，可能大家有些生疏。但是对唐朝诗人王翰的七言绝句《凉州词》较为熟悉，其中的“葡萄美酒夜光杯”，更是脍炙人口。据甘肃省地质学家研究，生产夜光杯所用的玉料为酒泉玉。该玉产于祁连山，故也称祁连山玉。

根据酒泉玉的矿物组成及含量，可将酒泉玉分为两个类型：一类属于岫玉，即蛇纹岩，蛇纹石含量通常在85%以上，含有少量方解石、透闪石、白云石、滑石等矿物，有时几乎全部由蛇纹石组成；另一类为蛇纹石化大理岩，蛇纹石含量较前一类少，含有较多的碳酸盐矿物。按酒泉玉的颜色可分为白色、绿色、黄色、蓝色、杂色等六个品种，随蛇纹石化作用强弱不同，颜色有深浅变化。

19.22.2 酒泉玉的品种

1. 白色酒泉玉

是一种含透闪石蛇纹岩，产于蛇纹石化大理岩中，呈白色或微带淡绿、淡黄、淡蓝色调，质地细腻，透明度好，摩氏硬度5～6，为酒泉玉中最好的品种，古称“白玉之精”，但产量少。

这里需要指出的是，“白玉之精”究竟指何种玉石，尚存在争议。有人认为白玉之精指的是软玉中的羊脂白玉，从而认为夜光杯是用羊脂白玉制成的。这个问题有待进一步探讨。

2. 黑绿—黄绿色酒泉玉

是一种产于蛇纹石化超基性岩中的蛇纹岩，质地细腻，摩氏硬度5左右，人称“赛乌漆”，适于制作仿古齐口平底杯、爵杯、西洋式大小高脚杯，产品最为畅销。

3. 浅黄—深黄色酒泉玉

是一种产于蛇纹石化大理岩中的蛇纹岩，颜色均匀，质地较细腻，摩氏硬度

4～5，其制品清新淡雅，如鹅黄羽绒。

4. 蓝—蓝绿色酒泉玉

是一种蛇纹石化大理岩，摩氏硬度4左右，其制品以粗犷的天蓝色或海蓝色，深得人们喜爱。

5. 杂色酒泉玉

是一种蛇纹石化大理岩，摩氏硬度3～4。在白色大理岩中分布有蓝、绿、黄、紫红等颜色的蛇纹石条带、条纹和团块，形成美丽的花纹。

6. 鸳鸯玉

产于甘肃武山县鸳鸯镇的鸳鸯玉，也是生产夜光杯的玉料，而且玉质好，藏量丰富。鸳鸯玉属于蛇纹石化大理岩，蛇纹石含量变化较大，最高可达70%～90%，低者不足30%，其他矿物主要有碳酸盐矿物(以白云石为主)、铬铁矿、磁铁矿、绿泥石等。玉石具块状构造、条带状构造和斑杂状构造，质地致密细腻。块状玉石以墨绿色为主，也有绿色、淡黄色。条带状玉石表现为墨绿色、绿色、淡黄色呈条带状相间分布，形成美丽的花纹，如行云，似流水。斑杂状玉石，是在墨绿色底色上散布着绿色斑点或不规则团块，有的形如锦团，有的状似礼花，给人以美的享受。鸳鸯玉制品，尤其是夜光杯，不仅销往全国各大城市，而且远销英国、德国、日本、韩国及东南亚等地。

鸳鸯玉，又称武山玉，这两个名称都是按产地命名的，《中国宝玉石业大全》上称，这种玉石在甘肃省内分布最广。由此可知，鸳鸯玉已不再仅限于武山县的鸳鸯镇一处产地了。

有的专家学者，根据鸳鸯玉的岩石学性质、玉石学特征及主要用途，将其作为酒泉玉中的一个亚类或品种，统称为酒泉玉。这样可以避免同一种或同一类玉石，因产地不同而出现许多不同的名称。

19.23 大理石

19.23.1 大理石的概念

大理石与大理岩的英文名称是同一个词(Marble)，所以有些人认为两者是同一个概念。实际上，在我国大理石是商用名称或工艺名称，有别于地质学上的大理岩。

在地质学上，大理岩指的是一种变质岩，主要由重结晶作用形成的细粒—粗粒状碳酸盐矿物组成。较纯的石灰岩（Limestone）以方解石 $Ca[CO_3]$为主，重结晶后的岩石称为大理岩。白云质灰岩或白云岩，含有较多的白云石 $CaMg[CO_3]_2$ 或以白云石为主，重结晶后的岩石称为白云质大理岩或白云石大理岩。如果不是出于专业需要，白云质大理岩或白云石大理岩，通常也简称为大理岩。

大理岩多呈白色，也有黄色、肉红色及其他颜色，可具有各种花纹，当花纹组成美丽的山水风景或逼真的人物、鸟兽等图案时，可作为观赏石。

大理石包括上述大理岩，也包括由沉积作用形成的各种石灰岩，如花斑灰岩、竹叶状灰岩、黑色炭质灰岩以及含各种古生物化石的灰岩等。

19.23.2 大理石的基本性质和主要品种

大理石的摩氏硬度 3～4；密度 2.7～2.9 g/cm^3，因大理石的成分变化大，个别大理石的密度还可高些。

宝石学上的大理石，指的是那些具有工艺价值、可加工成工艺品的大理石，其品种主要有汉白玉、蜜蜡黄玉、米黄玉、珊瑚玉、百鹤玉等。

（1）汉白玉：是一种纯白色的大理岩，主要由重结晶的方解石组成。汉白玉历史悠久，明、清时期广泛用于宫廷建筑，也常雕琢成动物（如狮子）、人物（如仕女）等工艺品。目前市场上有一种被称为阿富汗白玉的手镯，其实是一种白色大理岩制品。不法商人常用阿富汗白玉来冒充软玉中的白玉，二者的价格相差上千倍。

（2）蜜蜡黄玉：是一种大理岩，矿物成分主要为白云石，其次为方解石，有少量石英。颜色为黄色、蜜黄色、浅黄色、褐黄色等。其制品有笔筒、烟灰缸、健身球、佛像及人物、动物等工艺品。

（3）米黄玉：是一种呈米黄色的白云岩，因颜色酷似小米的黄色，故名。用途基本同蜜蜡黄玉。

（4）珊瑚玉：是一种含有珊瑚化石的石灰岩。其特征是在土黄色或深灰色的基底上，分布有密集的灰白色管状珊瑚化石。用珊瑚玉雕琢的金钱豹，花纹图案逼真，珊瑚化石的横断面呈圆形斑点，其间有不规则的土黄色条纹。

（5）百鹤玉：是一种含有海百合茎、珊瑚等生物化石的石灰岩，产于湖北鹤峰县，当地群众称为五花石，有霞红、果绿、奶白等颜色，其中以红百鹤玉为上品。百鹤玉产品分为工艺品和高级装饰材料两类。

19.24 梅花玉

19.24.1 梅花玉的成因、成分和特征

梅花玉(Plum blossom Jade)在地质学上被称为杏仁状安山岩。岩石中的一条条曲折细脉，连接一个个小杏仁体，酷似盛开的腊梅，故称其为梅花玉。因产于河南省汝阳县境内，又称汝玉。相传早在东汉初期，光武帝刘秀就将梅花玉封为国宝。北魏郦道元的《水经注》中有"紫逻南十里有玉床，阔两百丈。其玉缜密，散见梅花，曰宝玉"的记载，这里的"紫逻"即汝阳县境内的紫逻山。《直隶汝州全志》记载:"汝州有三宝：汝瓷、汝玉、汝帖。"

据地质学研究，安山岩浆在喷溢出地表时，其中的挥发分逸散后，留下圆形、椭圆形或不规则形的孔洞，形成气孔状安山岩。固态的气孔状安山岩受到地质动力的挤压，产生细微破碎裂隙，气孔和裂隙又被后来的蚀变矿物所充填，形成杏仁体和细脉，于是构成了奇妙的干枝梅图案。

梅花玉的基底颜色为深棕色至黑色，杏仁体有红色、白色、黄绿色、暗绿色等。不同颜色的杏仁体，其组成矿物不同。红色者由长石组成，白色者由石英或方解石组成，黄绿色者由绿帘石组成，暗绿色者由绿泥石组成。最为常见的是由两种或两种以上不同颜色的矿物组成的多色杏仁体。有些杏仁体还有着美丽的黄色、白色或铜红色镶边，分别被称为镶金边、镶银边和镶铜边，这种梅花玉制品看上去有点像景泰蓝。

19.24.2 梅花玉品质优劣评价

梅花玉的评价，除了要看梅花图案是否美观、逼真，还要注意组成花朵(杏仁体)的矿物成分。以红色长石、白色石英、黄绿色绿帘石所组成的花朵为好；由白色方解石、暗绿色绿泥石组成的花朵次之，因为方解石和绿泥石的硬度较低，磨抛时常产生微凹，影响美观。

梅花玉的可雕性良好，适用于生产手镯、印章及其他工艺品。梅花玉的鉴别非常容易，不需要仪器测试，仅凭肉眼观察其梅花图案，就可将梅花玉鉴别出来。

19.25 寿山石

19.25.1 寿山石的矿物成分

寿山石(Shoushan stone)因主要产于福建省福州市北郊的寿山乡而得名。矿区所在地群山环抱,有著名的寿山、九峰山、芙蓉山等。

关于寿山石的矿物成分,有人认为是叶蜡石,也有人认为主要是地开石、高岭石、珍珠石,其次是叶蜡石。地开石、高岭石和珍珠石,都是粘土矿物,同属高岭石族,三者是一种特殊类型的同质多像(即多型),它们的化学式完全相同,为 $Al_4[Si_4O_{10}](OH)_8$。叶蜡石的化学式为 $Al_2[Si_4O_{10}](OH)_2$。寿山石主要是由酸性火山岩如流纹质凝灰岩、流纹岩等,经火山热液交代蚀变形成的。与寿山石的形成,在空间上和成因上有联系的交代蚀变作用比较复杂,有粘土化、叶蜡石化、明矾石化、硅化、绢云母化、刚玉化、红柱石化等。尤其是粘土化和叶蜡石化,二者之间关系更为密切,当叶蜡石交代铝硅酸盐和硅酸盐矿物时,常同时形成地开石、高岭石等粘土矿物。随着叶蜡石化作用的增强,粘土矿物才会被叶蜡石交代,数量逐渐减少,直至形成以叶蜡石为主的叶蜡石岩(玉)。但其中仍含有少量的地开石、高岭石、水云母、石英等矿物。正是这个原因,使得寿山石中的矿物成分及含量有所不同,有的以叶蜡石为主,有的以粘土矿物为主,因此对寿山石中的矿物成分和含量产生了不同的认识。

从总体情况看,寿山石的矿物成分主要是粘土矿物(包括地开石、高岭石、珍珠石)和叶蜡石,只是有的以粘土矿物为主,有的以叶蜡石为主。此外常含有少量绢云母、石英、滑石等矿物。

19.25.2 寿山石的基本特征和类型

寿山石的开发利用已有一千多年历史,出土文物表明,南北朝时已将寿山石用作工艺美术材料。寿山石呈隐晶质块体,质地细腻温润。颜色多种多样,有白色、黄色、绿色、红色、紫色、褐色、黑色等,有的为单一色,有的为杂色。具蜡状光泽或油脂光泽。半透明、微透明至不透明。密度 2.6～2.9 g/cm^3。摩氏硬度一般 2～3,适于雕刻,是制作印章的优质材料,故在我国常称其为印章石(或图章石)。此外也大量用作玉雕材料。由于硬度较低，并不用来制作首饰。

寿山石的品种繁多，有的以产地命名，有的以坑洞命名，有的以颜色和质地命名，当地名称多达数十种。其中有的名称与别的宝石同名，如产于芙蓉山的一个寿山石品种，被称为“芙蓉石”，这就出现了与浅红色块状石英（芙蓉石）同名不同物的现象。

根据寿山石的分布规律和产出位置，可将寿山石划分为田坑石、水坑石和山坑石三大类。就寿山石的品质来说，田坑石最佳，水坑石次之，山坑石又次之。

（1）田坑石：指产出在寿山溪旁水田底下的零星块状寿山石。原生的寿山石（山坑石），经风化剥蚀，一些机械破碎的块体，被水搬运到低洼处沉积下来。由于受到含有多种化学成分的水的长期浸泡，其颜色往往外浓而向内逐渐变淡，且外部的透明度较高，可呈胶冻状，质地更显得晶莹、温润。严格地说，田坑石是由寿山石经过改造而成的。

田坑石中的黄色品种称为田黄石，简称田黄，最为珍贵，尤其是半透明或近于透明的田黄冻，是田黄石中的最上品。田黄石不但被称为“印石之王”，而且还被戴上了“石帝”的桂冠，清代即有“一两田黄一两金”或“易金数倍”、“黄金易得，田黄难求”之说。2006 年香港苏富比秋季拍卖会上，一件田黄雕瑞狮镇纸 207 g，以平均每克 20 万元的天价拍出（王时麒，2009 年）。

田黄有多种黄色，如金黄、橘皮黄、桂花黄、蒸栗黄、枇杷黄、奶黄等。田黄中具有“萝卜丝纹”状细脉纹，或红色格纹（或红筋）。所谓“萝卜丝纹”，是指像一个去皮切开的萝卜那样，具有排列有序的网状细丝纹，对于田黄石都有的这种内部特征和“无纹不成田”，大家一致认同。但将红色格纹作为田黄的标志，并称“无格不成田”，则存在不同意见。有人通过研究认为，所谓的“红格”原来是不规则的微裂隙，后被氧化铁充填胶结，所以，田黄中没有“红格”也不足为奇。如果田黄的外部呈黄色，内部为白色，称为“金裹银”；如果外部呈白色，内部为黄色，则称为“银裹金”。白色田坑石称为白田，红色田坑石称为红田，黑色田坑石称为黑田。

优质田黄的块度一般较小，多为几十克，最大可达 4.3 kg，大块者往往透明度低。现在田黄已很难采得，故其价格成倍、甚至数十倍增长。人们如此喜爱田黄，不仅因为它美观、稀少，还与心理因素有关。明代开国皇帝朱元璋派人采田黄以供皇室之用；清代乾隆皇帝以产于福（建）寿（山）田中的田黄祭天，寓意既“福”又“寿”，“多福多寿”，“福寿双全”。

（2）水坑石：指产于寿山乡坑头山麓矿脉中的寿山石。因采矿坑洞延伸至溪涧之中，故称为水坑石（也称坑头石）。由于水坑石产地的地下水丰富，矿石长期受地下水的浸泡、侵蚀，所以透明度较好，富有光泽，且质地细腻，品质虽不及田坑石，但优于山坑石。那些“晶”、“冻”之类的优质寿山石品种大都产于此地。

(3) 山坑石：指从原生矿采出的寿山石。矿体赋存在火山岩中，分布在寿山乡和月洋乡方圆十多公里的范围内。山坑石往往因矿脉脉系不同，或产地不同而各具特色，甚至同一条矿脉、同一个坑洞采出来的寿山石，颜色、质地也常有变化。所以，山坑石的品种和名称繁多，也显得杂乱。

寿山石除主要分布于福州地区的寿山乡及其附近外，在福建的宁德、莆田、晋江等地也有少量产出。寿山石制品不仅国内畅销，而且远销日本、东南亚、美国、意大利、法国、智利等国家和地区。

19.26 青田石

19.26.1 青田石的矿物成分

青田石(Qingtian stone)因产于浙江省青田县而得名，它与寿山石、昌化石和巴林石一同被列为我国四大印章石。青田石是由流纹质凝灰岩和流纹岩，经火山热液交代蚀变形成的，交代蚀变作用主要是叶蜡石化。青田石的矿物成分主要是叶蜡石 $Al_2[Si_4O_{10}](OH)_2$，还有少量石英、绢云母、高岭石、蒙脱石、一水硬铝石、红柱石、刚玉、矽线石等。

19.26.2 青田石的基本特征和品种

青田石质地致密细腻，具蜡状光泽或油脂光泽，半透明至微透明。颜色多种多样，有白色、灰色、黄色、红色、绿色、青色、紫色、蓝色等，有的为单色，有的为杂色。摩氏硬度 2～3，密度 2.6～2.9 g/cm^3。

按青田石的质地、色泽、纹理等特征，可分为二十多个品种，其中有的品种透明度好，晶莹似胶冻，被称为冻石，如灯光冻、五彩冻等。灯光冻(也称灯光绿)与寿山石中的田黄石以及昌化石和巴林石中的鸡血石，被称为印章石三宝。青田石中的优质品种，除灯光冻、五彩冻外，还有封门青、封门蓝、竹叶青、菊花黄、鱼脑冻、红花冻等。

相传青田石的开发利用始于宋代，用途同寿山石，其制品深受人们喜爱，成为重要的雕刻材料。时至清末和民国初年，青田石工艺品已达到年产一万余箱的规模，远销欧洲、美洲和亚洲一些国家，并多次在国内外展览会、博览会上获奖。新中国成立后，特别是改革开放后，青田石雕进入了新的发展时期，创作了大量新作品，为青田石雕刻艺术增添了新的光彩。

19.27
鸡 血 石

19.27.1 鸡血石名称的由来

据传在古代，浙江昌化玉岩山上飞来一对凤凰，给当地带来吉祥。有位年轻猎人上山打猎，误把凤凰认作山鸡，便开枪射击，凤凰被击中，一滴滴鲜血染红了山上的岩石。从此这里的人们竞相传说，玉岩山上的石头是凤凰血染红的，因红得像鸡血，被称为鸡血石。

鸡血石(Chicken-blood stone)是指昌化石和巴林石中含辰砂(HgS)的品种，辰砂的颜色呈鲜红色，鸡血石中所谓的“血”，指的就是辰砂。

19.27.2 鸡血石的矿物成分、鉴别及评价

鸡血石是我国特有的珍贵玉石，而且在我国也只有浙江临安的昌化和内蒙巴林右旗两处产地。

(1) 昌化鸡血石：因产于我国南方，又称“南血”。主要组成矿物为粘土矿物(包括地开石、高岭石、珍珠石)、叶蜡石和辰砂，有少量明矾石、石英等。辰砂呈艳丽的红色，具金刚光泽，在鸡血石中含量变化较大，一般在20%左右；全红者如大红袍，辰砂含量可达70%以上，但很少见；含量低者不足1%。

鸡血石呈隐晶质致密块状，具蜡状光泽或油脂光泽，半透明至微透明，摩氏硬度2～3。因辰砂的密度较大，为8.05 g/cm^3，故鸡血石的密度主要随辰砂的含量多少而变化，通常在2.7～3.0 g/cm^3。

昌化鸡血石的开发利用始于明代，最初以民间雕刻工艺品面市，富有者购得后作为收藏品或馈赠礼品。由于它罕见珍奇，至清代受到了王公贵族的重视，并制作出许多精美工艺品，包括印章，主要供皇家和官府享用。浙江天目山主持，曾献给乾隆皇帝一方8厘米见方的鸡血石，这块鸡血石被刻上“乾隆之宝”，并注明“昌化鸡血石”，此宝现存于北京故宫珍宝馆。1972年，日本首相田中角荣访华时，周恩来总理将一对鸡血石印章作为国礼赠送给田中角荣。这件事影响很大，在日本和

我国的港台地区以及东南亚等地，掀起了鸡血石热，至今不衰。

(2) 巴林鸡血石：因产于我国北方，又称"北血"。主要组成矿物与昌化鸡血石相似，为地开石、高岭石、叶蜡石、明矾石和辰砂，此外还有赤铁矿、褐铁矿、黄铁矿、绿帘石、金红石等。其摩氏硬度、密度、质地、光泽等特征，也基本与昌化鸡血石相同。只是巴林鸡血石的血色呈暗红色，比不上昌化鸡血石那样红得鲜艳明亮。一般说来，巴林鸡血石不如昌化鸡血石珍贵。由于昌化鸡血石越来越难以采得，产量不断减少，导致巴林鸡血石的价格明显上升。

巴林鸡血石的开采始于民国初年，比昌化鸡血石大约晚五百年。抗日战争时期，曾遭到日本侵略者的掠夺性开采。1981 年，巴林右旗被轻工业部定为我国印章石重要原料产地之一，各种巴林石雕刻工艺品(包括印章)的产量、销量、创汇额均超过昌化石。

鸡血石实际上是一种特殊类型的汞矿石，但也并非所有含辰砂者都是鸡血石。作为鸡血石除了要具备工艺美术条件外，还要具有与昌化石、巴林石相似的矿物成分，否则不能称为鸡血石，例如，产于吉林省的一种含辰砂石英岩(脉)，由石英和辰砂组成，质地非常细腻，被称为朱砂玉或硅质鸡血石，而不称为鸡血石。还有一种含辰砂的钙质粉砂岩，同样不能称为鸡血石。它们与鸡血石的主要鉴别特征是：鸡血石的地子硬度小，钢针、小刀可划动，而含辰砂石英岩的地子是石英，钢针、小刀划不动；含辰砂的钙质粉砂岩，遇稀盐酸剧烈起泡，而鸡血石则不然。

鸡血石品质的优劣，取决于两个方面：一是地子，二是"鸡血"(即辰砂)含量、"鸡血"形态和整体分布特征。地子是指除辰砂以外的部分，常呈白色、黄色、粉红色、藕粉色、灰绿色、黑色等。如果地子不含"砂钉"，致密细腻，透明度好，称为"冻地"，是很好的地子。就辰砂含量来说，含量高者胜于含量低者，全红者为上品。鸡血的形态有团块状、条带状、斑点状、云雾状、彩虹状等。虽说辰砂含量的多少影响鸡血石的品质，但如果地子好，鸡血形态和纹饰美观，即使辰砂含量少，也不失为上品。

19.28 菊花石

19.28.1 菊花石的矿物组成和主要类型

菊花石(Chrysanthemum stone)是指具有菊花状图案的玉石，菊花状图案由放射状或束状排列的针状、柱状、纤维状矿物组成。根据菊花石的矿物组成和玉石(岩石)学特征,可将菊花石划分为多种基本类型,现介绍三种:

(1) 天青石菊花石。花朵由天青石组成,基底为石灰岩或灰黑色—黑色炭质板岩等。这类菊花石的产地有湖南浏阳、陕西宁强、湖北南部等,其中以湖南浏阳产的菊花石品质最佳而名扬海内外。

浏阳菊花石产于浏阳永和镇浏阳河底岩层中,相传在清乾隆年间已被开发利用。1915 年在巴拿马国际博览会上(会址:美国旧金山),用浏阳菊花石制作的菊花瓶荣获金奖。

菊花石中的天青石 $Sr[SO_4]$,往往被方解石 $Ca[CO_3]$交代。由天青石和方解石组成的花朵呈白色,立体感较强,分布在深灰色或黑色基底上,十分醒目。花朵直径多为 5~8 cm,最大直径可达 30 cm,小的在 3 cm 左右。按照花朵的大小和形态,可分为绣球花、蝴蝶花、铜钱花、蟹爪花、鸡爪花等花型。

目前市场上有一种菊花石假冒品,是在深色的岩石(多为石灰岩)上,镶嵌成菊花状的白色图案。这种造假的菊花石,只要仔细观察,不难找出破绽。

(2) 红柱石菊花石。产于北京西山,又称京西菊花石,是一种被称为“红柱石角岩”的变质岩。该地的菊花石清代已有记载,据说解放前曾用作工艺制品,后停采至今。花朵由红柱石 $Al_2[SiO_4]O$ 组成,呈灰白色,基底为灰黑色,工艺价值远不如浏阳菊花石。

(3) 流纹岩菊花石。产于河北兴隆,是一种具特殊构造的流纹岩。当把这种流纹岩磨出光面后,就会清晰地显示出一朵朵怒放的菊花,有人以“鲜花盛开的岩石”为题,介绍兴隆菊花石。

经研究得知,花朵是由像头发丝一样的铁镁矿物雏晶和长英质矿物雏晶,呈放射状排列组成的。

除上述三种类型的菊花石外,还有硅灰石菊花石、阳起石菊花石、电气石菊花石等。

19.28.2 菊花石品质优劣评价

评价菊花石品质优劣,应注意以下几个方面:花朵形态要美观、逼真,直径大小适中,在基底上分布错落有致,疏密得当;基底越致密细腻越好,其颜色与花朵的颜色反差越大越好。

菊花石既可以制作成各种工艺品(包括砚台),又可以作为观赏石直接用来观赏,倍受人们青睐。

19.29 凤凰石

凤凰石(Fenghuang Stone)是商业名称,2010 年前后出现在国内宝石市场上。其颜色为绿色和蓝色,混杂分布呈斑块状、条纹状。

关于凤凰石的矿物成分,有说是孔雀石和青金石。单从颜色上看,将绿色矿物看作是孔雀石,将蓝色矿物看作是青金石,似乎说得过去,但从它们的成因和产状来看,则存在矛盾。孔雀石是由原生黄铜矿或其他含铜硫化物矿物,在风化过程中形成的一种次生矿物,产于原生铜矿床的氧化带中。而青金石属于接触交代矿物,产于碱性岩浆岩与石灰岩的接触带中。就已知的青金石矿床来看,几乎全都属于矽卡岩这种类型。孔雀石与青金石的成因、产状各不相同,不可能共生在一起,也未见二者伴生在一起的例子。共生是指由于成因上的共同性,在同一成矿(成岩)阶段中,规律地出现的不同种矿物,在同一空间共存(生长在一起)的现象,称为共生。伴生是指不同成因或不同成矿(成岩)阶段,形成的不同矿物,在空间上共同存在的现象称为伴生。例如黄铜矿颗粒上零星散布的次生矿物孔雀石和蓝铜矿,就是一种伴生关系,因为黄铜矿与孔雀石、蓝铜矿之间,形成时间和条件均不相同,只是在空间上相聚在一起。

也有说凤凰石的矿物成分是硅孔雀石。根据硅孔雀石的矿物学特征,颜色常呈绿色、浅蓝绿色,其成因和产状与孔雀石相同,且常与孔雀石共生在一起。硅孔雀石作为凤凰石中的矿物成分,是有这种可能的。

据杨春等资料,对从市场上购买的三件凤凰石样品,进行了常规仪器和大型仪器的测试,结果表明,其中的绿色矿物为孔雀石(3%～5%),蓝色矿物为蓝铜矿(10%),其他矿物有长石(70%,部分已绢云母化),石英(10%～20%)。样品呈玻璃光泽,半透明至微透明。根据凤凰石的矿物成分、结构构造,推定其原生矿为斑岩铜矿,孔雀石、蓝铜矿的原生矿物为黄铜矿。

孔雀石、蓝铜矿这两种次生矿物,它们的成因、产状相同,化学式也大同小异。孔雀石的化学式为 $Cu_2[CO_3](OH)_2$,颜色呈绿色、浅绿色,摩氏硬度 3～4,密度 3.9～4.0 g/cm^3,折射率 N_p 1.655,N_m 1.875,N_g 1.909。蓝铜矿的化学式为 $Cu_3[CO_3]_2(OH)_2$,颜色呈深蓝色、浅蓝色,摩氏硬度 3～4,密度 3.77 g/cm^3,折射率 N_p 1.730,N_m 1.758,N_g 1.830。

产自不同矿区、采自不同部位的凤凰石，其矿物成分和含量不尽相同。密度大小，与测试样品中孔雀石、蓝铜矿的含量多少密切相关，含量多密度大，含量少密度小。点测折射率的高低，与测试点的矿物成分有关，如果测试点以长石、石英为主，折射率值肯定会偏低。孔雀石、蓝铜矿的摩氏硬度，都比小刀(5.5)要小，用小刀刻划，应该会被划动。如果划到长石、石英，肯定划不动。孔雀石、蓝铜矿都是碳酸盐矿物，遇到盐酸会起泡。

20 珍 珠

20.1 概 述

珍珠(Pearl)是一种历史悠久的宝石,早在新石器时代,人类在海岸、河边捕寻食物时,就发现了珍珠,并把它作为饰品。我国是最早发现和饰用珍珠的国家之一,在许多古老书籍中,都有关于珍珠的记载。与珍珠有关的成语、典故也很多,如珠光宝气、珠联璧合、珠圆玉润、掌上明珠、买椟还珠、鱼目混珠等。在我国传说中,珍珠是鲛人的泪珠。晋代张华的《博物志》中,就记载了一段关于珍珠的美妙传说,“鲛人水底居,出向人间寄住,积日卖绡,临去,向主人索器,泣而成珠,满盘以与主人”。唐代著名诗人李商隐《锦瑟》中的“沧海月明珠有泪”,就是引用的这个典故。珍珠作为6月生辰石,象征健康、长寿和富有。

古代采珠是一项非常艰难、非常危险的工作。乘船出海,腰间系绳,携竹篮入水,常被恶鱼吃掉。据广西合浦县志记载,明嘉靖五年(1526年),采珠之役死者万计,得珠仅80两,天下人谓以人易珠。而且只准官府采珠,不许老百姓采珠谋生。多少年来,珍珠一直为皇家、官府和富人所占有,珍珠玛瑙成了宝石的代名词和荣华富贵的象征。

我国是世界上最早以人工养殖贝类来培养珍珠的国家,随着养殖技术的不断完善,养殖珍珠大量投放市场,现在连一般经济收入的百姓家庭,都可以享用珍珠饰品。

20.2 珍珠的形成和类型

俗话说“蚌病成珠”。生活在水中的贝类动物(包括蚌、鲍、牡蛎、砗磲等),由于偶然的原因,其体内混进砂粒或其他异物,因受到外来异物的刺激,便会分泌出珍珠质,将其包裹起来,随着时间的推移,珍珠层越裹越厚,珍珠也就一天天长大。这种纯属偶然,并非人为因素而在贝类动物体内形成的珍珠称为天然珍珠。根据生长水域不同,可划分为天然海水珍珠和天然淡水珍珠。

天然珍珠非常稀少,难以满足人们的需求,我国在宋代已开始人工养殖珍珠的生产,并把养殖方法传到日本及其他国家。现在养殖珍珠已形成规模化生产。

根据天然珍珠的形成机理,利用人工方法,将另一珍珠贝的外套膜小片或贝壳磨成的珠核,植入母贝体内,促使母贝分泌珍珠质,形成珍珠,这种珍珠称为养殖珍珠。植入外套膜小片形成的珍珠称为无核养殖珍珠;植入贝壳珠核形成的珍珠称为有核养殖珍珠,这种珍珠的珍珠层一般都在 1 mm 左右,薄的不足 0.3 mm。生长于海水环境中的称为海水养殖珍珠;生长于淡水环境中的称为淡水养殖珍珠。如果将一定形状的外来异物,植入母贝的壳体内侧,母贝分泌的珍珠质附着其上,所形成的珍珠具有外来异物的形状,这种珍珠称为附壳养殖珍珠,如佛像珍珠、半圆珍珠等。尤其是佛像珍珠,连同贝壳一起,即是一件奇特的艺术品。

20.3 珍珠的基本特征

20.3.1 珍珠的化学成分

珍珠的化学成分主要为碳酸钙,含量约 92%,其次是有机质(硬蛋白质)和水,有机质约 4%,水约 4%,此外还含有微量的钾、钠、铁、镁、锰、锌、铜、镍、铬、磷等元素。

碳酸钙 $Ca[CO_3]$主要以斜方晶系的文石存在,少数为三方晶系的方解石。

20.3.2 珍珠的内部构造和颜色

1. 内部构造

天然珍珠和养殖珍珠的珍珠质都是一层一层地生长起来的，所以，珍珠具有同心层状构造。其中的文石晶体只有几个微米，呈针状、柱状、纤维状垂直层面排列，从整体看，构成放射状构造（见图 20-1）。

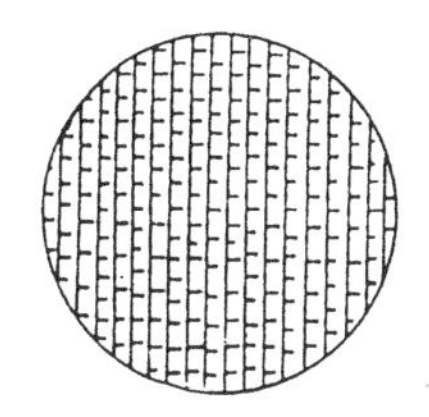
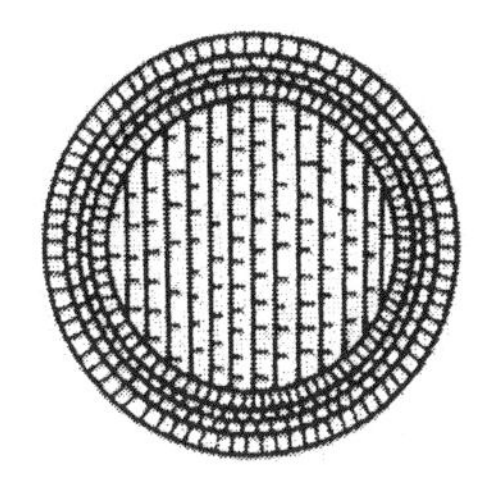

图 20-1　珍珠的内部构造示意图

左：天然珍珠；中：贝壳磨制的珠核；右：有核养殖珍珠

2. 颜色

珍珠的颜色一般由体色和晕彩色两部分组成。体色是珍珠本身对白光选择性吸收而产生的颜色，晕彩色则是由珍珠表面透明层所反射的光，相互发生干涉形成的干涉色。

根据珍珠的体色，可分为三个系列，即白色系列、黑色系列和彩色系列。

(1) 白色系列。基本颜色为白色，包括纯白色、乳白色、灰白色、瓷白色等。

(2) 黑色系列。包括黑色、铁灰色以及带其他色调的黑色，如蓝黑色、紫黑色、褐黑色、棕黑色等。

(3) 彩色系列。除白色系列和黑色系列外，其他所有颜色均属该系列，如粉红色、浅玫瑰色、浅黄色、米黄色、橙黄色、紫色、紫红色、绿色、浅蓝色、古铜色等。

20.3.3 珍珠的基本性质

(1) 光泽：珍珠光泽。

(2) 摩氏硬度：2.5～4。

(3) 密度：珍珠的密度大都在 2.60～2.85 g/cm^3，不同种类，不同产地的珍珠，其密度略有不同。天然海水珍珠的密度为 2.61～2.85 g/cm^3，海水养殖珍珠的密度为 2.72～2.78 g/cm^3；天然淡水珍珠的密度为 2.66～2.78 g/cm^3，淡水养殖珍珠的密度一般低于天然淡水珍珠。

(4) 光性：因其主要成分是文石和方解石，故珍珠为非均质集合体。

(5) 折射率：1.490～1.685，点测法 1.60 左右。

(6) 透明度：半透明至微透明。

20.4 珍珠的鉴别与品质优劣评价

20.4.1 珍珠的鉴别

1. 天然珍珠与养殖珍珠的鉴别

目前天然珍珠十分稀少，市场上常见的都是养殖珍珠。天然珍珠和养殖珍珠具有相同的表面纹饰。可用于鉴别的外观特征，只是在质地、光泽、透明度等方面，天然珍珠好于养殖珍珠；而形状、大小，天然珍珠不及养殖珍珠。这些特征只能作为鉴别时参考，并非可靠依据。在不破坏、不损伤样品的情况下，鉴别二者有一定难度。

对天然珍珠和有核养殖珍珠，可根据如下特征进行鉴别。天然珍珠的核心是砂粒或其他异物，珍珠层很厚；有核养殖珍珠的内核是贝壳磨制的圆形小球，珍珠层较薄。利用放大镜或显微镜，从珍珠钻孔处观察，如果能见到贝壳内核，为有核养殖珍珠；如果见不到贝壳内核，珍珠层由外向内一层层地延至中心附近，则为天然珍珠。或者让强光从小孔透射珍珠，并从不同方向进行观察，天然珍珠透光均匀，看不到明暗不同的条纹效应。而有核养殖珍珠，在某些方位则显示条纹效应，条纹效应是贝壳内核的平行层透光不均匀产生的。此外，在强光照明条件下，利用珍珠的内反射进行观察，效果与强光透射珍珠相同。天然珍珠结构均一，内反射均匀。有核养殖珍珠可见到由贝壳内核平行层产生的明暗条纹。

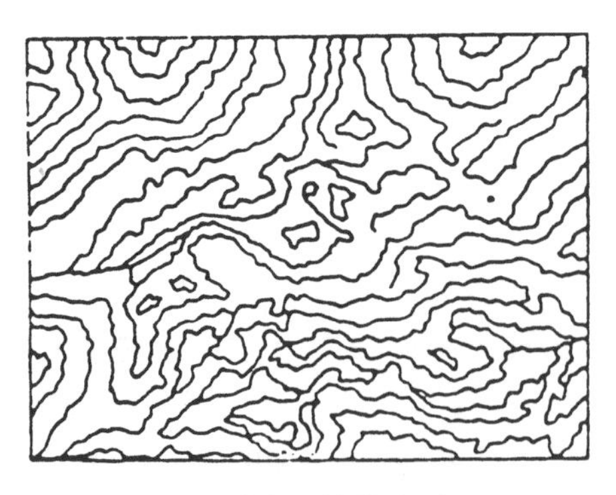

图 20-2　珍珠表面的花纹（据周国平）

2. 珍珠与仿制品的鉴别

在显微镜下放大观察，养殖珍珠和天然珍珠的表面，具有像地形图上等高线一样的花纹（见图 20-2），这些花纹是珍珠生长时形成的，无法伪造。而珍珠仿制品，是用玻璃、塑料或贝壳制作的小球，在小球表面涂上一层由鱼鳞粉或其他物质制成的涂料，肉眼观察，很像珍珠，但它不具有像等高线一样的花纹。另一个鉴别方法是轻轻咬住样品，牙齿稍微错动，有砂感（涩感）的是珍珠，有光滑感（打滑）的是珍珠仿制品。或者用两粒样品相互摩擦，发涩的是珍珠，打滑的是仿制品。仿制品还有一个特征，即用针拨动表面涂层，会成片脱落。此外，密度明显偏低，甚至低于 2.0 g/cm^3 以下（有轻飘感），或密度在 2.85 g/cm^3 以上，以及手摸有温感的，都是仿制品。

3. 改色珍珠的鉴别

用于珍珠改色的方法包括染色法、辐照改色法和所谓的激光改色法。由于对激光改色技术知之甚少，有人认为，激光能量可能只是被用来增强某一黑色染料的渗透深度和染色程度。市场上出现的改色珍珠，有黑色、深孔雀绿色、暗紫色、古铜色等。以不同方法改色的珍珠，其鉴别特征如下：

（1）染色珍珠：颜色最为丰富，但染色效果好的主要是黑色、暗紫色、浅玫瑰红色和浅橙色。放大观察，染色珍珠的颜色明显不均匀，染料集中于浅层，在裂隙处颜色更深。从钻孔中可观察到，珍珠层与内核之间有一明显染色线；如果是无核养殖珍珠，颜色集中于珍珠层的层间。硝酸银染黑的珍珠，其表面还可见许多黑色斑点，用棉签蘸浓度为 2%～5%的稀硝酸溶液擦拭，可将棉签染黑。用蘸丙酮的棉签擦拭其他颜色的染色珍珠，也可使棉签染上相应颜色。未经染色的珍珠，其颜色为天然颜色，不会出现上述情况。

染色珍珠，特别是用有机试剂染色的珍珠，往往还要经过涂层处理，使其表面变得光滑。这种具有涂层的珍珠，用针刻划可出现白色划痕；热针接触时，划出的粉末会凝结。

（2）辐照改色珍珠：早先使用的辐照源是 γ 射线，改成的颜色以黑色为主。人们不断尝试以新的辐照源对珍珠进行改色，改成的颜色有灰黑色、深蓝色、深孔雀绿色、暗紫色、古铜色等。辐照改色的珍珠，表面颜色均匀，但从外到内的颜色则不均匀，通常表层颜色较浅，内部颜色较深，尤其是有核养殖珍珠，内核呈黑色，外部珍珠层颜色很浅，几乎无色。如果从钻孔中发现内部颜色明显较深，可能是辐照改色珍珠。用浓硝酸擦拭辐照改色珍珠，也不会掉色，但要谨慎使用，防止对珍珠造成明显损伤。

（3）激光改色珍珠：用这种方法改色的珍珠，呈黑色或暗紫色，从中心到表层通体一色，颜色均匀。只有在显微镜下仔细观察，才能发现在钻孔、裂隙及瑕疵处有颜色富集现象和细小的颜色斑点。用棉签蘸 1∶1 的硝酸擦拭，棉签会稍微染上褐色。

国家标准规定：对珍珠漂白属于优化，改色属于处理。

在改色的珍珠中，那些内部颜色深，外层颜色浅，以及从中心到表层通体一色的有核养殖珍珠，会不会是事先将珠核染色，然后植入贝类动物体内，随着珍珠的生长，颜料不断向外扩散渗透形成的呢？

20.4.2 珍珠品质优劣评价

珍珠品质的优劣，可从以下几个方面加以评价。

1. 大小

珍珠越大越好，越大越贵重。

珍珠的大小有两种表示方法：一种是国家标准规定的以珍珠的直径来表示，计量单位为毫米。圆形珍珠以最小直径表示其大小；其他形状的珍珠，以最大和最小两个直径表示其大小，例如 8.0 mm×6.0 mm。另一种是行业内也有人使用的以珍珠的质量来表示，计量单位为格令(grain，也称为喱)。格令是英美的质量单位，1 格令等于 64.8 毫克，折合 0.324 克拉。我国一些宝石书籍上，有的写作 1 珍珠格令等于0.25 克拉，也有的写作 1 珍珠格令等于 0.24 克拉。直径和质量这两种表示方法，以直径(毫米)表示为好，不仅毫米是法定计量单位，而且直观，说出直径，便可想象出大小。格令不是法定计量单位，即便说出多少格令，也难以想象出它的大小。

2. 形状

形状是指珍珠的外部形态。珍珠越圆越好，越圆越贵重。根据珍珠的圆度可划分为圆形、椭圆形、扁圆形、异形等。圆形珍珠的最大直径与最小直径近于相等，肉眼难以看出差别。椭圆形珍珠的最大直径与最小直径有明显差别，肉眼即可观察出来，其中包括水滴形和梨形。扁圆形珍珠的形状呈馒头形和算盘珠形。异形珍珠的形状呈不规则形，除前述三种形状的珍珠外，其他形状的珍珠均属此类。

3. 颜色

一般说来，具有强珍珠光泽的纯白色珍珠和黝黑色黑珍珠，都很贵重，二者相比，黑珍珠更为贵重。至于彩色系列的珍珠，不同国家、不同民族对颜色各有喜爱，因此，彩色珍珠的价值受传统习惯影响。

4. 光泽

根据珍珠表面反射光的明亮程度，将珍珠的光泽分为强、中、弱三级。以反光明亮、表面可照见物体映像的强珍珠光泽为最好。

5. 光洁度(或称光滑度)

光洁度指珍珠表面的光洁(或光滑)程度。影响珍珠光洁度的有腰线、沟纹、丘疹、黑痣、破口、划痕等瑕疵。瑕疵越少，光洁度越高。

20.5 珍珠的产地

世界上天然珍珠的产地很多，如波斯湾诸国、菲律宾、澳大利亚、墨西哥、日本、中国、英国、法国、孟加拉国等，但能够采到的天然珍珠却极少。现在不少国家都在发展珍珠养殖业，其中最主要的是日本和我国，日本是养殖珍珠第一生产大国，我国位居第二。

我国的海水养殖珍珠，主要分布于北部湾及南海，如历史悠久闻名于世的广西合浦珍珠，色泽艳丽，质地优良，在国际市场上十分畅销。其他如海南岛、广东沿海也都有海水养殖珍珠生产。我国的淡水养殖珍珠分布于南方各省，如江苏、浙江、安徽、江西、湖南、湖北、四川等地，其中以江苏、浙江的淡水养殖珍珠品质为佳，且产量大。江苏苏州和浙江诸暨等地建有珍珠交易市场。

21 珊　　瑚

21.1 概　　述

珊瑚(Coral)是由珊瑚虫分泌的钙质、角质骨骼聚集而成的。珊瑚虫是生活于海洋中的一种腔肠动物,在幼虫阶段,它可以自由活动,到了成虫早期,便固定在其先辈的遗骨上,靠触手捕捉微生物,在新陈代谢过程中分泌出钙质、角质形成骨骼,并通过分裂增生方式迅速繁殖,长此以往,珊瑚越长越大。珊瑚的造型千姿百态,但以树枝状为多。那些色泽艳丽、质地致密的珊瑚可作为宝石;而造型美观的珊瑚,不经加工就是一件天然艺术品,可作为观赏石,直接用来观赏。

21.2 珊瑚的类型和基本特征

21.2.1 珊瑚的类型

根据珊瑚的化学成分,将珊瑚划分为钙质型和角质型两大类。

(1) 钙质珊瑚。化学成分主要是碳酸钙,其次是有机质和水。常含有氧化铁及硅、锰、锶等。

碳酸钙 $Ca[CO_3]$以隐晶状方解石和文石存在。在新生成的珊瑚中,碳酸钙结晶成斜方晶系的文石,但文石不稳定,随着时间的推移,在常温下即可转变成三方晶系的方解石。

钙质珊瑚包括红珊瑚、白珊瑚和蓝珊瑚三个品种。

(2) 角质珊瑚。化学成分几乎全部由有机质组成。有机质为非晶态硬蛋白质,质地坚韧。角质珊瑚包括金珊瑚和黑珊瑚两个品种。

21.2.2 钙质珊瑚的构造和颜色

1. 内外部构造

凭肉眼或借助放大镜观察,在珊瑚的横断面上,可见到同心圆状圈层及放射状细纹。在珊瑚的表面及纵切面上,可见到一系列平行的纵纹。金珊瑚表面(切磨抛光面)还可见到许多细小的圆形斑点,看上去犹如皮革上的毛孔一般。这些构造是珊瑚生长过程中形成的,是鉴别珊瑚与仿制品的主要依据。

2. 颜色

红珊瑚呈鲜红色、红色、暗红色、粉红色,以鲜红色为最好。白珊瑚呈纯白色、瓷白色、灰白色,以纯白色为好。蓝珊瑚少见,呈蓝色、浅蓝色。金珊瑚呈黄色、黄褐色、灰褐色。黑珊瑚呈灰黑色、深褐黑色,很少见。

用作首饰的主要是红珊瑚,也见有金珊瑚。

21.2.3 珊瑚的基本性质

(1) 光泽:钙质珊瑚呈蜡状光泽、玻璃光泽。角质珊瑚呈蜡状光泽、丝绢光泽。

(2) 摩氏硬度:钙质珊瑚 3～4,角质珊瑚略低。

(3) 密度:钙质珊瑚 2.6～2.7 g/cm^3,通常 2.65 g/cm^3。角质珊瑚 1.33～1.35 g/cm^3。

(4) 光性:钙质珊瑚为非均质集合体,角质珊瑚为非晶质体(均质体)。

(5) 折射率:钙质珊瑚 1.486～1.658,角质珊瑚 1.485～1.505。

(6) 透明度:半透明至微透明,黑珊瑚微透明至不透明。

(7) 化学性质:钙质珊瑚遇盐酸起泡;角质珊瑚在盐酸、硝酸中不溶,仅有软化现象。

21.3 珊瑚的鉴别

21.3.1 染色珊瑚的鉴别

染色珊瑚通常是用有机染料将白色珊瑚,染成红色或其他颜色,鉴别特征是染料在裂隙中富集,并且外部色深,内部色浅,表里不一,用棉签蘸丙酮擦拭,可使棉签染色。

21.3.2 天然珊瑚与仿制品的鉴别

珊瑚仿制品常见的有染色大理岩、红色玻璃、红色塑料,以及用方解石粉末加染料制成的“吉尔森珊瑚”。这些仿制品都不具有天然珊瑚的内部构造,故见不到同心圆状圈层、放射状细纹及纵纹等特征。此外,染色大理岩具粒状结构,染料在矿物颗粒间富集,用棉签蘸丙酮擦拭,可使棉签染色;红色玻璃的内部常有圆形、椭圆形气泡,硬度较珊瑚大,小刀划不动,与盐酸不起反应;红色塑料的密度小,一般都在 1.55 g/cm^3 以下,用热针接触有辛辣味,与盐酸不起反应;吉尔森珊瑚的密度较小,为 2.45 g/cm^3。

21.4 珊瑚的产地

世界上许多地区都有珊瑚产出,如地中海、红海、大西洋沿岸、夏威夷群岛、日本、中国、菲律宾、澳大利亚等。我国的珊瑚主要产于台湾、福建、海南岛、西沙群岛等地,尤其是台湾,为著名的红珊瑚产地。

22 其他有机宝石

22.1 琥　　珀

22.1.1　琥珀的形成

琥珀(Amber)是地质历史上的树木分泌物——树脂,经硬化作用形成的,被称为"树脂化石"。蜜蜡是一种半透明的琥珀,呈黄色,性软。由于地质作用,森林里的树木和树脂,一同被埋入地下,树木形成了煤炭,而树脂的化学性质十分稳定,不溶于有机酸,微生物也不能破坏它,因此能很好地保存于煤层中,例如我国抚顺第三纪煤层中就含有许多琥珀。树脂中如果包裹有昆虫,则形成昆虫琥珀,当含有琥珀的煤层遭受风化破碎,琥珀经水流搬运、沉积,可富集成砂矿,例如滨海砂矿。此外琥珀也见于其他沉积岩层中。

琥珀来源于树木,又与煤有着成因上的密切联系。据古生物地史和煤田地质资料,琥珀形成于石炭纪至第三纪,距今约3.5亿年至几千万年前。一些人称呼的"千年琥珀"、"万年琥珀",实际上与它们的形成年代相距甚远,最年轻的琥珀也有几千万年历史。

人类对琥珀的认识和利用也是比较早的。在两千多年前,古罗马皇帝就曾派人去波罗的海沿岸收集琥珀;我国战国时期的古墓中也出土有琥珀,汉代以后,琥珀制品更是多见。当今优质琥珀仍是较为名贵的宝石,特别是藏有昆虫或具有芳香气味的琥珀,更是珍贵。

22.1.2　琥珀的基本特征与鉴别

(1) 化学成分:是由碳、氢、氧组成的一种有机化合物,化学式为 $C_{10}H_{16}O$,可含少量 H_2S。

(2) 形态：非晶质块体,呈各种形态。

(3) 颜色：常见颜色有黄色、浅黄色、褐色、红褐色、红色、橙色等,也见有蓝色、浅绿色和淡紫色。

(4) 光泽：树脂光泽。

(5) 摩氏硬度：2～3。

(6) 密度：约 1.08 g/cm^3。在饱和盐水中悬浮。

(7) 光性：均质体,常有异常消光。

(8) 折射率：1.54 左右。

(9) 透明度：透明至半透明。

(10) 特殊性质：摩擦可带电;热针熔化,并有芳香味。

根据琥珀的基本特征,可将琥珀同塑料及玻璃仿制品区别开来。对于硬树脂、松香、染色琥珀和再造琥珀,可凭以下特征鉴别：

硬树脂是一种近代树脂,其中的挥发成分较琥珀高,其他特征与琥珀相似,鉴别方法是在样品表面滴一滴乙醚,并用手揉搓,软化发粘的是硬树脂;无反应的为琥珀。也可在样品表面滴一滴酒精,琥珀与酒精无反应;而硬树脂遇酒精可溶,其表面发粘,或变得混浊使透明度降低,用此法鉴别新西兰柯巴树脂和琥珀尤为简便有效。对于成品,用乙醚或酒精鉴别,应在不显眼的地方进行。

松香是现代树脂,硬度小,用手可捏成粉。

染色琥珀的鉴别特征是,在裂隙处颜色较深。

再造琥珀(也称压制琥珀),是将一些块度太小的琥珀,在适当的温度和压力下,熔结成的大块度琥珀。其鉴别特征是：在正交偏光下非均质化明显,表现为异常双折射;内部可见流动构造、扁平气泡、小颗粒琥珀表面氧化层所显示出来的粒状结构或糖溶于水时的旋涡状构造。

22.2 煤　玉

煤玉(Jet)又称煤精,属于炭质有机岩。煤岩学上根据成煤物质分为腐植煤(由高等植物形成)和腐泥煤(由藻类形成);按煤化程度分为泥炭、褐煤、烟煤和无烟煤。煤玉是一种特殊的腐植-腐泥煤,其煤化程度为褐煤阶段。显微镜下观察,煤玉的特征是植物已强烈分解,由腐植基质和腐泥基质组成,见不到残留的木质纤维组织碎片。

煤玉的成分以炭质为主，含有少量无机矿物。常见的无机矿物主要有粘土矿物(高岭石、水云母、蒙脱石等)、石英、方解石和黄铁矿。颜色为黑色、褐黑色，但不污手，具树脂光泽或玻璃光泽；不透明。质地致密细腻。密度1.32 g/cm^3左右。摩氏硬度 2～4；韧性好，适于雕刻。为光性均质体(非晶质体)，折射率 1.66 左右。用力摩擦可带静电；具可燃性；热针接触有煤烟味。

人类对煤玉的认识和利用有着悠久的历史，在古罗马时代，煤玉是最流行的“黑宝石”之一；在我国辽宁沈阳新乐文化遗址出土的文物中，有煤玉工艺品，据考证，距今约 6 800～7 200 年。

世界上产煤玉的国家很多，如英国、法国、西班牙、美国、加拿大、意大利、泰国、中国等。我国的煤玉主要产于辽宁抚顺，其次为山西、山东、陕西等地。

22.3 硅 化 木

22.3.1 硅化木的形成

硅化木(Petrified wood)是一种因遭受到硅化作用而形成的树木化石。埋入地下的树木，遭受硅化的过程，就是其成分被 SiO_2 交代(即成分发生交换)的过程。被交代的树木变成了坚硬的石体，但仍保留原来的外部形态和内部木质纤维结构。

22.3.2 硅化木的成分、特征和产地

硅化木的化学成分主要是 SiO_2，含有少量有机质及铁、钙、磷等。SiO_2 以玉髓和蛋白石存在。常见颜色有浅黄色、黄褐色、浅蓝色、浅绿色、红色、棕色、黑色、灰白色等。抛光面具玻璃光泽。摩氏硬度 7，密度 2.65～2.91 g/cm^3。光性特征为非均质集合体。折射率 1.544～1.553，或略低，点测法为 1.53 或 1.54。半透明至微透明。

虽然将硅化木归入有机宝石，优质者也用作雕刻材料，但更主要的还是将硅化木作为观赏石，用于厅堂陈设和装点园林、庭院。

市场上有人将硅化木称为“树化玉”，这样称呼欠妥，值得商榷。不能因为硅化木是一种具有残余木质纤维结构的玉石，就称其为树化玉。硅化木中的“硅化”，是指树木中的原有成分发生了变化，变成了硅质。这种什么“化”的说法，不仅地质学上有，其他领域也有。例如在医学上，肺结核患者痊愈后，其病灶已“钙化”（由于钙盐沉淀附着而变硬）。再如某人受西方文化的影响，改变了他原先的生活习惯（方式），我们说这个人的生活习惯（方式）“西化”了。我们使用的钢化玻璃，虽然依旧是玻璃，却变得有了钢的一些性质，其强度大大提高。依照上述硅化、钙化、西化、钢化的含义，只能将“树化玉”解释为玉的原有成分改变了，变成了树木；或者解释为玉变得有了树的一些性质和特征，这显然是不通的。如果把优质硅化木称为“玉化树”、“玉化木”，或者称为“树变玉”，虽说名称不规范，倒也说得过去，意思都是指树木变成了玉石。必须强调的是，无论硅化木的品质多么好，都改变不了它的“化石”身份。化石的含义众所周知，化玉的含义是什么？也没有“化玉”这个词。所以，“硅化”不是“树化”，“化石”不能称“化玉”。

世界上硅化木的产地很多，如欧洲各国、美国、古巴、中国、缅甸等。我国的硅化木主要产于新疆、甘肃、山西、北京、河北、辽宁、江西、云南等地。在新疆木垒哈萨克自治县、奇台县和吉木萨尔县一条宽约 3 千米、长达 100 千米的地域内，分布有形成于约 1.5 亿年前的硅化木。位于奇台县城北 150 千米的将军庙一带，就分布有一千多株大小不等的硅化木，最大直径 2 米，最大长度达 20 米以上，年轮和树皮纹理都很清晰，一些枝叶也成了化石，叶脉可辨。

22.4 龟甲（玳瑁）

龟甲（Tortoise shell）多指玳瑁的甲壳。玳瑁是生活在热带和亚热带海洋中的一种爬行动物，形状像龟，甲壳呈黄褐色，有美丽的斑纹，很光润，可以做手镯、发饰等装饰品。

龟甲的成分为有机质。多呈黄褐色，在黄褐色基底上分布有黑色、暗褐色或绿色斑点、斑纹。显微镜下观察，玳瑁的色斑由许多圆形色素小点组成，色点越密集，颜色就越深。具有蜡状光泽或油脂光泽。半透明至微透明。光性特征为均质体（非晶质体）。折射率 1.55 左右。摩氏硬度 2～3；韧性很好；沸水中会变软。密度 1.29 g/cm^3 左右。

龟甲的仿制品主要是塑料，可根据龟甲的特殊斑纹、斑点加以鉴别。此外，热针接触，龟甲发出似头发烧焦的气味，塑料则发出辛辣气味。

22.5

贝　壳

贝壳(Shell)作为有机宝石，主要是指砗磲贝壳和鲍贝壳。砗磲是海洋贝类中最大的一种，长达 1 m 左右，壳很厚。鲍贝是一种海洋蜗牛，属于腹足类动物，鲍贝壳一般长 13～16 cm，较厚。

贝壳的主要成分是碳酸钙，约占 90%，其次是有机质和水，此外含有多种微量元素。碳酸钙 Ca[CO_3]结晶成斜方晶系的文石和三方晶系的方解石。砗磲贝壳的颜色为白色或白色与棕黄色相间分布，具有彩虹般的晕彩色。鲍贝壳主要为孔雀绿色和蓝色，也有红色、黄色、橙色等，其晕彩色强烈。贝壳通常具有珍珠光泽或油脂光泽，半透明至微透明，光性特征为非均质集合体。折射率 1.530～1.685，摩氏硬度 3～4，密度 2.61～2.72 g/cm^3。

贝壳常被加工成珠子串成手链，或镶嵌成其他饰品。用砗磲贝壳制成的佛珠，是佛教界流行的七宝之一。市场上有一种用各色宝石镶嵌制作的地球仪，上面就有贝壳。

22.6

象　牙

22.6.1　象牙的概念

象牙(Ivory)是一种珍贵的传统宝石，千百年来，人们将象牙加工成精美的首饰和工艺品，一些传世之作，如今已成为稀世珍品。

在市场上及国家标准释义中，象牙有广义和狭义两个概念。广义概念的象牙，包括大象、海象、河马、野猪、鲸等哺乳动物的牙。狭义概念的象牙即通常所说的象牙，专指大象的牙。其实象牙就是指大象上腭的门牙(俗称长牙)，所谓的广义象牙应统称为牙料。否则，一旦有人将野猪牙制品，当作象牙制品卖给消费者，消费者维权会遇到麻烦。

为执行《濒危野生动植物种国际贸易公约》的规定，我国于1991年已全面禁止象牙及其制品的国际贸易，在我国不得非法拍卖、销售象牙及其制品。然而，象牙走私活动依然猖獗，盗猎犯罪行为时有发生。修订的国家标准中增加了象牙的鉴定标准，旨在正确地识别象牙及其制品的真伪，也为执法提供参考依据。

下面讲的象牙，指的是大象的门牙（长牙），不包括其他牙料。

22.6.2 象牙的成分和基本特征

象牙的化学成分由无机质和有机质两部分组成。无机成分主要是氢氧磷灰石$Ca_5[PO_4]_3(OH)$和碳酸磷灰石$Ca_{10}[PO_4]_6(CO_3)\cdot H_2O$，呈隐晶质微晶。有机成分主要是胶原蛋白和弹性蛋白，为非晶质。摩氏硬度2～3。密度1.70～2.00 g/cm^3，通常1.85 g/cm^3。韧性很好。折射率1.535～1.540，点测常为1.54。常见颜色为白色、奶白色、瓷白色、浅黄色、浅褐黄色等。油脂光泽至蜡状光泽。多呈微透明至不透明（透明度与厚度有关）。

在象牙的纵切面上可见大致平行的波状纹；横切面上有两组斜交的线纹，构成菱形格子图案，这种线纹也称为旋转引擎纹效应，或称为勒兹纹理，向着牙心的最大夹角>120°。

常用的优化方法有漂白和浸蜡。漂白可使颜色变浅，去除杂色，不易被检出。浸蜡可改善外观，增强光泽，看上去表面有蜡感，不易被检出。

象牙有亚洲象牙和非洲象牙之分。亚洲象体型较小，牙也小，主要生活在印度、斯里兰卡、泰国、中国云南等地。非洲象体型大，牙也长，主要生活在坦桑尼亚、喀麦隆、塞内加尔、埃塞俄比亚、苏丹、安哥拉、莫桑比克等。

23 人工宝石

人工宝石中的一些宝石，如合成钻石，合成红、蓝宝石，合成祖母绿等，它们的化学成分、晶体结构、性质，都与各自相对应的天然宝石基本一致，在相关章节中已作了介绍，不再赘述。这里仅对几种较为重要而以上章节又未曾详述的宝石，介绍如下。

23.1 合成立方氧化锆

23.1.1 合成立方氧化锆的化学成分

合成立方氧化锆(Synthetic Cubic Zirconia)，商品代号 CZ，化学式为 ZrO_2，常加 CaO 或 Y_2O_3 作稳定剂，另外可根据所需要的颜色，加入不同的致色元素，使晶体呈色。晶体属等轴晶系，合成晶体呈块状。

23.1.2 合成立方氧化锆的基本性质

(1) 摩氏硬度：8～9。

(2) 解理：无。

(3) 密度：5.80 g/cm^3 左右。

(4) 光性：均质体。

(5) 折射率与色散：折射率 2.15 左右；色散值 0.060，为强色散。

(6) 光泽：强玻璃光泽至(亚)金刚光泽。

(7) 颜色：可呈各种颜色，常见无色、粉红色、红色、黄色、橙色、蓝色、黑色等。

(8) 多色性：无。

(9) 透明度：透明。

(10) 包裹体：通常内部洁净，可含未熔的氧化锆粉末，有时呈面包渣状。

现在有许多人，甚至一些经营者，将合成立方氧化锆称为“锆石”，是错误的。因为宝石中的锆石，是指天然产出的硅酸锆，其化学式为 $Zr[SiO_4]$（见13.1）。将合成立方氧化锆简称为“氧化锆”是可以的，如果简称为“锆石”，有误导甚至是欺诈之嫌。

23.2 合成碳硅石

23.2.1 合成碳硅石的化学成分

合成碳硅石(Synthetic Moissanite)，是美国C3公司于1998年投放市场的一种人工宝石，其化学式为 SiC，晶体属六方晶系。

该宝石的名称较为混乱，有莫桑石、合成莫依桑石、碳化硅、合成碳化硅、碳硅石等多种称呼。根据国家标准上的命名规则，应称其为“合成碳硅石”。

23.2.2 合成碳硅石的基本性质

(1) 摩氏硬度：9.25。

(2) 解理：无。

(3) 密度：3.20～3.24 g/cm^3。

(4) 光性：非均质体，一轴晶，正光性。

(5) 折射率：2.648～2.691。

(6) 双折射率：0.043，可观察到刻面宝石的棱线呈双影。

(7) 色散：0.104，为强色散。

(8) 光泽：(强)金刚光泽。

(9) 颜色：无色，常带灰绿或灰蓝色调，最好的颜色级别仅相当于钻石的H、I(96、95)色级。

(10) 多色性：不明显。

(11) 透明度：透明。

(12) 特殊性质：热导率接近钻石，用热导仪测试可显示钻石反应。

(13) 包裹体：可见平行针状、小白点状包裹体。

23.3 人造钇铝榴石

23.3.1 人造钇铝榴石的化学成分

人造钇铝榴石(Yttrium Aluminium Garnet),商品代号 YAG,化学式为 $Y_3Al_5O_{12}$,或写作 $Y_3Al_2[AlO_4]_3$,与石榴石的化学通式相符,并具有石榴石那样的晶体结构,但它不是石榴石,是一种钇和铝的铝酸盐,迄今在自然界尚未发现它的对应物。晶体属等轴晶系,人造晶体呈块状。根据所需要的颜色,加入不同的致色元素,可使晶体呈色。

23.3.2 人造钇铝榴石的基本性质

(1) 摩氏硬度:8。
(2) 解理:无。
(3) 密度:4.5~4.6 g/cm^3。
(4) 光性:均质体。
(5) 折射率与色散:折射率 1.83 左右;色散值 0.028。
(6) 光泽:强玻璃光泽。
(7) 颜色:常见无色、绿色、蓝色、红色、橙色、黄色等。
(8) 多色性:无。
(9) 透明度:透明。
(10) 包裹体:内部洁净,可偶见气泡。
(11) 特殊光学效应:可具变色效应。

23.4 人造钆镓榴石

23.4.1 人造钆镓榴石的化学成分

人造钆镓榴石(Gadolinium Gallium Garnet),商品代号 GGG,化学式为

$Gd_3Ga_5O_{12}$，或写作 $Gd_3Ga_2[GaO_4]_3$，与石榴石的化学通式相符，并具有石榴石那样的晶体结构，但它不是石榴石，是一种钆和镓的镓酸盐，至今尚未发现自然界有它的对应物。晶体属等轴晶系，人造晶体呈块状。

23.4.2 人造钆镓榴石的基本性质

(1) 摩氏硬度：6～7。
(2) 解理：无。
(3) 密度：7.05 g/cm^3 左右。
(4) 光性：均质体。
(5) 折射率与色散：折射率 1.97 左右；色散值 0.045，属强色散。
(6) 光泽：强玻璃光泽。
(7) 颜色：通常为无色至浅褐色或黄色。
(8) 多色性：无。
(9) 透明度：透明。
(10) 包裹体：可有气泡、三角形片状金属、气液等包裹体。

23.5 人造钛酸锶

23.5.1 人造钛酸锶的化学成分

人造钛酸锶(Strontium Titanate)，化学式为 $Sr[TiO_3]$，至今在自然界还未发现它的对应物。晶体属等轴晶系，人造晶体呈块状。

23.5.2 人造钛酸锶的基本性质

(1) 摩氏硬度：5～6。
(2) 解理：无。
(3) 密度：5.13 g/cm^3 左右。
(4) 光性：均质体。

(5) 折射率与色散：折射率2.41左右；色散值0.19，属强色散。

(6) 光泽：金刚光泽。

(7) 颜色：通常为无色。

(8) 多色性：无。

(9) 透明度：透明。

(10) 包裹体：有时可见气泡。

附 录

附　录

F1　观赏石的概念与分类

观赏石，又称雅石、奇石、玩石、趣石、怪石、案石等。观赏石作为一种高雅质朴的天然艺术品，可以美化生活，陶冶情操，使人增长科学知识，给人以美的享受，被誉为立体的画，无声的诗，越来越受到更多人的喜爱。但是，在众多爱石者中，以及相关的专业书籍上，对观赏石概念的理解不尽相同，分类方案也有多种。观赏石是大自然的杰作，其本质具有自然属性；此外，观赏石历史悠久，文化内涵丰富，又具有人文属性，故观赏石的概念与分类，应能够反映出自然属性和人文属性双重特征。

F1.1 观赏石的概念

观赏石，顾名思义是指具有观赏价值的石体。不过这里的观赏价值是天然具有的，不包括那些经过精雕细刻的石质工艺品，如各种玉雕、石砚等。

虽然观赏石与地貌自然景观（如华山险峰、云南石林等）都是具有观赏价值的石体，但二者是有区别的。一些学者以能否从自然界采集并整体移动，来划分观赏石和地貌自然景观，能够采集并能整体移动的为观赏石，否则为地貌自然景观，这种划分方法是科学合理的。地貌自然景观不能够整体采集，也是不允许随意破坏的。

确切地说，观赏石是指具有观赏、陈列和收藏价值,并能从自然界采集和整体移动的天然石质艺术品。观赏石艺自天成,贵在天然,一般情况下是不需要人工处理的,但有时则需要稍加修饰,如有些玛瑙,其天然美被表皮所掩盖,只有经过切割、打磨,才能使其美妙的纹理或图案充分展现出来。

总之,作为观赏石,无论其纹理、图案,还是奇特的外部造型,都应保持或基本保持天然艺术状态。

至于观赏石与宝石的关系,有人将观赏石归入宝石范畴。尽管有些矿物晶体及玛瑙、珊瑚、硅化木等,既属于宝石又属于观赏石,但是有相当一部分观赏石,如太湖石、灵璧石、钟乳石等造型石及大部分古生物化石,并不属于宝石。也就是说,宝石包括不了全部的观赏石,观赏石也包括不了全部的宝石(如人工宝石),它们应是两个相对独立的分支学科。

F1.2 观赏石分类

观赏石,除陨石和现代海洋中的珊瑚外,它们的形成都与地质作用有关。按照地质学原理,首先将观赏石划分为四种基本类型,即矿物晶体类、岩石类、古生物化石类和现代生物质石体类。大类的划分主要考虑自然属性。然后再按外部形态、结构、构造等进一步细分。亚类的划分(或称次一级划分),主要考虑人文属性。

F1.2.1 矿物晶体类观赏石

该类观赏石,包括各种有观赏价值的矿物单晶体、双晶、平行连晶和晶簇等。可分为以下三个亚类:

(1) 矿物单晶体。指那些形态完美或色彩艳丽、晶莹剔透的矿物单晶体,如柱状水晶和绿柱石、立方体黄铁矿、菱形十二面体石榴石等。当晶体中含有特殊包裹体时,如发晶、水胆绿柱石等,则观赏价值更高。

(2) 平行连晶和双晶。从晶体内部结构的连续性看,平行连晶是单晶体的一种特殊形式,与双晶不同。但从平行连晶的外部形态看,它与双晶有着同样的形态美,故将平行连晶与双晶划归一类。外观上它们都表现为两个或两个以上的同种矿物晶体,规则连生在一起,如柱状水晶的平行连晶、八面体钻石的平行连晶、石膏的燕尾双晶、十字石的十字贯穿双晶等。

(3) 晶簇。由生长在同一基底上的若干个晶体组成,形成晶体群。组成晶簇的晶体，可以是同一种矿物的晶体，如水晶晶簇；也可以是两种或两种以上矿物的晶体，如黄铁矿—方解石晶簇，雄黄—雌黄—方解石晶簇等。

F1.2.2　岩石类观赏石

这类观赏石都是岩石块体，且品种多，数量大，它们或造型奇特，或纹饰美观，或色彩斑斓，或图案富于变幻。尤其是造型石和图案石，往往似像非像，可使观赏者充分施展各自的想象力。岩石类观赏石可分为以下四个亚类：

（1）造型石。无论是岩浆岩（亦称火成岩）、沉积岩还是变质岩，也无论是何种地质作用使岩石块体具有了这样的外部形态，凡是具有奇特外部造型的岩石块体，都可以归入此类，如溶蚀和波浪冲蚀作用形成的太湖石，化学沉积作用形成的钟乳石等等。虽然造型石也可以同时具有纹理或图案，但奇特的外部造型是其主要特征，也是分类的依据。

造型石是观赏石中最常见，也是我国传统石文化最丰富、历史最悠久的一类。

（2）纹理石和图案石。它们不具有奇特的外部形态，而是以美妙的纹理和图案为主要特征和分类依据。将纹理石和图案石归为一类，这是因为有时通过纹理的变化组合，可以构成特殊的象形图案，这类观赏石既属于纹理石，也属于图案石，难以将两者截然分开。

岩石块体上的颜色变化，矿物的空间排列形式，或矿物粒度上的差异，都可构成各种象形图案，如雨花石、汉江石、昆仑彩石、菊花石等。

（3）特色玉石。本类观赏石指的是未经雕琢的玉石块体，主要包括那些质地细腻、温润、色彩艳丽或色彩斑斓的各种玉石，如羊脂白玉籽料、鸡血石、岫玉、独山玉、寿山石、叶蜡石等玉石中具有特色的品种。

（4）陨石。主要是指具有标志性特征的陨石，称它们为观赏石有些勉强，因为它们的观赏价值远低于研究和收藏价值。

F1.2.3　古生物化石类观赏石

化石是地质历史时期埋藏于沉积地层里的古生物遗体或遗迹。显然它们既不同于矿物晶体，也有别于岩石块体，其主要特征和分类依据，是与古生物密切相关。本类观赏石指那些具有观赏价值的古生物化石，如硅化木、恐龙及恐龙蛋化石、鸟化石、鱼化石、珊瑚化石、贝类化石、海百合、角石等化石中的精品。

F1.2.4 现代生物质石体类观赏石

这类观赏石目前主要是指现代海洋中的珊瑚和砗磲。

珊瑚和砗磲虽然并非由地质作用形成，但它们的成分和性质类似于石体，是一种特殊的天然石质艺术品。

这类观赏石不属于古生物化石，也有别于岩石，更不同于矿物晶体，应单独划作一类。

综上所述，将观赏石划分为四个大类，十一个小类，分类体系如下：

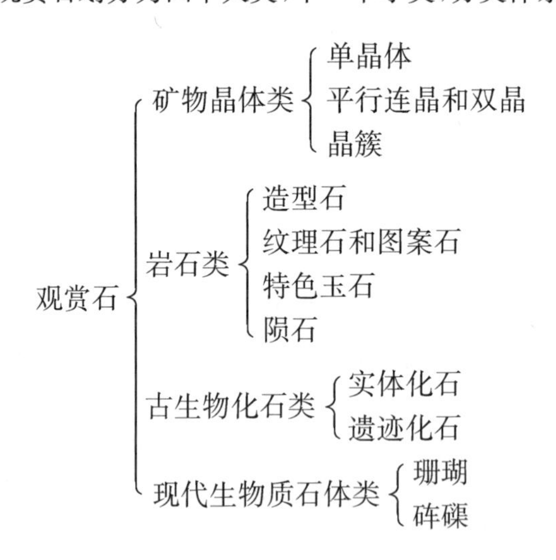

有些学者将历代名人收藏过的观赏石单独划作一类，称为“纪念石”；将石砚和石质印章也单独划为一类，称为“文房石”。实际上，名人收藏的观赏石，按其主要特征，可分别归入上述分类体系中的不同类别，这样归类，不但可以避免分类上的重复，同时还可以更加丰富这类观赏石的文化内涵。至于石砚和石质印章，一般都经过精雕细刻，如果人们所欣赏的不仅仅是石体本身的天然美，同时还包括雕刻的工艺美，那么就应该归属于工艺美术品，不应归入观赏石。

F2 砚 石

笔、墨、纸、砚被誉为文房四宝。砚台既是研墨的工具，同时又是工艺美术品，而且可以说，现在的砚台主要是作为工艺美术品。例如河北省易县易水古砚厂，用当地产的易水砚石制作的“长城百龙巨砚”，呈方形，边长 3 米，质量达 5 000 多千克，砚上精雕细刻的 108 条龙栩栩如生，气势磅礴的古长城在群龙中时隐时现，该砚堪称旷世杰作，当今珍宝。用来制作砚台的石质材料，称为砚石(Inkstone)；用石质材料制成的砚台，称为石砚。

我国制作石砚的历史相当悠久，早在五六千年前的新石器时代，就出现了石砚的雏形——石制研磨器。秦代的石砚，同西汉时期的石砚，在外形上大致相同，说明在秦代石砚已基本定型。隋唐时期，特别是唐代，制砚得到了迅速发展：一是选材要求严格，使用了歙砚石、端砚石、红丝砚石等优质材料；二是出现了浮雕艺术。明清时期，制砚讲究自然美，更重精雕细刻，可以说明清以来的石砚，无论是造型艺术，还是砚石品质，都达到了较完美的地步。

我国的砚台品种很多，有以澄泥为原料制作的澄泥砚，有以汉砖为原料制作的汉砖砚，更多的则是以板岩、千枚岩，或石灰岩为原料制成的石砚。

板岩是区域变质岩中变质程度最低的一种变质岩；千枚岩是区域变质岩中变质程度略高于板岩的一种变质岩，它们的原岩都是沉积岩中的含粉砂泥质岩，由于经历了轻微变质，质地变得细腻而有韧性。石灰岩是一种化学沉积岩，可含有古生物化石。

优质砚石除了色泽和纹饰美观外，硬度和所含的矿物粒度要适中，质地应细腻光滑，具有“滑不拒墨，涩不滞笔”、“贮墨三日不涸”的特性。优质的砚石，加上精细的工艺，才能成为石砚中的精品。

F2.1 端 砚 石

端砚石产于广东肇庆的端溪河畔，用该砚石制作的砚台，称为端砚。关于端砚

(或端砚石),有人认为是因肇庆古称端州,故名端砚(端砚石);也有人认为是因其产于端溪河畔而得名。端砚位居我国四大名砚之首(其余三砚是歙砚、洮河砚、红丝砚),始于唐武德年间,已有一千三百多年历史。大约从唐太宗李世民赏赐魏徵起,端砚就成为赏赐功臣良将和馈赠亲友的珍品。精美的端砚赢得了历史上众多文人墨客的广泛赞誉。

端砚石是一种绢云母泥质板岩,但也有人认为是绢云母千枚岩,这可能是变质程度不均匀,局部略高所致。砚石具变余泥质结构、隐晶质结构,矿物粒度细小且分布均匀。主要品种有以下几种:

(1) 鱼脑冻:像冻起来的鱼脑一样细腻,最佳者白如晴云,吹之欲散;松如团絮,触之欲起;外观如小儿肌肤般幼嫩,是最名贵的品种之一。

(2) 蕉叶白:如蕉叶初展,白中微带黄绿,一片娇嫩,含露欲滴;如凝脂,似柔肌,也是最名贵的品种之一。

(3) 猪肝冻:像受冻的猪肝,呈圆形、椭圆形,是一种含赤铁矿的泥质粉砂质结核体。

(4) 火捺:具有像火烧烙过一样,呈紫红色或黑红色纹饰的品种。

(5) 石眼:砚石上分布有像动物眼睛一样的圆形、椭圆形小结核体的品种。如果小结核体具有像瞳孔一样的核心,称为“活眼”,眼以活为贵。

(6) 金银线:砚石上有黄色、白色细纹的品种,黄纹称金线,白纹称银线。

F2.2

歙砚石和龙尾砚石

歙砚石因产于安徽南部的古歙州而得名,为四大名砚石之一。唐朝时的歙州辖区包括今江西省婺源县。而婺源县境内的龙尾山,是歙砚石的著名产地,所以,古人所称的歙砚石和龙尾砚石,两者是同一种砚石。由于婺源县归属上的变更,不再属安徽省管辖,加上该砚石产地的增多,故龙尾砚石便从歙砚石中独立出来,江西婺源产的称龙尾砚石,安徽歙县、祁门县产的仍称歙砚石。

用歙砚石制作的砚台称歙砚,相传歙砚的历史早于端砚,但据文字记载歙砚大约晚于端砚一百年。五代十国时期的南唐后主李煜有一方形砚台,长一尺许,砚上刻有三十六座层次分明,雄伟秀丽的大小山峰,中为砚池,有“龙尾砚为天下冠”之称。此砚后来被米芾所收藏,苏仲恭曾以一宅园与米芾交换。书画家蔡襄把歙砚比作价值连城的和氏璧:“玉质纯苍理致精,锋芒都尽墨无声。相如闻道还持去,肯要秦人十五城。”在宋代龙尾砚被列为贡品。

歙砚石主要为灰黑色板岩和灰色粉砂质千枚岩，也有斑点状角岩（角岩是一种热接触变质岩，不具定向构造，矿物呈细粒、微粒状）。按天然纹饰的颜色、形态、分布特征等，大致可分为以下几个品种：

（1）金星：因砚石上分布有黄色星点状金属硫化物矿物而得名。

（2）银星：因砚石上分布有白色星点状金属硫化物矿物而得名。

（3）金晕：砚石中的金属硫化物矿物，如黄铁矿、黄铜矿，由于受到氧化作用，形成同心环状晕彩，故称金晕。

（4）眉纹：砚石上具有像美人眉毛一样的纹饰，其颜色偏黑，或呈青色、绿色。纹饰由铁质、锰质、炭质和绿泥石等聚集而成。

（5）罗纹：砚石上具有像罗绢一样的纹饰。这种纹饰实际上是变余微层理。

（6）水浪纹（又称角浪纹）：砚石上具有像水面波浪一样的纹饰。这种纹饰主要是变余波状层理，其次是新生矿物聚集形成的纹饰。

（7）鱼子纹：因砚石上具有像鱼卵一样的圆点而得名。圆点由隐晶质矿物聚集而成，颜色变化无穷，如有的中心为黑色，周围为深绿色；有的为鳝肚黄色，混有青绿色或灰黑色等。

F2.3 洮河砚石

洮河砚石因产于甘肃省南部洮河一带而得名，是我国四大名砚石之一。用该砚石制作的砚台称洮河砚，柳公权关于洮河砚的记述，说明洮河砚的历史至少始于唐代。宋代的《洞天清禄集》称：“除端歙二石外，惟洮河绿石，北方最为贵重。绿如蓝，润如玉，发墨不减端溪下岩。然石在临洮大河深水之底，非人力所致，得之为无价之宝。”

洮河砚石为含粉砂泥质板岩，也有人认为是水云母泥质板岩，或绿泥石泥质板岩。这种岩石名称上的不一致，可能仅仅是一个定名问题，也可能是产于不同地段的砚石，在矿物成分上表现出来的差异，但都属于板岩。

历史上洮河砚曾濒于艺绝，新中国成立后，洮河砚获得新生。通过地质调查，扩大了砚石的产地，一些著名品种如“鸭头绿”、“鹦哥绿”，以及《宋史》中提到的“赤紫石色斑”等，均已恢复开采和生产。

F2.4

红丝砚石

红丝砚石是四大名砚石之一，产于山东省青州(曾名益都)。在唐、宋时红丝砚石即负盛名，如宋代唐彦猷在《砚录》中称“红丝石华缛密致，皆极其妍。既加镌凿，其声清悦。其质之华泽，殊非耳目之所闻见。以墨试之，其异于他石者有三：渍水有液出，手拭如膏一也；常有膏润浮泛，墨色相凝如漆二也；匣中如雨露三也。自得此石，端歙诸砚皆置于衍中不复视矣”。由此可见红丝砚石与端砚石、歙砚石不相上下。

红丝砚石是一种具有丝状纹饰的紫红色微晶石灰岩。丝状纹呈灰黄色，回旋变幻而次第不乱，十分美观。红丝砚石主要产于青州黑山红丝洞，在临朐县老崖崮也有产出。

用红丝砚石制作的砚台称红丝砚。有资料称，澄泥砚替代红丝砚，成为四大名砚之一。据史料记载，澄泥砚是以淤泥为原料，用绢袋淘澄后成型，再经焙烧而成的一种砚台，其实用价值不亚于端砚、歙砚，但它并非石质，不属于石砚范畴。

我国的砚石很多，除上述四大名砚石外，还有数十种之多，这里不再介绍。

F3　生辰石与婚庆纪念石

F3.1 生辰石

人们将宝石同出生月份联系起来，作为生辰石，大约始于16世纪，现在流行于许多国家，如英国、美国、加拿大、澳大利亚、日本、意大利、俄罗斯、阿拉伯国家等。虽然不同地区和不同民族，对宝石的爱好、兴趣不完全相同，但生辰石及其美好象征是基本一致的（见表F3-1）。

表F3-1　生辰石及其象征意义

月份	宝石	象征意义
1月	石榴石（深红色）	忠实、友爱
2月	紫晶	诚实、诚挚和心地善良
3月	海蓝宝石、玉髓（血红色）	沉着、勇敢、聪明
4月	钻石	天真和纯洁无瑕
5月	祖母绿、翡翠（绿色）	幸福、幸运和长久
6月	珍珠、月光石	健康、长寿和富有
7月	红宝石	热情、仁爱和品德高尚
8月	橄榄石、缠丝玛瑙	夫妻幸福、美满与和谐
9月	蓝宝石（蓝色）	慈爱、诚谨和德高望重
10月	欧泊、碧玺（粉红色）	美好希望和幸福的到来
11月	托帕石、黄水晶	真挚的爱
12月	锆石、绿松石（天蓝色）	成功和必胜的保证

F3.2

婚庆纪念石

结婚是人生中的一件大喜事，为了这幸福美好的回忆，人们把结婚周年纪念，同珍贵的金银和宝石联系在一起：

结婚 15 周年称为水晶婚；

结婚 25 周年称为银婚；

结婚 30 周年称为珍珠婚；

结婚 35 周年称为珊瑚婚；

结婚 40 周年称为红宝石婚；

结婚 45 周年称为蓝宝石婚；

结婚 50 周年称为金婚；

结婚 55 周年称为祖母绿(曾名绿宝石)婚；

结婚 60 周年(有说 75 周年)称为钻石婚。

F4　贵金属首饰及其印记

通常，人们都是用贵金属来制作首饰。贵金属包括金、银和铂族金属(铂 Pt、钯 Pd、铑 Rh、铱 Ir、钌 Ru、锇 Os，被称为白金家族)。

自 2016 年 5 月 4 日起实施的 GB11887—2012《首饰贵金属纯度的规定及命名方法》第 1 号修改单，取消了千足金、千足银、千足铂和千足钯四种名称。金含量千分数不小于 990(≥990‰)的称为足金；银含量千分数不小于 990(≥990‰)的称为足银；铂含量千分数不小于 990(≥990‰)的称为足铂；钯含量千分数不小于 990(≥990‰)的称为足钯。

足金、足银、足铂和足钯，是国家标准规定的首饰产品的最高纯度。纯度是一种名称，是贵金属质量分数在某一范围内，以千分数表示的最小值。含量是贵金属质量分数的具体数值。

贵金属首饰的印记是指打印在首饰上的标识，内容包括厂家名称(或代号)、材料种类、纯度(或含量)及镶钻首饰主钻石(0.10ct 以上)的质量等。

贵金属的质量单位为克，与盎司的换算关系如下：

1 金衡盎司＝31.103 5 克＝31.10 克

金衡也适用于药衡。在一般的衡量制中，常衡盎司小于金衡盎司。

1 常衡盎司＝28.349 5 克＝28.35 克

F4.1

金

金又称黄金，元素符号为 Au，呈金黄色，摩氏硬度 2.5，在 20℃室温条件下密度为 19.32 g/cm^3。熔点1 064.43℃，沸点2 807℃。金的化学性质十分稳定，不溶于一般的酸和碱，但可溶于王水，也可溶于碱金属(如钾、钠)氰化物溶液中；从室温到高温，一般均不氧化。俗话说“真金不怕火炼”，并不是说它在高温下不熔化，而是说即使熔化成液态，它的本色和分量也不变。

(1) 足金：通常说的24K金，是一种理论值为1 000‰，不含任何杂质的纯金。实际上无法提纯到这种纯度，多少总是含有一点杂质。首饰贵金属纯度命名方法规定：

金含量千分数不小于990的称为足金，打“足金”印记，或按实际含金量打印记（如金990、Au990、G990）。

(2) K金：因足金硬度低，易变形，用来镶嵌宝石不牢固，所以常在足金中添加一些银、铜等元素，以提高强度。这种金与其他金属的合金称为K金。首饰贵金属纯度命名方法规定，K金打K金数印记或按实际含金量打印记（如金18 K、Au18K、金750、Au750）。不同K数的金饰品，其含金量见表F4-1。

表F4-1 K金的含金量表

K金	含金量千分数最小值	K金	含金量千分数最小值
22 K	916	12 K	500
21 K	875	10 K	416
20 K	833	9 K	375
18 K	750	8 K	333
14 K	583		

(3) 白色K金：并非白金，不含铂，是一种金和银、铜、镍、锌的合金，呈白色。做成首饰后常镀铑(Rh)，外观很像铂金。我国流行的多为18 K白色金，一般用来制作项链或镶嵌宝石。K数相同的K金和白色K金，含金量相等。白色K金的印记与K金相同。

(4) 彩色K金：利用电镀或合金的方法使金饰品产生不同的颜色，这种K金称为彩色K金。彩色K金含金量标准与K金相同，印记也同K金。市场上常见的有18 K彩色金项链。

(5) 镀金、包金和仿金：镀金饰品和包金饰品，多少还有一点金，而仿金饰品是不含金的。镀金是在金属（如银、铜、镍等）或合金（如铜—锌合金、铜—钛合金等）的表面，镀上一层薄薄的金膜。镀层厚度通常为几个微米(1 μm=0.001 mm)。市面上出售的所谓意大利包金、日本包金等，实际上都是镀金制品。镀金饰品的印记为GP(即Gold Plated的缩写)，或P_3Au（表示镀金覆盖厚度为3 μm）。

包金也称填金，是将足金或K金金箔贴附在其他金属饰品的表面，使二者紧密地结合在一起而成。也就是说，内部是铜、银、镍或铜—锌合金等材料，外表是足金或K金。包金的厚度较镀金大，一般为10～50 μm，其制品的印记为GF(即Gold Filled的缩写)。有时也使用18 KF、14 KF这样的印记，表明包在外面的金箔为18 K金、14 K金，这种印记在美国常用。

仿金，也称亚金，其实它不含金，是铜、镍、锌等金属的合金，外观呈金黄色，打有“亚金”字样的印记。

F4.2 银

银又称白银，元素符号为Ag，呈银白色，摩氏硬度2.5～3，在20℃室温条件下密度为10.49 g/cm^3。熔点960.8℃，沸点2 212℃。易溶于硝酸或热的浓硫酸，白色的银在空气中易氧化，表面常变为黑色，可采用镀铑或镀金的办法，来防止氧化。纯度较高的银用于制造银币和装饰品。首饰贵金属纯度命名方法规定：

含银量千分数不小于990的称为足银，打“足银”印记或按实际含银量打印记(如银990、Ag990、S990)。

含银量千分数不小于925的称为925银，打“银925”印记(或Ag925、S925)。

F4.3 铂

铂又称铂金，俗称白金，元素符号为Pt，呈银白色，是一种比黄金还要贵重的贵金属。摩氏硬度4～4.5，在20℃室温条件下密度为21.43 g/cm^3，熔点1 773℃。铂的化学性质十分稳定，不溶于一般的酸碱，但可溶于王水。白金镶钻是最佳搭配，成为纯洁高雅的象征。做首饰用的铂金，常添加钯。首饰贵金属纯度命名方法规定：

含铂量千分数不小于990的，称为足铂(或称足白金)，打“足铂”印记，或按实际含铂量打印记(如铂990、Pt990)。

含铂量千分数不小于950、900、850的，按实际含铂量打印记，分别打Pt950(或铂 950)、Pt900(或铂 900)和 Pt850(或铂 850)印记。

F4.4

钯

钯又称钯金，是铂族金属之一。早先钯作为铂金的添加元素用于首饰，2000 年前后，钯金首饰在我国市场上崭露头角，而今已成为常见首饰品种。钯的元素符号为 Pd，呈银白色，外观特征与铂金相似。摩氏硬度 4～4.5，在 20℃室温条件下密度为 12.03g/cm^3，熔点 1 550℃。化学性质较稳定，耐腐蚀性能良好，尤以抗硫化氢腐蚀能力强，常温下在空气中不易氧化。可溶于王水、浓硝酸及热硫酸。首饰贵金属纯度命名方法规定：

含钯量千分数不小于 990 的，称为足钯(或称足钯金)，打“足钯”印记或按实际含钯量打印记(如钯 990、Pd990)。

含钯量千分数不小于 950、500 的，按实际含钯量打印记，分别打 Pd950(或钯 950)、Pd500(或钯 500)。

F5 宝石鉴定证书的格式和内容

宝石鉴定证书(也称宝石鉴定报告),没有一个统一格式,国内各鉴定机构出具的证书,其格式和包括的内容不尽相同。鉴定证书通常为单片 2 页(也有对折 4 页),一般都设计印刷精美,最后塑封。现以单片证书为例介绍一下格式和内容,供参考。

证书的正面上部印有“宝石鉴定证书”字样。如果出具证书的机构,已通过“产品质量检验机构计量认证评审”和已取得“中国实验室国家认可”资格,可加印认证和认可标志。中部有被鉴定样品的照片。下部印有鉴定机构的全称(并加盖单位公章)、详细地址和联系电话等。证书背面的格式和内容如下:

编号
No. ________
鉴定结果
Result of Identification ________
形状
Cutting Shape ________
质量或大小
Mass or Size ________
颜色
Colour ________
多色性
Pleochroism ________
透明度
Transparency ________
密度
Density ________
偏光性
Polariscope Test ________

折射率
Refractive Index ________
外观特征
Character of Appearance ________
放大检查
Magnification Test ________
吸收光谱
Absorption Spectrum ________
查尔斯滤色镜检查
Chelsea Filter Test ________
荧光性
Fluorescence ________
备注
Remarks ________
鉴定者 检查者
Identifier ________ Tester ________
日期
Date ________

F6 宝石名称索引

续 表

续 表

续　表

续 表

续 表

主要参考文献

[1] 罗谷风，陈武，等. 基础结晶学与矿物学，南京：南京大学出版社，1993

[2] 李德惠. 晶体光学. 北京：地质出版社，1993

[3] 栾秉璈. 宝石. 北京：冶金工业出版社，1985

[4] 李兆聪. 宝石鉴定法. 北京：地质出版社，1994

[5] 王曙. 怎样识别珠宝玉石. 北京：地质出版社，1993

[6] 王曙. 真假宝石鉴别. 北京：地震出版社，1994

[7] 吴瑞华，王春生，袁晓江. 天然宝石的改善及鉴定方法. 北京：地质出版社，1994

[8] 郭守国. 宝玉石学教程. 北京：科学出版社，1998

[9] 赵松龄，陈康德. 宝玉石鉴赏指南. 北京：东方出版社，1992

[10] 廖宗廷，周祖翼，丁倩. 中国玉石学. 上海：同济大学出版社，1998

[11] 王福泉. 宝石通论. 北京：科学出版社，1985

[12] 王雅玫，何斌，等. 钻石. 武汉：中国地质大学出版社，1997

[13] 国家珠宝玉石质量监督检验中心. 珠宝玉石国家标准释义. 北京：中国标准出版社，2004

[14] 邓燕华. 宝(玉)石矿床. 北京：北京工业大学出版社，1991

[15] 王实. 中国宝玉石业大全. 北京：科学技术文献出版社，1992

[16] 胡受奚. 交代蚀变岩岩相学. 北京：地质出版社，1980

[17] 张仁山. 翠钻珠宝. 北京：地质出版社，1983

[18] 张蓓莉，李景芝. 合成碳硅石鉴别特征及命名. 中国宝石，1999(3)：92

[19] 李立平，等. 染色珍珠和辐照珍珠的常规鉴别. 宝石和宝石学杂志，2000(3)：1～3

[20] 邹天人，等. 翡翠的单斜辉石类矿物研究. 宝石和宝石学杂志，1999(1)：27～32

[21] 欧阳秋眉. 翡翠的矿物组成. 宝石和宝石学杂志，1999(1)：18～24
[22] 马兰英. 新疆富蕴县发现萤石——夜明石. 宝石和宝石学杂志，2000(4)：封四
[23] 陈涛. 浙江青田石的宝石学研究. 宝石和宝石学杂志，2001(3)：25～29
[24] 苑执中，等. 高压高温处理改色的黄绿色金刚石. 宝石和宝石学杂志，2000(2)：29～30
[25] 丘志力，等. 柯巴树脂与琥珀的鉴定. 宝石和宝石学杂志，1999(1)：35～38
[26] 于方，等. "绿龙晶"的宝石矿物学研究. 宝石和宝石学杂志，2010(1)：29～31
[27] 李玉霖，等. 角质型金珊瑚与黑珊瑚的宝石学特征研究. 宝石和宝石学杂志，2009(2)：15～19
[28] 李平，等. 几种含辰砂岩石与鸡血石的鉴别. 宝石和宝石学杂志，2008(2)：57
[29] 欧阳秋眉，等. 墨翠——绿辉石玉的矿物学研究. 宝石和宝石学杂志，2002(3)：1～4
[30] 亓利剑，等. 缅甸"铁龙生"玉特征与归属. 宝石和宝石学杂志，1999(4)：23～26
[31] 葛宝荣. 黄蜡石·黄龙玉. 北京：地质出版社，2007
[32] 国家珠宝玉石质量监督检验中心. 国家标准　珠宝玉石　鉴定. 北京：中国标准出版社，2010
[33] 国家珠宝玉石质量监督检验中心. 国家标准　钻石　分级. 北京：中国标准出版社，2010
[34] 汪泽，等. 苏纪石的矿物组成与鉴定特征研究. 宝石和宝石学杂志，2009(2)：30～33
[35] 裴景成，等. "白松石"的宝石学特征及矿物组成. 宝石和宝石学杂志，2011(1)：25～28
[36] 裴景成，等. 变红磷铁矿的宝石矿物学特征研究. 宝石和宝石学杂志，2012(4)：40～43
[37] 谢意红. 多米尼加蓝色宝石 Larimar 的宝石学研究. 宝石和宝石学杂志，2010(2)：7～10
[38] 杜杉杉，等. 一种新型南非紫色玉石的矿物学特征研究. 宝石和宝石学杂志，2014(1)：19～25
[39] 杨春，等. "凤凰石"的宝石学特征及矿物组成. 宝石和宝石学杂志，2014(2)：38～46
[40] 吕林素，等. 东非铬钒钙铝榴石(察沃石)宝石的矿物学和地球化学研究现状. 宝石和宝石学杂志，2014(4)：1～13
[41] 王亚军，等. 新疆宝石级锂云母岩的矿物学特征研究. 宝石和宝石学杂志，

2014(4)：22～28

[42] 宋中华，等. NGTC实验室发现未揭示的CVD合成钻石鉴定特征研究. 宝石和宝石学杂志，2012(4)：30～34

[43] 俞瑾玎，等. 小钻石的大事件——2014年春国际钻石检测行业的热点. 宝石和宝石学杂志，2014(5)：17～27

[44] 宋中华，等. 国产大颗粒宝石级无色高压高温合成钻石的鉴定特征. 宝石和宝石学杂志，2016(3)：1～8

[45] 朱红伟，等. HPHT合成钻石在首饰中的鉴别特征. 宝石和宝石学杂志，2014(5)：28～33

[46] 中华人民共和国国家标准《钻石分级》，GB/T16554—2010. 国家质量监督检验检疫总局发布，2010.9